식물과 문명

고경식

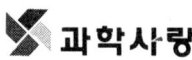
과학사랑

기원전 9세기, 이라크 니므루드의 앗시리아 궁전 벽에 새겨진 날개 달린 수호신에 의해 이루어지는 대추야자의 인공수정. (보스턴 미술관 소장)

머 리 말

영국의 수리통계학자이며 진화론의 수학적 연구로 유명한 칼피어슨은 말한다. "과학자는 어떤 판단을 내리는데 있어서 자신을 제외하도록 노력해야 한다."라고. 더욱이 "과학자는 숫자나 측정을 중요히 여긴다."것도 공평한 태도를 취할 의무와 무관한 것이 아니다.

인류가 일찍이 원숭이였던 시대로부터 원자력을 이용하고, 우주를 개발하게 된 현대에까지 경과한 시간은 수천년이 아니라 수만년 단위의 긴 시간이다. 그 기나긴 세월동안 인간의 활동, 노동의 주력이 매일의 먹이를 구하고 생명을 유지하는데 있었다는 것은 "인간 자신에게만 해당되지 않는" 자연의, 구체적으로는 생물의 공통적인 현상이라는데 의심할 여지가 없다.

식물의 진화, 계통에 관한 문제를 야생식물을 소재로 하여 다루면서 식물도감과 교과서를 몇 권 상재한 바 있는 저자는 식물학사의 지견을 이 책을 펴내는 연원으로 삼고, 고도로 발달한 근대문명이 꽃을 피우기에 이른 과정을 역사적 순서나 시대적 구분에 구애를 받지 아니 하였다.

전문가끼리의 격론의 초점이 되는 사소한 문제 등에 별로 관심이 없는 분이나, 자연계나 인문계 학생들 모두 재미있게 읽기 위하여 다루기 어려운 학문적인 용어나 선사학 교과서의 술어, 귀에 익숙치 않은 명칭을 부득이한 경우를 제외하고는 피해야만 했다. 이것이 얼마나 어려운 작업인가를 저자는 이 책을 쓰면서 새삼스럽게 깨달았다.

기술한 내용과 용어를 간단히 하기 위해서는 전문적인 정확을 기한다는 것을 희생하지 않으면 안되었다. 선사시대에 관련되는 이야기들도 대부분 오늘날 이용하고 있는 증거로 보면 이런 희생이 이 책과 같은 교양서적에서는 '필요악'인지도 모르겠다.

그러면서도 농경의 기원과 발달 그리고 생물의 진화는 인류 역사에서 중심적 과제중의 하나이며, "농경의 역사는 재배식물에 적혀있다."는 두 가지 명제를 시종 고수하면서 이 책의 골간을 이루도록 하였다. 관속식물의 계통분류학과 식물학사를 공부하는 과정에서 감득한 여러 지견과 모아두었던 자료들을 정리하면서 필자의 의견도 가필하여 하나의 소책자로 묶어 보려는 오래 전부터의 소망을 구현했다고 말할 수 있는 데는 많은 분들의 물심양면의 도움이 있었다.

각 장이나 절의 내용에 따라, 기술한 이야기의 많고 적은 차이는 부득이 하였으며, 권말에 제시한 몇 권의 문헌은 이러한 내용에 대해서 더욱 관심 있는 분들의 도움이 되리라 여겨지며 일일이 출전을 밝히지 못한데 대한 보상의 뜻도 있다.

외우 김명철은 교정과정에서 난해한 부분과 읽기 힘든 부분, 괄호로서 한자가 필요한 부분까지 친절하게 지적해 줌에 깊이 감사드리며, 자료색출을 도와준 며늘아이에게 고마움을 표한다.

특히 출판을 맡아주신 과학사랑 편집부에게 이처럼 미려하고 보기 좋은 책을 만들어준데 대해 깊은 사의를 표하지 않을 수 없다.

2004년 5월
고 경 식

차 례

1 인류의 여명과 문명

인류의 여명 · 11
인류의 조상 · 14
문명을 선도하는 식물 · 18
농경의 기원 · 26
이집트의 유용식물 · 34
노아는 포도를 심었다 · 36
올리브나무 · 37
무화과나무 · 39

2 식물과 유사시대

그리스의 본초학 · 41
동양의 본초학 · 44
로마시대의 본초학 · 48
신화와 진실--맨드레이크 · 51

3 재배식물의 기원

재배식물발생의 중심 · 55
다목적 이용 식물 · 60
근채류와 곡류 · 61
재배식물의 선조 · 65
식물탐험 · 67
빵나무 이야기 · 72
바나나 · 76
담배 이야기 · 81
감자의 발견 · 85

4 콜럼버스 이전의 신·구 세계의 교류

자료의 발견 · 89
야자나무 · 94
표주박 · 99
고구마 · 101
낙화생 · 107
옥수수 · 108
솜 · 111
맺음 · 117

5 벼와 밀 - 필수식물

아시아의 농경―벼의 시작 · 119
재배벼의 개발 · 122
벼과 이야기 · 125
벼과의 특징 · 127
피자식물에서의 벼과 · 132
벼과의 분류 개요 · 138
밀 이야기 · 143
밀속을 중심으로 한 유래의
  해명 방법 · 146
  ■ 게놈 분석 · 146
  ■ DNA의 교잡 · 151
  ■ 아이소자임의 분리 · 156
밀 3군의 기원과 재배밀의
  미래 · 162

6 잡초와 약용식물

민들레와 질경이에 붙여 · 171
질경이 · 173
민들레 · 175
잡초의 고향 · 177
잡초의 생장 · 178
쇠비름 · 180
기원전의 약용식물 · 182
온대 기원의 약용식물 · 184
열대 기원의 약용식물 · 186

7 옥수수

옥수수의 역사
　―신대륙으로부터의 선물 · 191
옥수수의 형태 · 198
옥수수의 유형별 특징 · 201
잡종 옥수수 · 204

8 콩류와 착유식물

콩류―콩과식물 · 209
콩(대두) · 213
된 장 · 215
콩과의 목초 · 216
유식물 · 218
기름야자 · 219
잇 꽃 · 220

9 사탕수수와 고무나무

당 류 · 223
사탕수수 · 225
사탕무 · 227
기타의 사탕원 · 229
분쟁과 평화의 고무나무 · 231
파라고무나무 · 232
고무대용품 · 239
발라타고무 · 240

10 문명에 대한 수목의 공헌

삼림과 목재 · 241
목탄 · 245
펄프와 종이 · 247
종이의 역사 · 248
코르크 · 251
삼림의 유형 · 253

11 발 효

효모균(이스트) · 259
포도주 제조 · 263
알코올 발효 -- 술 · 267
한국의 고유주, 막걸리 · 271
양조 · 272
증류주 제조 · 274

12 음료, 향신료 및 기호식물

차, 커피, 코코아 · 279
차 이야기 · 280
커피 · 284
카카오(코코아) · 289
향신료 · 292
구세계의 향신료 · 295
신세계의 향신료 · 298

13 식물과 인간의 장래와 그 전망

식량생산 · 302
단백질에 대한 보다 높은 수요 · 304
잎의 단백질 · 305
단세포성 단백질 · 306
앞날의 전망 · 308
자연보호 · 310
마지막에 ····· 312

인류의 여명과 문명

> 그것이 우연인지 숙명인지
> 곧게 서 두발로 걷기 시작한 것과
> 손의 구조와 모양을 볼 때
> 문명은 생겨나지 않을 수밖에 없었다.
>
> - 에른스트 헤켈 -

인류의 여명

30억년 또는 40억년 이라는 정신이 아득해지는 긴 지구의 역사에서 약 20억년 전에 지구상에 모습을 나타낸 최초의 미생물이 있었다. 이 미생물을 저변으로 긴 세월에 걸쳐 수많은 생물이 순서에 따라 지구상에서 생명을 영위하며 그들은 인류의 생명권으로의 출현을 가능하게 하는 만반의 준비를 마련해 주었다.

그리고 호모 사피엔스 사피엔스라고 불리는 인류가 지구상에 비로소 얼굴을 보이게 된 것은 지금부터 약 100만년 ~ 200만년 전, 문화단계로 말하면 구석기시대의 초기쯤이었다고 한다.

우리들의 선조는 생물권의 여러 가지 생물의 은혜를 입으며 생존하기 위해 자연환경에 몸소 자신을 순응시켜 나갔다. 원시인은 최초 열대, 아열대를 중심으로 생활을 영위하고 외적의 습격을 피하기 위해 수목생활을 하고, 산야의 초근목피 혹은 열매를 식량으로 하였으므로 언제나 먹이찾기로 시작하여 먹이찾기로 끝나는 동물의 하루와 별로 다를 게 없었다.

원시인이 40만년쯤 전에 수렵요령을 익힌 것을 계기로 인류의 수렵채집시대는 몇 십만 년 동안 계속되면서, 그 사이 지혜의 발달과 불의 발견으로 동물의 고기나 어패류를 굽고 삶는 요리법을 익히고 이것으로 식량을 저장하는 법을 습득하였다. 그 후 기후와 장소만으로 의지하고 있던 원시인의 생활권은 하천이나 해안을 따라 점차 확대되어 갔다.

수렵채집시대를 문화단계로 말하면 구석기, 중석기, 신석기시대의 초기에 이르는 긴 과정에 걸쳐 있었다. 그동안 몇 번 빙하기를 거쳐 충적세(沖積世)에 이르러 원시인의 지혜도 차차 발전해 나갔다. 이것으로 우리들의 선조는 우연성에 지배되어 있던 식량취득수단에서 벗어나 단순한 언어 형성과 함께 공동생활로의 정착이 싹트기 시작하였다. 이어서 목제의 집기나 용기, 섬유질 바구니나 수직물이 만들어지게 되고, 신석기시대에 접어들면서 토기의 제작이 시작되고 원시시대에 있어서의 기술혁신이 전부 나타난 셈이 된다.

그렇다 해도 원시인의 생활은 결코 안태한 것이 아니고 여전히 식량획득이 주요 하루 일과이며 굶주림에 직면하여 원시인끼리의 살육이나 식인도 이루어졌음이 틀림없을 것이다.

고고학자가 가리키는 바에 따르면 도구류를 이용한 수렵과 집약적 채집이 궤도에 올라, 어느 정도의 정주생활을 영위하게 된 것은 지금부터 약 1만년 전 이었다고 한다. 순종했던 자연의 자식이 자연에 모반을 시도하게 되는 것은 별로 긴 시간을 필요로 하지 않았다. 지금부터 대략 6000년 전 농경사회의 정착부터 이다.

원래부터 종(種)이 개체에 우선한다는 것이 생물계의 정상적인 룰이었으나 인류는 이 룰을 전도시켜, 종보다는 개체가 우선하는 사회를 창출하였다. 그 시초가 농업의 발견이고 식용에 적합한 종의 번식에 뜻을 품고 반인공적인 농업생태계를 창출하였다.

농경사회 이전의 인간은 육식이나 초식동물 또는 섞은 고기를 먹는 동물과 전혀 차이가 없었으나, 그것이 어느새 인간에게 식습관 = 기호성이 형성되었다. 개개인을 대상으로 하였을 때, 기호성에는 선천적인 인자가 있으나 여기에는 아무런 법칙성도 없고 객관적으로 뒷받침할만한 요소도 없으므로 기호성은 식습관의 소산이라고 밖에 말할 수 없다. 그러나 이 기호성을 이룬 것은 풍토이다.

인간은 수육과 어육의 어느 쪽을 원하는 가에 따라 목축과 어업 중 한쪽을 선택한 것은 아니다. 풍토적으로 목축과 어업이 결정되어 있었다. 또한 채식을 결정한 것도 채식주의자에서 볼 수 있는 이데올로기가 아니고 풍토이다.

이러한 사실은 인류가 문명을 이루고 비축하는 어느 과정에 있어서나 우선적으로 고려하고 인식해야 할 중요한 문제 중의 하나이다.

인류의 조상

백악기가 끝남으로서 지구상의 중생대는 끝이 났다. 신생대는 현세의 새벽이라고 말할 수 있는 효신세(曉新世)로부터 시작하였는데, 지금부터 약 7,000만년 전이나 된다. 아직 이때까지 인간은 지구상에 나타나지 않았다.

그러나 이 때에 인간과 매우 비슷한 포유동물이 대단히 발달한 것은 특히 주목할 만한 일이다. 이들 동물은 그 선조인 파충류보다 뇌가 컸으며 또한 지혜가 탁월하였다. 그러나 큰 뇌도 매우 추운 기후조건에 적응하는데 별 소용이 없었다.

포유류는 외기의 추위와 더위에 체온조절을 할 수 있도록 다소 적응되었다. 그들에게만 발달한 모피는 이러한 체온조절에 크게 도움이 되었다. 인류의 아득한 조상은 원시적인 초기 포유동물 중의 식충류로 보는 것이 일반적인 지견이다.

이들 생물 중에서 지금의 들쥐와 비슷한 동물이 우연한 기회에 나무에 기어 오른 것이 개나 말처럼 네발을 앞뒤로만 움직이는 대신 자유롭게 사방으로 뛰어다니기 까지 (생활환경과 공간이) 진화사에서 오랜 시일을 필요로 하지 않았다. 이들은 사지로 나뭇가지를 붙잡게 되었으며 여러 방향으로 운동을 하게 되었다.

수상생활의 결과, 수직적인 길쭉한 몸과 긴 꼬리가 달린 *Lemur*(여우원숭이)라 불리는 것으로 진화하였다. 이들은 먹이를 찾는 데 있어서 후각보다는 시각에 더 의존하였다. 많은 레무류들은 발톱이 편편하게 발달하였는데, 이것은 인간으로 향하는 최초의 특징이다. 곤충을 먹다가 곧 연한 과실 혹은 단단한 열매를 먹게 됨으로써 그 결과 뾰족한 이빨이 단단한 먹이를 깨물며 잘게 부수는데 적합하게 되었다. 또한 무엇이든 붙잡기 위해 손을 많이 사용하였으며 눈도 더 사용하게 되어 손과 눈의 사용과 대등하게 뇌가 커졌다.

이들의 운동은 대체로 손으로 나뭇가지를 붙잡거나 나무에 매달려 이동하거나, 꼬리의 힘으로 신체의 평형을 유지하는 운동이다. 꼬리는 평형을 잡기 위해 그리 오래는 필요치 않아서 점차 퇴화되어 꼬리 없는 종류로 발달하였다.

들쥐 같은 짐승으로부터 원숭이류의 전진화를 요약하면 대체로 이러한 것인데 아마도 백악기 말기부터 효신세 말기까지의 4,000만 ~ 5,000만년이 걸렸다.

그리고 화석출현은 5000만년 전에 진원류(긴꼬리원숭이), 3000만년 전에는 소형유인원(Hylobates, 긴팔원숭이), 그후 2000만년 전에는 대형유인원(Pongo, 오랑우탄)의 존재를 말해 준다.

백악기를 지나 시신세가 최성기인 *Lemur* 또는 여우원숭이라 불리는 원원류(原猿類).
사지는 나뭇가지를 붙잡았으며 앞발은 상하좌우로 운동하였다.

현대의 들쥐는 백악기에 있었던 그들의 조상형과는 다르며 그 크기도 작고 다른 네발짐승과 같이 발이 앞, 뒤로만 움직였는데 그 때 그들의 생활에는 적합하였다. 후각은 가장 발달한 감각이었다. 긴 코에는 예민한 감각이 분포한 피부로 덮인 비골이 있었다. 나무 위에서의 새로운 생활은 기타의 감각도 필요로 하였으며 사지는 나무를 붙잡도록 적응되었다. 나무 위에서 몸의 평형을 유지하고 먼 거리를 정확하게 판단하는 데 눈을 많이 사용하지 않으면 안되었다.

또한 이러한 운동들은 날쌔게, 또 자세히 보는 눈과 조심성 있는 몸의 조정이 필요하여 뇌의 사용이 더 많아지게 되었다.

이와 같은 새로운 필요로서 뇌의 크기가 커졌으며 '지혜로운 짐승'으로 진화하였다. 뇌의 단순한 부피의 증가뿐만 아니라 보고, 만지고, 듣고, 평형을 잡는 것과 관련된 부분이 가장 커졌다. 후각은 중요하지 않아 코는 작아지고 주둥이 크기도 점점 작아졌다. 이빨이 식물성 먹이를 깨무는데 적응되었기에 육식을 하기에는 지장이 있었다. 나뭇가지에 매달려 이동하기 때문에 견갑관절의 운동이 심해져 팔이 발달하게 되었다. 이러한 능력은 앞으로 이들을 조상으로 하여 출현하게 되는 인간에게는 매우 중요한 요행과 천부적 혜택인 것이다.

원숭이류의 진화는 점신세(漸新世)와 중신세(中新世)에 걸쳐 계속되었다. 진화 발달의 개략적 방향은 오랜 세월의 수상생활에서 이미 결정되어 다음에는 지상생활을 시작하였다. 지상으로 내려온 이들은 비록 비틀거리기는 하였으나 두 발로 걷기 시작하였는데(손의 발달과 더불어) 이것이 이족직립보행(二足直立步行)의 효시이다. 시간의 흐름에 따라 걷기에 익숙해져 나중에는 거의 곧은 자세를 이루었다. 사람과 비슷한 유인원과 원숭이 모양 그대로의 긴팔원숭이는 중신세 말에 그 조상으로부터 가지가 갈라진다. 이것이 최초로 지구상에 원숭이가 나타난 것으로 가지가 갈라진 3000만년 후인 것이다.

그런데 왜 원숭이는 수상생활을 버리고 사는 곳을 바꾸었을까 하는 문제에 대해서는 적당한 추측을 할 수 있을 뿐이다. 이때 아시아 중앙에 있는 티베트와 히말라야는 중신세로 이른바 계속 융기하여 기후는 분명히 냉각되었고 나무들도 죽었을 것이다. 따라서 나무가 무성한 남쪽으로 원숭이나 유인원은 이동할 수밖에 없었으며, 북쪽으로는 삼림이 쇠퇴하여 아마 먹이가 되는 다른 동물을 사냥하기 위해서 땅에 내려오지 않으면 안 되었을 것이다. 이러한 점을 이유로 인간의 발상지는 중앙아시아의 고원이라고 일반적으로 보고 있다.

신생대 지질 시대표

대 Era	기 Period	연수	세 Epoch(통 Series)	특기사항
신생대 Cenozoic	제 4 기 Quaternary	100 만년	완신세 Holocene, 충적통 Alluvium	문화의 발달
			최신세 Pleistocene, 홍적통 Diluvium	인류의 발전
	제 3 기 Teriatary	6천만년	선신세 Pliocene	근대포유류의 발전
			중신세 Miocene	
			참신세 Oligocene	원시포유류의 발전
			시신세 Eocene	
			효신세 Paleocene	

문명을 선도하는 식물

원숭이와 사람의 진화에 있어서 식물은 중요한 역할을 하였다. 인간 진화의 최종 단계는 선신세와 빙하기 초기이다. 남아 있는 유인원이나 원숭이류의 진화 과정에 대해서는, 특히 전세기 후반 이래 세계 도처에서 대규모의 연구가 꾸준하게 이루어지고 있으나 아직 그리 많이 알지 못한다.

그 이유 중의 하나가 당시 인간의 조상인 원시인들은 다른 동물과 싸워서 충분히 살아남을 수 있는 지혜를 갖고 있었기에 그들의 뼈가 진흙이나 모래에 화석으로 보존되는 기회가 극히 적었기 때문이다.

현존하는 원숭이의 생전과 생후의 어릴 때를 인간의 신생아와 비교하면 매우 비슷하다. 사람의 어린 시절은 원숭이의 어린 시절보다 더 길다. 사람의 뇌는 두개골이 굳을 때까지 오랫동안 계속 자란다. 원숭이는 어미 배에서 나오기 전에 털이 한번 난 다음 그것이 떨어지고 또 새털이 나지만, 사람은 처음 털이 나서 그것이 없어진 다음 두 번째 털이 나오기 전에 태어난다. 사람의 몸은 머리, 기타 일부분을 제외하고는 털이 없는 원숭이로 발달하는 것이다. 이러한 점에서 사람은 채 자라지 못한 Peter Pan이라고 말할 수 있다.

특히 신생아는 여러 가지 면에서 원숭이와 비슷하다. 가장 비슷한 점은 아기가 기둥을 꼭 붙잡고 잠깐 동안 자기 몸무게로 매달릴 수 있다는 것이다.

야생하는 어린 원숭이는 자기 자신이 스스로 적을 방어할 수 있을 때까지 어미에게 꼭 매달려 있어야 한다. 그러나 사람은 그럴 필요가 없으므로 생후 2주일이면 이 힘은 없어지고 사회생활을 시작하게 된다.

유인원의 골격이 발견된 것은 매우 적지만 빙하기 초기 이후로 유인원이 살았다는 흔적은 남아 있다. 원시 석기라는 조잡하게 깎은 돌이 제 1 빙하기의 역토 속에서 발견되었다. 이러한 석기는 자연히 생긴 것으로 여겨졌으나 지식의 발달로 이것이 원시 시대의 도구였다는 것을 알게 되었다. 이 석기는 흔히 손도끼라고 불리었으며 틀림없이 곤봉을 만들기 위해, 나뭇가지를 꺾을 때나 또는 뿌리를 파기 위해서 사용되었을 것이다. 이 손도끼보다 좀더 개량된 도구를 같은 용도로서 초기의 태스매니아(Tasmania) 원주민들이 사용하였다.

다음의 30만~40만년 사이에는 이런 도구의 발달이 극히 완만하였다. 그 후 이런 조각돌(chipping)은 프랑스 마르네 계곡에 있는 쳴레스의 지명에 따른 이름인 쳴레스 손도끼(Chellean hand - axe)로 알려지게 되었다. 쳴레스 손도끼는 날카롭게 한쪽을 깎았으나 널따란 한쪽은 손으로 잡기 위해 깎지 않고 그대로 두었다. 물론 이러한 것을 만든 사람들에 대해서는 전혀 알려져 있지 않다. 그들은 야외에서 살고 있었기에 그들이 사용했던 도구가 동굴 속에서 발견되기는 극히 드물다. 유인원이라도 만들 수 있는 조잡한 나뭇가지 집을 겨우 만들 수 있는 정도에 불과하였다.

앞에서도 언급하였지만, 틀림없이 그들의 식량은 수렵으로 얻은 육류였으며 부족한 것은 장과, 각과 또는 뿌리 등으로 보충하였을 것이다. 불을 이용하는 것도 알지 못하기에 날것으로 먹었을 것이다.

50만년 내지 60만년 전까지 계속되었던 당시의 기후가 제 4 빙하기 말에 이르러 갑자기 추워졌는데, 이 변화는 어쩔 수 없이 이들을 동쪽으로부터 서부 대륙으로 이동할 수 밖에 없게 하였다. 이것이 유럽에 처음으로 출현한 네안데르탈인(Neanderthal) 이라 보아지는데, 우리는 유인원보다 네안데르탈인에 대해서 더 잘 알고 있다.

그들의 화석은 가끔 발굴되며 키가 크고 몸은 뚱뚱하나 현대인처럼 머리를 곧게 세우지 못하고 허리를 구부리고 걸어 다녔다. 턱은 힘이 세며 뺨은 뒤로 경사지고 이마가 앞으로 돌출하였으며 앞머리는 낮다. 그들이 말을 할 수 있었다고는 볼 수 없으나 손은 매우 잘 움직였다.

그후 빙하가 남부 지방까지 내습함에 따라 이들은 동굴을 찾게 되었다. 그들이 찾았던 동굴의 예로 사자 동굴, 곰 동굴, 하이에나 동굴 등을 들 수 있다. 원시인들은 적합한 동굴을 찾아내면서 들짐승을 사냥하여 굶주림을 면할 수 있었고, 비로소 추위를 막으면서 따뜻하게 지낼 수 있는 불이라는 새로운 동반자를 갖게 되었다.

대체로 불은 부싯돌을 마주쳐서 생기는 불꽃에서 얻었다. 잘 마른 나뭇잎에 불꽃을 받아서 썩은 나무에 인화하여 탈 때까지 꾸준하게 분다. 한번 타기 시작하면 이 귀중한 불을 지키기 위해 큰 관심이 필요하므로 사내들이 식량을 얻기 위해 함성을 지르면서 들판을 뛰어다니는 동안 여자들이 불을 간직하는 일을 하였다.

이처럼 불의 발견, 사용으로 누군가가 오랫동안 동굴을 지킨다는 것과 굶주림에서의 어느 정도의 해방은 시간이 경과함에 따라 인간은 식물과 또 다른 하나의 관계를 갖게 된다. 물과 요리한 음식을 저장하기 위한 용기 -- 그릇이나 항아리, 바구니, 활과 화살의 발견, 의복의 필요를 느끼게 되었고, 야생 또는 재배식물에서 자연적으로 분비되거나 처리과정에서 추출되는 각종의 색소는 그들로 하여금 널따란 동굴 벽에 수렵 시에 본 각종 야생동물의 모습을 그려보게 하였을 것이다.

다시 말해, 인간으로서의 원초적인 정서적, 예술적 감각이나 감정이 싹틀 수 있었던 것이다. 새로운 시대가 열리면서 문화와 문명이 시작되는 모든 예술품이나 기호품의 시초를 이때로 볼 수 있다.

그러나 네안데르탈인은 이러한 위대한 발견자는 아니었다. 그들은 불을 발명한 시대보다 훨씬 이전의 사람들이다. 불을 발명한 사람은 호모 사피엔스 사피엔스 (Homo sapiens sapiens)란 학명의 현대인과 동종에 속한다. 다시 말해, 그들은 동쪽에서 유래되었으며 그들의 발상지는 아마도 중앙아시아의 어느 지방일 것이다.

빙하기는 더욱 진전되었으며 차가운 기후는 계속되었다. 인간의 식량은 대부분이 순록과 다른 사슴 종류였다. 바이손, 맘모스, 곰, 야생마, 야생돼지 또는 여러 가지 어류 등의 수렵물이 부족할 때는 으레 순록이 식료가 되었다.

순록 시대에 있어 동굴의 벽, 뼈 또는 순록의 뿔에 새긴 동물의 조각들은 주목할 가치가 있다. 대부분의 그림은 어린아이 작품같이 유치하나, 북 스페인 지방의 알타미라(Altamira)에 있는 동굴 그림은 석기시대 예술품의 걸작이다.

동굴의 벽, 뼈 또는 바이손이나 순록의 뿔에 새겨진 식물 그림. 대부분은 어린이 작품같이 유치하며 식물의 종류도 알아 볼 수 없다.

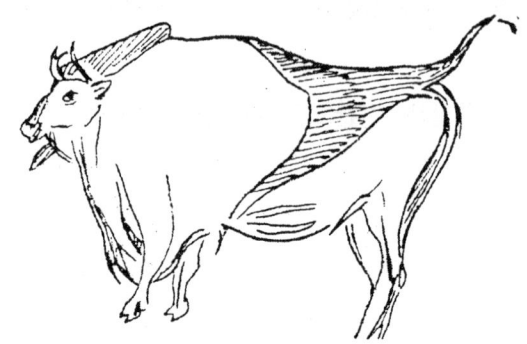

유명한 스페인 북부 알타미라 동굴은 구석기시대의 말기에 속하며 여기에는 '들소의 그림'이 남아 있다. 말, 순록, 들소, 산돼지 등 그들이 수렵한 여러 가지 동물의 그림을 남겨 놓았다. 약 15000년 전의 것으로 추정된다.

그려진 동물은 앞에서 말한 먹이가 되었던 것이 대부분이었으며, 윤곽은 부싯돌 같은 것으로 넓은 동굴의 벽에 조각되어졌고 나중에 검은 빛, 푸른 빛, 붉은 빛의 색소로 형태에 칠을 하였다. 이러한 색소는 야생식물에서 분비된 것이거나 추출한 것으로 기름에 혼합하여 절구질하여 바이손 뿔에 저장하였다가 사용하였다. 이런 그림은 그들의 영리한 관찰과 원시적 원료의 사용에 있어서 극히 교묘했다는 것을 나타내고 있다.

그 뒤를 이어 그려진 그림들은 활과 화살을 가지고 있는 사람이었다. 이 때 화살 끝머리를 돌로 만들어 사용하였는지는 알 수 없으나 활과 화살은 나무만으로 만들어졌다. 활시위는 아마 가공하지 않은 수피 섬유였을 것이다. 또 집모양은 오막살이집 같은 것이며, 어떤 그림은 가죽을 나무위에 지붕으로 걸쳐 만든 집인 것이 분명하다. 또 다른 그림은 현재 대부분의 아프리카 부족들의 집같이 재목으로 기둥을 박고 짚으로 경사지게 덮은 지붕을 한 둥그런 오막살이집이 그려져 있다.

이런 집은 여름에 사용하였으며 동굴은 월동용으로 사용하였다.

래플라더인(Laplader)이나 에스키모인(Eskimo)은 아직도 여름에는 운반할 수 있는 가죽 천막을 사용하고 겨울에는 더 튼튼한 집을 사용한다. 낟알(곡식, 곡물)은 아직 없었고 벼과와 방동사니과 식물은 지붕을 잇기 위한 것에 불과하였다.

직물기술은 바구니 세공이나 나뭇가지로 엮는 세공으로부터 시작되었다. 아마도 가장 원시적인 바구니는 여러 개의 곧은 버드나무 가지의 끝을 매어서 원뿔 모양의 바구니가 될 때까지 가느다란 가지를 안팎으로 엮어서 만들었으며, 바구니는 가지 끝을 묶음으로서 완성된다. 이러한 바구니는 손잡이가 없으며 식물 섬유를 꼬아서 만든 줄을 팔에 끼거나 등에 짊어지도록 만들었다.

좀 더 나은 방법으로는 사슴 가죽의 부드러운 부분을 앞에다 대어 운반하였다. 이와 같이 만들어진 바구니는 지금도 캘리포니아 일부 지역의 인디언과 그 근처의 종족들이 무거운 짐을 운반하는데 사용하고 있다.

이 때의 바구니 제작은 특별한 기술이 필요하지 않았으며, 유럽 석기시대 중엽에 살고 있던 종족들의 것과 비슷하였는데 이것은 문명국에 사는 종족들이 섬세한 바구니를 제작하기 오래 전의 일이다.

바구니를 만드는 기술은 점토를 사용하기 시작하면서
밑 부분에 흙을 깔아 항아리를 만들었다.

동굴인들의 또 하나의 기구가 뼈로 만든 송곳이다. 송곳은 바구니를 제작할 때 항상 사용하던 도구였으며 또한 동물의 가죽에 구멍을 뚫기 위해서도 사용되었다.

바늘도 또한 동물의 가죽을 뚫고, 바구니 만들기에도 사용되었다. 당시의 바늘은 뾰족한 칼끝을 돌려서 작은 구멍을 뚫은 뼈 조각으로 이러한 원시적인 것을 15세기까지 인류가 사용하였다.

세계 여러 곳에 있는 원시인들에 의해 각종 나뭇가지 세공의 바구니가 제작되었으며 또 그 바구니를 연구함으로서 석기시대의 발전상을 알 수 있다. 각 지역마다 바구니 제작에 적합한 나무가 있었다. 순록시대에는 버드나무와 개암나무 그리고 단순한 도구인 편편한 칼과 송곳이 바구니를 만드는데 사용되었으나 그들은 느릅나무나 피나무의 강인한 수피 섬유를 벗겨서 또는 여러 종류의 풀을 함께 세공하여 더욱 사용하기에 좋은 바구니를 만들었다.

섬유업자들이 잘 알고 있는 여러 가지 무늬나 직조방법은 처음 조

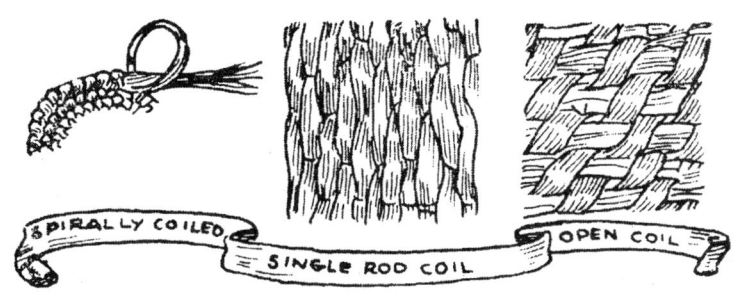

바구니나 항아리에 이어 석기시대가 끝나기 오래 전에 동일한 기술자에 의해 천을 짜는 기술(편직법)이 발달하기 시작하였다. 재료는 아마나 쐐기풀 같은 식물의 줄기에서 얻었다.

잡한 재료로서 바구니를 만든 사람들에 의해 발명되었다. 세월이 흐름에 따라 좋은 재료가 사용되었고, 석기시대가 끝나기 오래 전부터는 이미 여러 가지로 발달된 편직법이 실제로 쓰였다. 이런 기술은 가마니를 짜는데도 응용되고 아마도 쐐기풀 같은 식물의 줄기에서 얻은 비교적 양질의 섬유로 천을 짜는 단계까지에 이른다. 다시 말해 원시인의 바구니 짜기는 모든 섬유기술의 모체를 이룬 셈이다.

지세공과 달리 길고 가늘게 빚은 점토를 감아서 만든 항아리는 낟알이나 씨를 갈아서 만든 식량을 넣는 용기로써 사용하였다. 커다란 항아리는 아프리카나 아시아의 어떤 종족들이 사용하고 있는 것처럼 곡식 저장고로 제조되었으며 또 물동이로도 사용되었다. 그 속에 물을 넣으면 단단하게 감긴 점토나 짚이 불어서 항아리는 방수가 된다. 때로는 물을 담기 위한 항아리를 만들 때 방동사니 줄기를 점토 사이에 끼워서 방수가 더욱 잘 되게 하였다. 현재에도 통 제조업자들은 방동사니와 같은 식물을 통조각 사이에 끼워 넣어 봉합하고 있다. 그러나 항아리 안쪽 면에는 소나무류의 껍질을 벗겨서 얻은 수지 같은 것을 바르지 않으면 방수가 안된다.

초기 항아리는 약 14000 ~ 16000년 전인 순록시대 말기 또는 신석기시대의 초기에 처음으로 만들어졌으나 조각된 여러 가지의 도안은 청동시대에도 흔히 있던 바구니 모양이었다.

농경의 기원

문명은 농경 문제를 덮어 두고는 논할 수 없다. 이 점은 특히 강조하고 싶다. 그러므로 우선, 땅을 갈고, 씨를 뿌리고, 작물을 키우는 등등의 이야기들로부터 시작하기로 하자.

농경의 발달에는 가축의 사육이 수반되는 경우도 있었고 식물만의 경우도 있었다. 그 과정은 매우 복잡하고 갑자기 생겨난 것이 아니고 점차적으로 오랜 시간이 걸려서 발달한 것이 분명하다. 농경이전에 인간은 들이나 산을 거닐면서 나무 열매를 따거나 혹은 수렵에 의해 식량을 구했다.

인류의 역사에 있어 초기의 긴 시대는 구석기 시대라고 불리며 지금부터 100만년 ~ 200만년 전에 시작되었는데, 그 시대는 북반구의 넓은 지역에 적어도 네 번의 큰 빙하발달이 있었다. 그 빙하가 후퇴한 후에도 수천년에 걸쳐 식량을 채집과 수렵에 의해 획득하는 양식은 확실하게 이어졌다. 유럽에서는 이 생활양식이 약 일만년 전까지 계속되었다.

구석기 시대의 발달에 대응되는 상태는 세계의 몇 군데 지역에서 볼 수 있어, 거의 현대까지 아직도 계속되는 지역이 있다. 예를 들어 21세기에 이르기까지 북아메리카의 인디언 생활양식에는 식량채집의 여러 가지 형태를 볼 수 있다. 인디언의 많은 부족은 야생식물 중에서 특정식물을 골라 먹거나, 약으로 쓰기위해 재배하는 등, 비교적 고도로 발달된 농경양식을 갖고 있으나 부족에 따라서는 그러한 농경을 전혀 하지 않는 경우도 있었다.

어떤 경우든 당시의 인간에게 있어 용도에 따라 식물을 제대로 구별한다는 것은 극단적으로 말해 삶과 죽음을 갈라놓는 것일 수도 있고, 어쩌면 오늘날의 도시 현대인보다 식물을 식별하는 지식이 더 풍부했을지도 모른다.

구석기시대의 초기 사람들은 당분과 비타민을 포도, 산딸기류 같은 장과에서, 지방은 밤, 호두, 떡갈나무 등의 견과를 먹고, 탄수화물로서 필요한 전분은 뿌리에서, 단백질의 대부분은 수렵에서의 육류로부터 획득하였다. 인류가 원숭이와 같은 생활에서 벗어나는데 따른 식량획득의 진화에서 첫 단계는 수렵에 무기를 사용하고 어로에 어구를 사용하는 습성을 발달시킨 것이다. 그리고 도구제조가 발달하고, 불을 지배하고 나아가서 집을 짓는 일이나 수렵에서 얻은 동물 가죽으로 옷을 만드는 방법을 알고 난 후에야 비로소 인류는 농경이란 이름의 행위를 시작하기에 이르렀다.

농경이 유럽에서 시작되었다는 것은 지금까지의 지배적인 사고였다. 이러한 생각은 별로 놀랄만한 것이 아니다. 그 까닭인즉, 그것을 뒷받침할만한 증거가 유럽 및 근접한 아시아나 북아프리카에서 출토되고 있기 때문이다. 그렇지만 지금까지 이르는 100만년의 인류역사에서의 중요한 발달은 아시아나 아프리카 등, 유럽 이외의 지역에서 일어났다는 사실도 충분히 생각할 수 있다.

사실, 북쪽으로 극빙이 이동하는데 따라 열대 및 아열대의 저위도 지방은 지금으로서는 건조하고 황폐해져 있으나 당시는 우기가 존재하고 있었으므로 인류생존에는 비교적 적합한 조건을 이루고 있었다는 증거가 있다.

중세에서의 밀수확,
밀의 이삭축은 꺾어지기 쉬우
므로 이삭 바로 아래의 줄기를
잡고 수확해야 한 다.

　　아시아에서 북아메리카로 건너가 아메리카 전토에 정착한 이주민
들은 농경민이 아니고 아마도 개를 동반한 유목적 수렵인이었으리라
여겨진다. 여기서도 역시 농경이 발달하기에 이르렀으나, 이용된 식
물은 구세계의 것과는 전혀 다른 종류였다. 불행하게도 신세계에서
의 최초 농경에 대한 자료는 거의 알려져 있지 않지만 성경에 등장하
는 여러 식물에는 신세계 발견 후 유럽에 소개되고 이어서 아시아에
전래된 식물이 많다는 사실을 알 수 있다.
　　이러한 사실의 연역적 추리로서 기원을 달리 하는 독자적 야생식
물군에서 나름대로의 학설, 예를 들어 담배, 옥수수, 토마토 등과 같
은 재배식물이 주로 중앙아메리카를 중심으로 농경에 의해 생겨나
미개한 원주민에 이용되었으리라는 것은 지금도 널리 받아들여지고
있다.(이 문제에 대해서는 7장과 12장에서 다시 논의하겠다.)

　　동굴에 많은 사람들이 살고 있었다는 주목할만한 몇가지 예외는
있으나, 현재 멕시코나 과테말라, 페루에서 볼 수 있는 것과 같은 인

구수가 적은 도시가 건설되기 이전의 농경에 관한 충분한 고고학적 자료는 없다. 그러나 도시가 형성될 때까지 농경은 충분히 발달되어 있었다.

눈앞의 필요만을 위해 열매, 씨, 뿌리류를 모으는 것이 아니라 그 이외의 용도로 식물을 이용하는 것은 열대지방에 사는 사람들보다 오히려 추운지방에 사는 사람들에 의해 이루어졌다. 열대지방에서는 의복을 입지 않고, 비, 바람에 노출되어도 생활할 수 있고 불을 사용할 필요도 거의 없었다. 그와는 대조적으로 마지막 빙하기를 맞이한 유럽인만 하더라도 약 2만년 전, 난방을 취하지 않을 수 없는 부득이한 필요로 불을 사용하기 시작했다.

유럽 이외의 지역에서도 불은 분명히 일찍부터 사용되었다. 불의 사용으로 인간은 더욱 한랭한 북쪽지방에서까지 살 수 있게 되었다. 그러므로 이러한 초기시대에도 연료를 필요로 하고 그로 인해 목재를 사용하였다. 빙하가 후퇴한 다음에는 새롭게 무성한 수목에서 목새를 얻어 추위나 외적에서 자신을 지키기 위한 가옥을 만드는 골조로 사용하였다.

유인원은 숲 속 나뭇가지에 휴식장소를 만들었으나 초기 원시인은 동굴에 살면서 숲 밖으로 식량이 되는 동물을 구하기 위해 수렵하러 다녔다고 여겨진다. 일단 숲 밖에서 집이란 것을 만들기 시작하였을 때는 아주 허술하고 부서지기 쉬운 재료를 사용하였다고 보지만 그러한 것이 고고학적 자료로서 보존되어 있는 것은 거의 없다.

그러나 구석기 시대의 바위 면에 그려진 벽화가 이러한 집이 존재하였다는 것을 제시해주며 당시의 상태를 추정하여 얻을 수 있는 몇 가지의 단서가 있다. 현재 남아 있는 가장 오래된 목조가옥은 구석기

시대 후기의 것으로, 유명한 스위스의 호상주거는 그 중의 가장 초기에 속하는 것이다.

이러한 원시적인 집을 짓는 것은 바구니를 만드는 것과 많은 공통점이 있다. 가지를 엮어서 흙을 발라서 집을 짓는 방법은 바구니를 만드는 원리와 같다. 휘어지기 쉬운 가지나 줄기 또는 잎을 곧게 세워진 기둥과 기둥 사이에 엮어 넣고 그 양면에 점토를 발라 벽을 만들었다.

지붕도 같은 방법으로 만들었다. 벽과 바구니의 양쪽에 탄력성 있는 부드러운 잔가지와 함께 갈대나 골풀이 사용되었다. 지역에 따라 방동사니과의 큰고랭이(*Scirpus tabermaemontanii*)의 원기둥 모양 줄기와 잎이 쓰였으나 같은 목적으로 수택지에 자라는 부들, 골풀, 갈대가 세계 전반에 걸쳐 사용되었다. 이처럼 방동사니과나 벼과식물과 그것과 비슷한 식물이 --식량으로서의 벼과식물의 중요성, 어쩌면 인류 문명의 토대를 이룬 한 부분으로서의 가치는 장을 바꾸어 따로 설명하더라도-- 초기 인류에 있어 중요한 것이었다.

인류는 긴 기간동안 벼과식물의 '종자'(실제로는 한 알의 씨가 달린 영과)를 식량으로써 모아왔다. 지금도 이러한 야생의 종자채집이 아프리카의 건조지대에서 이루어지고 있다.

북미의 오대호 지방에 살고 있었던 인디언은 호수에 자라고 있는 '야생 벼'(aquatic wildrice, *Zizania aquatica*)의 씨를 특별한 방법으로 수확하였다. 이 경우 그들은 카누를 타고 군생하는 식물 속으로 들어가 카누 바닥에 씨를 때려 떨어뜨렸다. 이 야생 벼는 최근에 이르러 그 진미가 요리용 기호품으로서 주목 받게 되었으나, 그 재배에는 문제가 많으므로 지금도 야생지역으로부터 채집이 이루어지고 있다. *Z. auatica*는 우리나라에 자생하는 줄(*Z. latifolia*)의 그 일종으로 한해살이 식물이다.

이러한 야생의 벼과식물이 갖는 주목할 만한 특색은 씨가 여물면 쉽게 분리되는 것이다. 씨의 분리성 혹은 줄기 상부가 꺾인다는 성질은 겨에 싸인 열매(이 경우 씨를 말함.)를 각각으로 산포할 수 있다는 바로 야생식물이 지니는 중요한 특성이다. 이것과 대조적으로 현재 개량된 낟알류는 씨가 여물어도 줄기가 꺾이지 않는 성질이 있어 씨는 이삭에 붙은 채로 전부를 함께 수확할 수 있다. 더구나 많은 낟알류, 이를테면 밀이나 겉보리는 식물의 전체 부분이 수확된 후에 겨에서 씨가 쉽게 분리되는 성질의 선택도 이루어졌다.

줄 (*Zizania latifolia* Turczaninov)
냇가에 무리지어 자라는 대형의 다년초

그러나 귀리는 씨만을 분리하는 것이 아직도 어려우며 해결해야 하는 과제이기도 하다. 열매를 그대로 유지하는 극단적인 상태는 옥수수에서 볼 수 있는데 씨 전체가 달린 이삭 축은 포엽(苞葉)이라 불리는 잎으로 싸여 있어 씨가 서로 흩어져 떨어지지 않으므로 손으로 따서 수확하고 있다. 이러한 관점에서 볼 때 옥수수는 분명히 식물 본래의 종자 산포능력을 상실한 매우 보기 드물게 변형한 이단자 같은 식용작물이다.

고대의 농경 이전 시대에 모여진 야생의 씨가 우연히 거주지 주변에 흩어져 그것이 발아하는 경우도 있었으리라 여겨진다. 거주지 가까이의 토양은 먹이 찌꺼기나 분뇨로 질소가 풍부하여 이러한 토양에서 자란 식물은 야생상태에서 보다는 더욱 잘 자랐을 것이다. 여기서 초기 인류가 그 거주지 근처에서 수확량이 많은 식물을 얻으려고 계획적으로 씨를 뿌리려고 했던 것을 상상할 수 있다.

현재, 원시적인 농경은 동남아시아, 서남아시아, 아프리카 동북부, 남북미 대륙을 중심으로 하여 세계의 몇 군데에서 각각 독립적으로 시작되었다고 믿고 있다. 그 주류의 하나는 기원전 9000년 경 서남아시아에서 식료채집부터 식료생산의 전환이 시작되고 그곳에서 동유럽을 거쳐 유럽 각지에 전파되었다고 여겨진다. 이 시대에는 아직 토기는 발명되어 있지 않았다. 어느 지역에서도 농경의 도입은 급격하게 이루어진 것이 아니고 상당히 장기간에 걸쳐 '농경 개시의 시대'가 계속되었다.

유럽의 구석기 시대는 서남아시아보다는 오랫동안 계속되었다. 이 시대에는 아직 농경은 존재하지 않았으나 나무를 깎는 돌 도구나 전쟁에 쓰이는 돌 도구가 만들어져 있었다.

고대 이집트의 농경
괭이과 두 마리의 소가 끄는 쟁기가 사용된다 (Chales Singer에 의함).

얼마 되지 않아 그 후의 중석기 시대에 이어 수천년 간에 걸쳐 농경이 시작되는 과도기가 이어졌다. 최후에 신석기 시대에 이르러 연마된 돌 도구가 보급되면서부터 농경은 기원전 3000년 경 까지 현저한 발달을 이루었다. 나아가서 농경은 금속을 사용하게 되는 것으로 비약적인 발전을 이루어 현재에 이르렀다.

세계의 다른 지역에서 일어난 농경의 발달도 아시아와 유럽의 경우와 같은 경과를 더듬어왔다. 지리학자 C. O. Sauer 는 중석기 시대의 초기(대략 기원전 8000년) 유럽, 중동, 아시아의 일부에서 최후의 빙하기 얼음이 산악부를 남기고 상당히 급속한 속도로 녹았다는 사실을 지적하고 있다. 그 결과 호수, 습지대가 많아져 천렵이나 낚시질하기에는 매우 풍족하였다. 그러므로 사람들은 유목하며 수렵하는 대신 장기간 일정한 장소에 정착하고, 거기에 하나의 사회를 만들게 되었다. 이러한 사회가 어느 정도의 영속성을 갖고 존재하느냐는 것이 농경발달에는 필수조건이었다.

이러한 어렵 사회의 거주지 부근에는 질소원이 풍부한 먹이 찌꺼기 등 쓰레기 퇴적장이 있었다. 초기 사람들이 재배한 식물의 대부분은 '호질소성의 것' 이었다고 생각되며, 그것은 질소원이 충분히 공급되는 장소에서는 매우 잘 번성하였다. 삼(hemp, *Cannabis sativa*)은 이러한 식물의 대표적인 것이다. 삼이나 다른 호질소성 식물은 유달리 쓰레기 더미에 잡초로서 잘 자라며 그것이 점차 재배로 유도되었다고 보아진다.

이집트의 유용식물

성경이 생기기 전까지는 초기인과 그들의 식용식물에 대해서 직접 우리가 알 수 있는 기록은 거의 없었다. 이러한 이유로서도 성경은 기독교에 대한 그 기본적인 의의를 떠나서도 매우 가치가 있는 것이다. 식물은 성경에 있어서 중대한 역할을 하고 있다. 창세기로부터 마지막 묵시록에 이르기까지 많은 종의 식물에 대해서 계속적인 이야기가 있다.

그러므로 신학자나 역사가, 고고학자, 식물학자는 성경을 열심히 연구하게 되었다. 성경에 있는 많은 식물의 이름은 계속 동일하게 불리고 있으나, 도중에 바뀌는 것도 많다. 잘 모르는 사람은 '샤론의 장미'를 읽으면서 이 장미가 숲 속에서 자라는 야생의 장미, 또는 비슷한 것으로 생각하거나, '광야의 백합'을 정원이나 온실에서 재배하고 있는 화려한 백합으로 생각할 수 있으나 실은 전혀 다르다.

성경에 기록되어 있는 식물은 대체로 이집트와 아라비아 사막 그리고 팔레스타인 세 나라에 국한되어 있는 식물들이다. 이 세 나라는 습하고 더운 나일강으로부터 레바논의 눈이 남아있는 고지에까지 걸쳐있는 기후 및 토양조건으로 대단히 차이가 있는 지역이다.

이집트의 식물에 대해 말하면 식물상이 그렇게 풍부하지 못하고 주로 정원이나 밭에서 재배하는 것이다. 밀, 보리, 호밀, 달래, 파, 마늘이 재배되었으며 오이나 멜론은 수분이 많은 정원에서 재배되었고, 아마 부들이나 파피루스는 강변에서 생육했다.

아라비아 사막에는 종려나무가 그늘을 짓고 Acacia의 일종인 시팀나무(shittim wood), 사막아카시아(desert acacia), 꿀풀과의 향료식물인 히솝(hyssopi), 케이퍼나무(caper plant), 테레빈트(terebinth) 그리고 노간주나무가 있었다는 것을 벽화를 통해 알 수 있다.

아라비아 및 시나이 반도의 건조한 곳과 비교할 때 성지의 풍부한 식생을 우리는 알 수 있는데 성서에서는 그러한 식물 상을 '젖과 꿀이 흐르고 꽃이 피는 땅'으로 기술하고 있다.

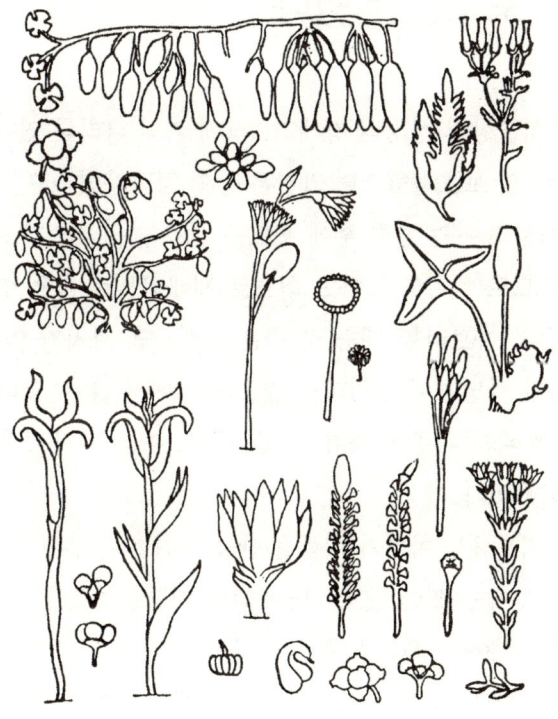

고대 이집트의 유용식물.
기원전 약 1500년전, 카르나크의 토스메스 3세의 무덤에서 발굴된 판화로 일부 종류는 지금도 식별할 수 있는데 그 중에는 히스, 붓꽃류, 천남성류, 마류 등이 보인다. (Charles Singer에 의함)

그 곳을 여행하는 사람은 언제나 봄철의 아름다운 꽃과 많은 종류의 교목, 관목에 대해 기록하였다.

신, 구약에 출현하는 몇 종류의 식물과 그것에 관한 에피소드를 간략하게 적어보기로 하자.

노아는 포도를 심었다

지구상의 식물상이 성경의 창세기 1장에 거의 나타나 있다. 4장에는 아벨이 야곱의 보호자였으며 카인은 땅의 경작자였다고 기록하고 있다. 성경에서 노아는 홍수 후에 포도를 심고 술을 빚었다고 기록되어 있다. 그러므로 아마도 노아도 최초로 재배식물로 술을 빚은 사람일지도 모른다. 아브라함 때는 맛 좋은 음식, 빵, 과자가 있었고, 야곱 때에는 밀과 강낭콩이 있었다는 것을 성경에서 알 수 있다. 보리, 호밀, 조, 무화과와 각종의 콩류, 석류, 곡류, 여러 가지 초본식물에 대해 기록하고 있다.

모세의 기록에는 아마가 의복을 만들기 위한 유일한 식물이었다고 되어있다. 모세는 또한 향료식물에 대해서도 말하였다.

신약과 구약에는 거의 30종 이상의 여러 가지 나무가 기록되어 있고, 당시의 팔레스티나는 오늘날보다 나무가 풍부하였다. 그러나 이스라엘의 많은 양떼가 어린 묘목을 먹게 됨으로써 식물은 번식할 수 없었다.

솔로몬왕은 레바논의 삼나무에 대해 말하였는데 이 종의 학명은 *Cedrus libani* 이며 종류를 달리하는 2종이 히말라야와 아틀라스 산에 있는 것이 알려져 있다. 이 3종은 영국의 Kew식물원에서 모두 재배되고 있다. 솔로몬 왕 이전에는 어느 정도 내구력이 있는 뽕나무과에 속하는 무화과의 일종인 *Sycomore* 가 사원이나 궁전을 건축하는데 널리 사용되었으나, 솔로몬 왕 시대에는 레바논의 삼나무가 그 대신 사용되었다.

이스라엘 사람들이 광야에서 살 때부터 그들에 의해 레바논의 삼나무가 기록되어 있으나 아마 이것은 노간주나무속(*Juniperus*)에 속하는 레바논 지방의 *J. oxycedrus* 나 *J. phoenicea* 일 것이다. 이러한 노간주나무류는 서부아시아의 사막에 흔히 자라고 있는 관목인데, 약 3000년의 니네베(Nineveh) 폐허에서 발견된 일부가 현재 대영박물관에 보존되어 있다.

올리브나무

올리브나무는 성경의 여러 곳에 기록되어 있다. 우리나라에서 발간된 성경의 대부분은 올리브나무가 감람나무로 기록되어 있는데 감람나무와 올리브나무는 다르다.

우선 학명에 있어 전자는 *Olea europaea* 이며 물푸레나무과에 속한다. 후자는 *Canarium album* 라 하며 감람나무과에 속하는 교목 또는 관목으로 성서시대의 지역과는 달리, 동남아시아의 열대지방에서 자란다. 열매는 역시 올리브나무와 같이 먹을 수 있으며 익으면 청자색을 띤다.

성서의 기록 중 올리브나무에 관한 한 예로 '저녁때가 되니 비둘기 한 마리가 입에다 올리브나무 잎을 물고 왔다. 그리하여 노아는 홍수가 멈췄다는 것을 알 수 있었다.' (창세기 제8장 제 11절)를 들 수 있다.

팔레스티나에 있어서는 오랜 옛적부터 올리브유를 사용하였으며, 야곱이 기둥모양으로 쇠붙이를 녹일 때도 사용하였다. 올리브유는 중요한 상품이었다. 솔로몬왕은 희람(Hiram)의 노예와 올리브를 사원을 건축하기 위한 재목과 바꿨고, 현재에도 올리브유는 지중해 지방 사람들의 조리에 있어서는 불가결한 중요한 재료이다.

토지가 침식되어도 올리브나무는 잘 자라며, 원산지가 유럽인지 여부는 의문이 많으나 --학명의 종속명은 비록 *europaea* 이나-- 가자, 베이루트, 나블루스 같은 지역에서는 광범위하게 자라고 있다.

성경에 있는 '생명의 나무'는 학명이 *Phoenix dactylefera* 인 대추야자를 말하는 듯 하다(속표지 그림참조). 이 나무는 사막에서 먹이가 될 수 있는 나무이며 수백만 명의 사람을 먹여 살릴 수 있다. 초기에 대추야자는 팔레스티나에 많았다. 그리스어 이름인 Phoenix는 페니키아(Phoenicia)라고 하는 작은 나라의 이름을 딴 것이다.

인도에서 양주하며 아라크(arrack)라고 하는 취하게 할 수 있는 음료가 되는 술이나 종려즙은 대추야자와 다른 종려나무의 껍질을 벗겨서 얻은 액으로 만든 것이다. 이 종려액은 사사기 제 8장 제 4절과 그 외 성경의 여러 곳에 '강렬한 음료'라고 기록되어 있다.

무화과나무

구약 성경에는 무화과나무에 대한 많은 기록이 있다. 그러나 창세기의 기록에는 학명이 *Ficus sycomorus* 인 나무를 무화과나무와는 다른 나무의 일종으로 적혀 있다. 이 나무는 뽕나무과에 속하는 키가 약 3~6m인 나엽 관목으로, 지중해 연안 소아시아원산이라 알려지며 많은 종류의 재배품종이 있다. 많은 가지가 갈라지며 꽃은 화탁에 둘러싸여 겉으로는 보이지 않으나 화탁 전체가 많은 꽃을 안은 채로 달콤한 열매로 익는다. 아프리카에서도 이 나무가 야생하며 많은 열매가 생산되나 그 질이 좋지 못하다.

그렇지만 그것은 Amos가 자신을 '무화과나무 과실의 채집자' 또는 '무화과나무의 조정사' 라고 기록한 바와 같이 세심하고 주의 깊게 그것을 가꾸었다. 아모스 7장 14절에서 말하는 '뽕나무를 배양하는 자' 의 뽕나무는 무화과나무로 여겨진다.

또한 팔레스티나에는 참나무(oak)와 관련 있는 몇 종류의 상록수가 있다. 참나무류는 단단하고 크게 자라므로 소중히 여겼으며 그 그늘 아래에 위대한 사람을 매장하였기 때문에 경의를 표하였다. 아브라함 참나무는 학명이 *Quercus pseudococcifera* 인데 이 나무는 아브라함이 대접한 세 천사가 서있던 자리에 생긴 것이라 한다. 이 유명한 나무의 몇 개의 잎과 도토리가 달려 있는 어린 가지는 1860년에 죠셉 후커경(Sir. J. Hooker)에 의해 영국에 수입되어 큐 박물관에 보존되어 있다.

성경에 있는 참나무는 보편적인 종류가 아니며 이것은 레바논이나 팔레스티나의 일부에 성장하고 있는 플라타너스 또는 버즘나무(*Platanus orientalis*)라고도 불리는 나무의 일종이다. 플라타너스는 우리나라에서 흔히 가로수나 공원수로 심는다. 이 종과 북미산 종인 양버즘나무와의 잡종이 단풍잎 버즘나무이다.

'야곱은 그에게 버드나무와 개암나무, 밤나무의 푸른 가지를 취하였다.' (창세기 제 30장 제 37절).

여기서 개암나무는 *Corylus* 속에 속하는 개암나무류와 다른 것으로 밤나무와 가장 비슷하다. 현재 밤나무의 아라비아말은 헤브라이어의 루쯔(liz)라는 말과 같고, 성경에서는 헤이즐(hazel), 곧 개암나무로 번역되어있다.

이사야 제 2장 제 19절에 있는 회양목(*Buxus*)은 대단히 넓은 지역에 걸쳐 분포하는 속으로 Surrey의 회양목 언덕(box hill)에 야생하고 있는 *Buxus sempervirens* 와 같은 종류이다.

욥기 제 30장 제 4절은 잘라서 식용으로 했다는 노간주나무의 뿌리는 진정한 노간주나무속(*Juniperus*)의 나무가 아니며 금계화(genista)의 일종으로 모두 유독하므로 식용하였다는 것은 아마도 기생하고 있는 *Cynomorium* 이었을 것이다.

포플라는 성경에 기록이 없으나 잘 알려져 있는 나무이다. 마태복음 제 27장 제 5절에 'Juda는 길을 떠나 목을 매어 죽었다' 고 간단하게 적혀 있으나 이 나무에서 목매어 죽었는지 우리는 알 수 없다. 그것이 사실이라 하여도 '유다나무' 는 1597년 Gerard의 표본에 *Cercis siliquastrum* 라 불리어졌으니 믿을만한 아무런 근거도 없다. 그러므로 유다란 이름의 기원은 이 나무 본래의 신화와 관계가 있다.

2

식물과 유사시대

> 네가 얼굴에 땀이 흘러야 먹고 살리라.
> - 창세기 제3장 제19절 -

그리스의 본초학

식물이나 동물, 광물에 관한 지식은 약을 구할 목적으로 유사 이전부터 발달하였다. 그것은 '본초'라 불리었다. '약초'란 말이 일반적으로 쓰이는 것은 약이 풀을 기본으로 하기 때문이다.

서구에서도 옛적 식물지에는 약초를 대상으로 하여 'herbal'이라 불리었다. 이것은 '풀 - herb'에서 시작한 말로서 '풀'을 어원으로 하는 점에서는 동서가 궤를 같이 하고 있다.

서구에서도 중국이나 우리와 같이 약의 필요성에 의해 의사가 식물학을 공부하였으며 일찍부터 식물학과 동물학이 자립하였다.

인류는 역사의 아주 이른 시대에 식물을 재배하기 시작했으나 그 후 오랫동안 식물자체를 진지하게 연구하려 하지 않았다. 이 당시의 사람들은 아마 필요에 의해 매우 현실적인 생활을 하지 않을 수 없었다. 생활에 시달려 어느 정도의 보증과 여유를 갖게 될 때까지는 지식이나 창조를 중시하는 철학자가 될 수 없었다.

그리스 시대의 히포크라테스는 기원전 460년부터 370년 사이에 식물의 연구에 관해 중요한 발자취를 남겼다. 플라톤의 제자인 아리스토텔레스(BC 384-322)와 테오플라토스(BC 371-287)를 가리켜 식물학의 원조라고 흔히 말하는데, 불행하게도 아리스토텔레스의 식물학상 업적은 얼마 남아있지 않고 오히려 '동물학의 아버지' 라고 불리울 정도로 유용, 무용을 불문하고 동물을 관찰하고 그 결과를 '동물지' 나 '동물부분론' 으로 저술하였다.

아리스토텔레스의 학풍은 테오플라토스 BC 327(69)~288(85)로 이어졌으나 목적론에 구애 받지 않고 오직 귀납법에 따라 연구를 진행하였다.
후세 사람들은 식물학에 대해 뛰어난 재능을 발휘한 그를 가리켜 식물학의 제 1인자 또는 식물학의 아버지라고도 불렀다.

그의 제자이고 동료이기도 하였던 테오플라토스는 '식물지' 와 '식물원인론' 을 저술하였는데 의사들이 약에 대해 공부하는데 중요한 지침서가 되었다. 테오플라토스를 가리켜 때로는 '식물학의 아버지' 라고도 부른다.

그러나 의사들이 공부한 것은 테오플라토스의 책만 아니라, 로마 시대의 식물 분류학에서 가장 중요한 역할을 한 사람, 페다니오스 디오스코리데스(AD 1세기)의 '약물지' 도 있었다.

비엔나 박물관에 보존되어 있는 현재 남아 있는 가장 오래된 디오스코리데스의 '약물지' 사본에서 찰스 싱어가 복사한 것.(512년)
중앙이 서양에서 유명한 약초 맨드레이크(동양에서 한국 인삼이 유명하듯이)를 잡고 있는 지혜의 여신 에피노이아, 우측에서 기술하고 있는 디오스코리데스, 좌측에서 그림을 그리는 사람은 싱어의 추측으로는 크라테아우스.

한편, 소아시아 반도 남부의 아나자루바에서 태어난 디오스코리데스는 그 곳에서 50마일 떨어진 타르소스에서 공부하고, 더 나아가 이집트의 알렉산드리아에 유학하여 의학이나 본초학을 배웠으나 아리스토텔레스나 테오플라토스의 서적은 알지 못했다. 그는 독학으로 고독하게 친한 의사도 없이 주로 저술에 열중하였다. 후에 그의 저작은 갈레노스(130 ~ 200년 경)의 의서와 함께 가장 유명해진다.

동양의 본초학

이 시대는 중국에서는 후한에 해당하며 '본초'란 말이 처음으로 서적에 등장하기 시작한다. 디오스코리데스의 '약물지'는 중국의 '신노본초'에 해당된다고 말할 수 있다.

　오랜 역사를 가진 중국 문명은 당시 서양 문명보다 앞서 있었다. 중국인들은 식물에 대한 관심이 대단하였으며 수많은 종류의 식물이 중국으로부터 문명세계에 전파되었다. BC 3600년경부터 중국에서는 식물지식이 보급되었으며 BC 200년 경의 문헌도 보존되어있다.

　유안(? ~ BC 68)이 저술한 회남자 21권 중에 신농황제(BC 3600년경)가 처음으로 백성들에게 농경을 가르치고 자신이 직접 백초의 맛을 70종의 약초로 선별하였다는 이야기가 있다.

　디오스코리데스와 거의 동시대인으로 여겨지는 양의 도홍경은 '시농본초경주집' 4권을 중수하여 식물 246종의 용도나 약효를 기재하였다. 후세에 씌어진 동양의 본초서는 거의가 '신농본초경주집'에 근거하여 저술된 것이다.

명대에 이시진(1518~1593)의 '본초강목'이 발간되었다. 이제까지 발간된 본초서의 내용을 총망라한 의약물의 기준서를 간행하는 일에 착수하여 30년에 걸친 각고 끝에 집대성하여 사후에 발간된 것이 '본

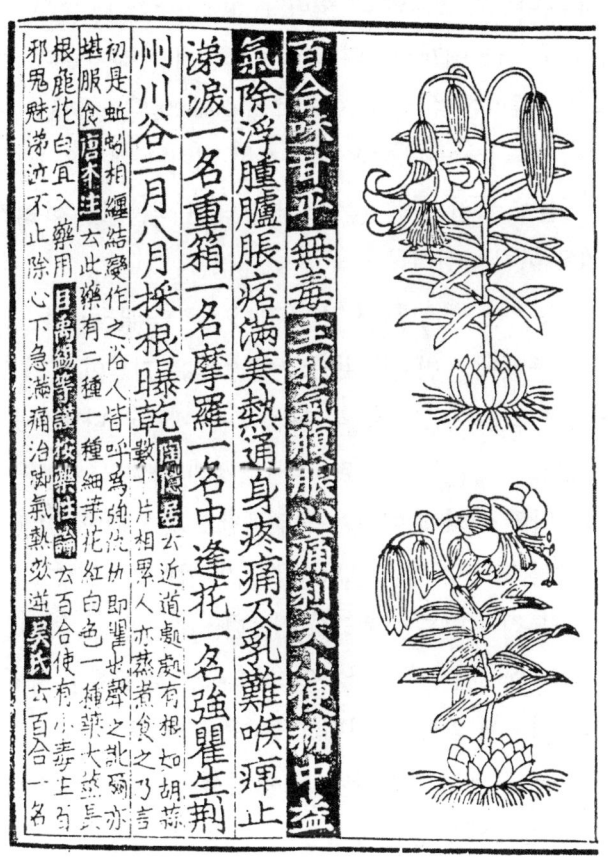

중세 중국의 본초학자에 의해 실물에 근거하여 묘사한 백합속(*Lilium sp*)의 일종 (위 그림)을 같은 시대의 유럽 본초학자의 그림(아래)과 비교한 것. 설명에는 약용으로서의 동식물의 효능과 특징, 사용법 등이 기재되어있다.

초강목'이다.

'본초강목'은 현재에도 본초학이나 동양의서로서 읽혀지고 있으며 해설서도 있다. 이집트에서 발굴된 기원전 1600년으로 추정되는 파피루스 종이에는 약용식물과 그 이용법을 적은 목록이 적혀 있고, 기원전 700년 경의 아시리아인의 공헌이 알려져 있으나 식물학의 기반은 고대 그리스의 문화에 그 뿌리가 있다.

테오플라토스는 에게해상의 레스보스섬에서 태어났다. 플라톤에 사사한 그는 플라톤의 사후, 아리스토텔레스의 후계자로 아테네의 리세움 학원의 원장이 되었다. 식물학에 뛰어난 재능을 보였으며 약 450종의 식물이 수집되어 있는 가장 오래된 식물원인 아리스토텔레스의 정원을 이어 받았다.

테오플라토스는 중요한 책 '식물지' 9권과 '식물원인론' 6권을 저술하였는데 현재에도 받아들여지고 있는 많은 지견이 실려 있다. '식물지'는 식물학개론으로 식물해부학, 교목, 관목과 다년생초본, 일년생초본, 곡물, 수지, 유액, 염료, 식물근경의 약효 등이 다루어져 있다. 자신의 관찰 이외에 여행가의 견문담도 수록되어 있다. 그 중에는 단자엽 식물과 쌍자엽 식물의 기본적인 차이를 밝히고, 수목의 연령형성의 근본적 의미를 이해하고 있었다.

그가 현화식물을 단자엽, 쌍자엽의 2대군으로 분류한 공적은 위대하다. 그의 기술에 의하면, 어떤 식물(단자엽식물)에서는 뿌리와 잎이 종자의 동일점에서 발생하나, 다른 종류에서는 뿌리와 잎이 각각 다른 부분의 끝에서 발생한다.

전자인 콩류, 기타 꼬투리가 달리는 식물에서는 뿌리와 줄기가 같은 장소, 즉 종자가 꼬투리에 붙어 있는 장소에서 발생한다. 이것에 반해, 후자인 밀, 보리, 기타의 곡류에서는 이삭내의 종자위치에 따라 각각 반대 측의 끝에서, 즉 뿌리는 튼튼한 하부에서, 유아는 상부에서 발생한다.

콩류의 종자는 분명히 2개의 잎을 가지고 있다. 종자 속에서 싹이 발생하여 부피가 늘어나면 종자는 갈라져서 두 부분으로 나뉜다. 그러나 곡류는 종자가 한 부분밖에 없으므로 이런 현상은 생기지 않고 오직 뿌리가 싹보다 어느 정도 빨리 생길 뿐이다. 밀이나 보리는 오직 1개 잎만으로 발생하나, 완두, 잠두 등은 2개의 잎에서 싹이 튼다.

콩류는 1개의 목질의 뿌리가 있고 여기서 측근이 생긴다. 밀, 보리, 기타의 곡류는 여러 개의 가는 뿌리가 생겨 서로가 얽혀 있으며 가는 뿌리에는 측근이 없다.

지금 우리가 국화과라고 부르고 있는 두상화와 다른 종류의 식물의 꽃도 구별하고 있었다. 그는 독자적인 방법으로 연구한 생태학자이기도 하였다. 그에 의해 처음으로 초원지대, 삼림지대, 습원지대에서 볼 수 있는 식물군집이 기재되었다.

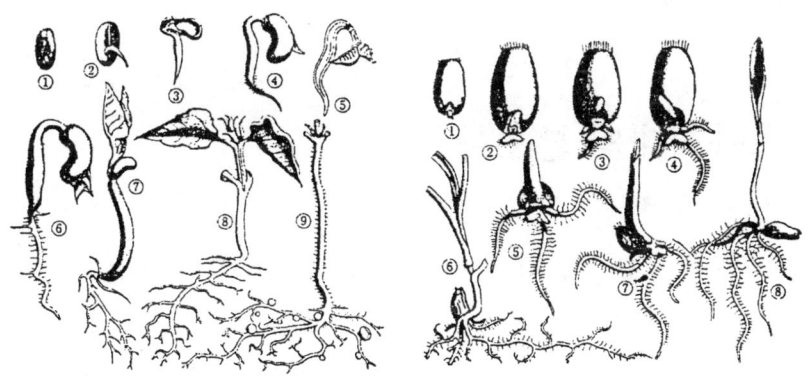

쌍자엽(좌)과 단자엽(우) 식물의 발아, 1679년 Malphigi

'식물원인론'에서는 아리스토텔레스의 목적론을 실현하기 위한 조건이 제거되어 있다. 현대식으로 말하면 식물생리학인 셈이다. '식물원인론'의 내용은 식물의 성장, 성장결실에 대한 토양, 기후관계, 원예, 농경, 종자발아, 식물병해, 원예변이, 식물의 향과 맛 등으로 되어 있다. 서술의 정확을 기하기 위해 술어의 제정을 시도한 최초의 사람이 테오플라토스였다.

테오플라토스는 식물의 생식법을 다음의 여섯 가지로 구분하였다.
  (1) 자연발생 (2) 종자발생 (3) 뿌리에서의 발생
  (4) 절단편발생 (5) 가지에서의 발생 (6) 수간에서의 발생
자연발생을 열거한 것은 아리스토텔레스의 영향 때문이다. (3)번 이하는 영양생식으로 종자가 식물의 유성생식에 의해 생기는 것을 테오플라토스는 알지 못했다.

테오플라토스란 천재에 의한 고대 그리스의 빛나는 식물학은 그의 죽음으로 막을 내린다. 테오플라토스의 식물학은 훨씬 뒤늦게 등장하는 로마시대의 디오스코리데스나 플리니우스에 의해 계승된다.

로마시대의 본초학

로마를 둘러 싼 일곱 개의 언덕에서 일어난 민족은 이탈리아반도를 정복하고 시실리섬을 탈취, 아프리카의 카르타고를 멸망시키고, 마케도니아의 항복을 받아 낸 후, 기원전 30년에는 이집트도 판도에 넣어 지중해를 내해로 하는 세계제국을 실현하였다.

기원전 323년, 알렉산더대왕의 죽음으로 인해 그의 제국이 붕괴된 후 알렉산드리아시는 3세기에 걸쳐 세계의 과학 중심지가 되었다. 그리고 로마는 이것을 받아들였으나 로마인은 실리적인 농경민으로 군사, 정치에는 천재적 기질을 발휘하였으나 과학에는 독창성이 없었고 식물학의 진보에도 거의 공헌하지 않았다.

그러나 로마시대의 식물학에 진정으로 중요한 역할을 한 사람으로서 의사인 디오스코리데스를 들지 않을 수 없다. 그는 서력 64년경에 태어나 그 생애의 대부분을 네로황제의 군의로서 활약하며 각지를 널리 여행하였다.

디오스코리데스는 가장 오래된 본초서를 쓴 사람이다. 본초서란 거의 지금의 식물도감이나 식물지에 해당하는 것으로, 식물의 목록을 만들고 상세하게 그림을 그려 그 성질, 특히 의학적인 이용을 강조하여 설명한 점에서 특별하다. 역사적으로는 '약물지'를 남겼으며 그 중에서 그는 약 500종의 약용식물을 기재하고 그림을 그렸다.

디오스코리데스의 '약물지'는 르네상스 이전까지도 필사에 의해 많은 사본을 남겼다. 이것은 512년경, 디오스코리데스가 그린 약 400점의 식물도 중에서 전해지는 착색된 그림의 하나로 43쪽 그림과 함께 지금까지도 비엔나 박물관에 보존되어 있다.
그림의 정확성으로 지금도 콩이란 것을 알 수 있다.

식물학상 대부분의 기초가 형성된 시대이기도 한 다음 15~16세기 동안에 이 원서는 각고의 고심으로 베껴져 전해졌다.

당시 만일 디오스코리데스가 그것을 상세하게 밝히지 않았다면 어떠한 식물에 대해서도 의학상의 가치를 알 수 있는 방법은 매우 곤란한 시대로서 그 책이 미친 영향이 크다.

후세로 내려가면서 광대한 판도의 각지에서 모여진 식물의 종류가 증가하므로 이것을 해결하는 것은 오직 식물의 정밀한 도설이었다. 이와 관련한 중국의 본초서로는 '신농본초경(神農本草經)'으로 기원전 300년경에 확립된 것인데 원본은 상실되고 디오스코리데스와 거의 동시대의 도홍경(陶弘景, 451-536)이 저술한 '신농본초집주' 3권이 원본으로 남아 있다.

디오스코리데스와 동시대의 사람인 플리니우스는 북이탈리아의 코문 사람으로 군인이었으나 베스비오스화산 분화시(AD 79) 시찰에 임하여 유독가스로 질식사하였다.

그의 '자연사' 37권에 대해 프랑스의 큐비에는 '사람의 지식을 갖고 모든 분야에 천재적인 시각으로 지식의 모든 분야를 개척한 사람'이라고 플리니우스를 격찬하고 있다. 플리니우스는 과학자도 아니고 지식도 일반인의 수준이상은 아니었으나 후세에 미친 영향은 아리스토텔레스에 뒤지지 않는다. '자연사'에는 식물을 유용성의 순으로 배열하여 1000종이 기재되어 있다.

15세기에 유럽에 인쇄술이 도입된 이래 본초서는 그 대부분이 디오스코리데스 원서의 단순한 모방에 불과한 것이었으나 다양하게 출판될 수 있게 되었다.

16세기에 이르러 식물학은 부흥의 징조를 보이기 시작하였다. 몇 가지 뛰어난 본초서가 나왔으며 그 대표적인 것으로 레오나르드 혹스에 의한 것, 또한 1576년에 로베르에 의해 출판된 것이 있다. 바레류스 코르다에 의한 '식물의 역사' 는 1561년에 프러시아에서 출판되었는데 이 책은 당시로서 매우 진보적인 것이었으나 그 속에는 아직도 많은 신화가 포함되어 있었다.

그 중에서도 특히 주목되는 예는 맨드레이크에 관한 신화였다. 많은 신화 속에는 일부의 진리가 들어있는 것은 사실이나 맨드레이크에 대해 상상한 불가사의한 효력의 일부는 진실이었다. 오로지 그 내용이 매우 우스꽝스럽게 묘사되어 있을 뿐이다.

신화와 진실--맨드레이크

맨드레이크(*Mandragora officinaeum*)는 가지과의 식물로서 특히 굵은 뿌리가 땅속에서 돌에 부딪치면 분지되어 뿌리를 캐내면 마치 사람의 동체와 하반신을 닮은 모양이다.

> 맥추 때에 루우벤이 나가서 들에서 합환채를 얻어
> 어미 레아에게 들렸더니 라헬이 레아에게 이르되
> 형의 아들의 합환채를 청구하노라
> 창세기 30장 14절

여기서 합환채란 맨드레이크를 말한다.

당시, 식물은 창조주인 신에 의해 만들어져 그 효용도 형상에서 유래된다고 널리 믿고 있었다. 지금도 동양에서는 인삼의 뿌리 모양이 사람과 비슷할수록 약효가 뛰어나다고 믿고 있는 것과 같이, 맨드레이크는 인간의 모양과 비슷하므로 병에 대해 유효한 작용을 하는 식물이라 생각했던 것은 무리가 아니다.

맨드레이크는 야생식물로서 어디에나 있는 것이 아니고 재배하기도 어려워 이러한 생각은 가일층 그 식물에서 상상될 수 있는 가치를 높였다. 아마도 무차별한 사용으로 그 식물이 절멸되는 것을 막기 위해 신화에서는 그것을 캐낼 때는 위험이 따른다고 언급하여, 이 식물을 캐내는 사람은 누구나 죽음에 임박한 단말마의 비명을 듣게 된다고 전해져왔다. 그러나 말할 나위도 없이 극히 소수의 사람들은 위험을 무릅쓰고라도 이 식물을 캐내려고 교묘한 방법을 생각해냈다.

당시의 본초서에서 자주 볼 수 있는 것은 식물체를 일부 캐내어 밧

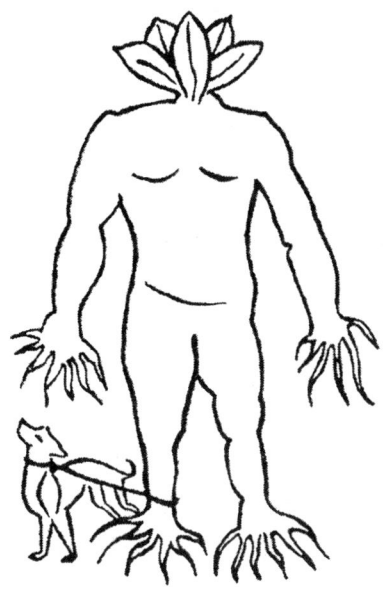

맨드레이크
(*Mandragora officinarum*).
개를 이용하여 땅에서 식물을 파내는 그림.
(Herbarium Apuleii Plationici, c. 1481년 에서 인용.).

줄의 한쪽을 뿌리에 묶고 다른 쪽을 개목에 묶은 후 개로 하여금 힘껏 당겨 맨드레이크를 지면에서 뽑아냈다. 곁에서 보고 있던 사람들은 죽음의 비명을 들을까 귀를 막았다고 한다.

맨드레이크에 대한 많은 곤란에도 불구하고 심한 위험을 무릅쓰고까지 그것을 손에 넣으려 했던 이유는 도대체 무엇이었을까.

예로부터 이 식물은 최면효과가 있는 것으로 알려져 있어 그 효과는 아마도 인류 최초의 마취약이었다고 생각된다.

뿌리를 달이거나 포도주에 담가 조합한 액을 외과수술 전에 투여하여 고통을 완화시켰다. 그러나 이 약은 강해서 너무 많이 사용하면 미치거나 죽을 수 있다는 것도 알았다.

맨드레이크는 십자가에 달린 그리스도에게 포도주와 천에 적셔 바쳐졌다고 하며, 이런 사용법은 로마시대에 번성하였다는 확증이 남아 있다. 맨드레이크의 뿌리는 1889년에 화학적으로 분석되어 진통 효력이 있는 알칼로이드의 혼합성분을 함유하며 가장 유효한 것은 히요스신 혹은 스코폴라민이라고 알려져 있다.

위의 이야기에서 맨드레이크가 인삼과 비슷하다고 생각할지 모르나, 전혀 무관하며 필자의 생각으로는 우리나라 자생식물 중에서 역시 가지과에 속하는 미치광이풀(*Scopolia parviflora*)이 가장 비슷하다고 본다.

이 식물은 한국을 포함하여 일본, 중국, 동유럽에 3종이 분포하는데 산지 골짜기의 습기 많은 숲속에서 자란다. 뿌리는 길고 굵고 옆으로 뻗으며 줄기는 곧게 서 높이는 30~60cm에 이른다. 식물체에 알칼로이드의 스코폴린, 스코폴라민을 함유하는 맹독식물로 이것을 먹으면 식물이름 그대로 환각을 일으켜 뛰어 날뛴다 하여 미치광이풀이라 불린다.

아트로핀의 좋은 원료식물이다. 아트로핀은 부교감신경 차단약으로 분비선, 평활근의 기능을 억제한다. 또한 동공활약근의 이완에 의해 동공이 열리므로 안과에서 진단 시 쓰인다. 일반적으로 양귀비에서 채취되는 모르핀과 혼합하여 분만시나 대수술시 고통을 완화하는 '반면상태'에 쓰이기도 한다. 현재는 다른 공급원이 발견되어 많은 의학상의 목적으로 이 알칼로이드의 사용은 대체되었다.

미치광이풀 *Scopolia parviflora*

이러한 사실은 인류의 역사 속에서 여러 번 반복된 일중의 하나이다. 특정한 식물의 작용이 어떤 의미를 갖고 있는지도 모른 채 인간은 그 속에 존재하는 성분이 인체의 치료에 쓸모가 있다는 효과를 먼저 발견하여 쓰게 되었다.

먼 훗날에 이르러 분석되고 그 현상을 일으키는 화학작용이 해명되었으며 그 후에 합성이 이루어진다는 경과를 거치고 있다. 그러나 이야기는 그것으로 끝나지 않는다. 흔히 또는 극히 우연하게 그 목적에 더 한층 알맞은 좋은 약품이 만들어지기도 하는 것이다.

3

재배식물의 기원

> 소비하는 양만큼
> 영양분을 섭취하지 않으면
> 생명은 활력을 잃고,
> 영양분의 완전 단절은
> 바로 생명의 단절로 이어진다.
>
> - 레오나르도 다 빈치 -

재배식물발생의 중심

재배식물의 기원과 역사에 관한 고전적인 연구는 위대한 스위스의 식물분류학자 알퐁스 드 칸돌에 의해 1883년에 출판된 '재배식물의 기원'이란 저술에서 볼 수 있다. 이 책은 영어나 다른 외국어로도 번역되어 있다.

그 중에는 249종에 이르는 재배식물을 식물분류학 이외에 고고학, 고식물학, 민족학 등 여러 분야의 연구와 더불어 고찰하고 그 기원을 추구하고 있다. 그의 식물의 재배화에 대한 주요한 결론은 일반적으로 그 자료가 낡음에도 불구하고 현재에도 널리 받아들여지고 있다.

드 칸돌은 재배식물의 기원과 전파경로를 설정하는데 역사적 기술(성서나 여행자의 기록도 포함하여)에서 말한 것으로 여러 학문 분야 외에 언어학적 자료들도 사용하였다. 또한 재배식물의 기원이 되는 지방을 결정하는 데 있어 야생식물의 근연종 분포를 특히 중요시 하였다.

이 책에 등장하는 주요 역사적 식물의 서술에 있어서도 그러한 방법론에 크게 의존하고 있다. 드 칸돌의 연구는 당시부터 세계 최대급의 식물표본관이었던 파리자연사박물관이나 영국 큐식물원 등의 자료를 병용하고 있었으나 여전히 자료는 부족하였다. 그 자신은 광범위한 식물탐험을 하지 않았으므로 충분한 결론에 도달하기에는 어려움이 많았다.

그 후 이 문제에 대한 근대적인 지견은 러시아의 농학자 니콜라이 바빌로브에 의해 이어졌다. 영국의 유전학자 비터슨의 문하로 유학한 그는 드 칸돌의 분류학적 연구에 식물분류지리학적인 배려를 추가하여 재배식물의 기원에 대해서 철저한 연구를 하였다.

바빌로브는 1926년에 재배식물기원의 중심지에 관해 중요한 논문을 출판하였다. 그는 12년간에 걸친 세계각지의 식물수집탐험을 하고, 유전학, 염색체 연구, 해부학적 연구의 자료를 기초로 하여 후에 이른바 바빌로브센터라 불리는 6개소의 재배식물기원 중심지를 설정하였다.

그의 학설에서 가장 중요한 것은 재배식물 기원의 중심지는 그 종(분류군)이 분포하고 있는 데서 가장 변이성이 높은 (풍부한)지역에 가깝다는 가설의 도입이다. 이것은 식물분류지리학에서 분류군의 최대변이 중심(center of maximum variation)이라 불리는 지역이며, 분류군의 발생중심(center of origin)인 하나의 가능성을 말하고 있다. 다시 말해, 한 종으로는 그 종의 변종, 기타의 변형을 가장 많이 볼 수 있는 곳, 속으로 말하자면 그 속에 속하는 종수가 가장 많은 지역인 셈이 된다.

전 세계의 서로 다른 지방에서 도입한 작물을 사용하여 유럽이나 미국에서 실시하고 있는 육종학적 연구는 대체로 이 바빌로브의 원리에 구애받지 않는 사실이지만, 미개한 원주민에 의해 이용되고 있는 재배식물에 관한 한, 이 일반성은 아주 타당성 있다.

1 중앙아메리카고원
2 안데스북부고원
3 아비시니아고원
4 지중해지역
5 서남아시아
6 동남아시아

세계 6 대 재배식물기원의 중심지

다음은 재배식물의 6대 중심지와 그 기원으로 여겨지는 일부의 식물을 제시한 것이다.

1. 중앙아메리카 고원 — 멕시코 남부, 중앙아메리카 중심으로 서인도 제도를 포함한다. 옥수수, 호박, 고구마, 까치콩 등의 곡류, 야채류와 공업용 식물로는 용설란.

2. 안데스 북부 고원 — 남아메리카 중심(에콰도르, 페루, 볼리비아, 안데스 고원, 칠레, 브라질)으로 낙화생, 감자, 고추, 토마토, 마류, 딸기 등과 코코아, 담배, 솜, 파라고무 등 공업용 식물

3. 아비시니아 고원 — 아비시니아를 중심으로 에티오피아, 에리토리아, 소말리아 지방을 포함한다. 수수, 오쿠라 등과 커피, 피마자 등 공업용 식물.

4. 지중해지역 — 완두, 레타스, 아스파라가스, 양배추, 샐러리, 파셀리, 치커리 등과 올리브, 사탕무, 호프, 아마 등 공업용 식물.

5. 서남아시아 — 중앙아시아를 중심으로 파키스탄과 인도의 캐시미르, 펀잡 지방에서 아프가니스탄, 다지크 공화국, 우즈벡 공화국, 중국의 천산 산지 서부로 잠두, 시금치, 파, 양파, 무와 사과, 포도, 호두, 아몬드 등의 과실류.

6. 동남아시아 — 중국 중심, 중국 중·서부의 산지와 그 주변의 저지대, 파키스탄과 펀잡을 제외한 아샘과 미얀마를 포함한 인도아 대륙. 벼, 조, 피, 명아주, 오이, 수세미, 가지, 비름 등과 인도사탕무, 인도솜, 마, 인도고무나무 등의 공업용 식물.

재배식물의 야생원종이 왜 품종개량에 중요한가 하면 바빌로브센터와 같은 재배식물의 발생지에서는 그 식물의 변이가 가장 큰 이외에 관련 근연식물도 많고 관련 유전자가 가장 많이 존재한다. 즉, 대상식물의 최대 유전자 그룹이 존재하고 있다. 따라서 강하고 우수한 유전자가 집적하고 있는 셈이다.

재배식물 기원중심의 연구는 재배식물 원종의 식물지리의 집대성이라고도 할 수 있으며 앞으로의 자원식물의 연구나 재배식물로서 새롭게 도입하는 유전자 풀의 탐색 등에 불가결한 기초자료를 제공하고 있다.

재배식물 중심지설을 제창한 바빌로브에 대해 간단히 언급하자.

소련의 식물 육종학자이자 유전학자인 니콜라이 이와노비치 바빌로브(1887~1943)는 모스크바 농업대학 졸업 후, 1913년부터 유럽 각국에 유학, 특히 영국의 죤 인네스 원예 연구소의 W.베트슨 밑에서 또한 케임브리지 대학에서 유전학을 연구 후 귀국하여 사라토프 대학교수(1917-1921), 이어서 레닌그라드 응용식물연구소 소장으로 취임하였다(1920).

그 동안 여러 번 아프가니스탄, 지중해 연안 등을 탐험하여 재배식물의 기원을 찾아냈다. 1929년부터 1939년까지 소련 농업과학 아카데미 총재로 재임하면서 연구한 것은 식물의 내병성 및 면역에 관한 것과 유전학의 원리를 농업과 분류학에 응용하여 재배식물의 기원문제에 적용한 것이다. 야생 및 재배식물의 변이에 관하여 상동 계열의 법칙을 수립하였다. T. D. Lysenko의 출현으로 실각하여 1940년에 체포, 다음 해 사형판결을 받았으나 집행되지 않고 사라토프 형무소 내에서 병사하였다.

다목적 이용 식물

초기 재배식물의 중요한 특징은 하나의 식물이 많은 목적에 사용되었다는 것이다. 삼은 섬유식물 또는 약용식물로 사용되고 나아가서 씨로부터는 유용한 기름을 얻었다.

다목적 이용의 가장 좋은 예는 수목이다. 아프리카의 사바나 지방에 자라고 있는 판야과의 바오밥나무(baobab, *Adansonia digitata*)는 재배되고 있다기보다 보호되고 있다고 보는 식물로서 오랫동안 많은 목적에 사용되어 왔다.

밧줄은 나무껍질로 만들고, 잎은 건조하여 약용으로, 또는 스튜요리의 맛을 진하게 하는데 쓰였다. 열매에는 유지가 풍부한 씨가 있고, 과육에 타르타르산(주석산)이나 기타의 산을 함유하므로 오랫동안 아프리카인에게 청량음료를 공급하였다.

최근까지만 해도 과육이 뛰어난 비타민 C의 공급원이란 것을 이해하지 못하고 있었다. 오래되어 속이 빈 바오밥나무의 줄기조차도 이용되었다. 즉 공동의 물을 채워 두는 물통으로서(이 나무가 생육하고 있는 사바나 지방에서는 귀중한 일용품이다.), 또는 식량을 건조시켜 저장하기 위한 용기로 사용되었다. 또한 시체를 매장하는 것이 어려운 이들 지방에서는 시체를 바오밥 줄기 속에서 미이라로 할 수도 있었다.

중국에서는 예로부터 부락 주변에 자라고 있는 뽕나무(mulberry tree, *Morus alba*)를 다목적 식물로서 이용하였다. 그 열매는 훌륭한 식료가 되고 그 잎은 누에 먹이로 쓰였다. 그 재는 매우 귀중하였으며, 그 뿌리로부터는 황색 염료를 추출하여 사용하였다.

다목적 이용의 식물은 다른 예도 많으나 열대 지방 바닷가에 사는 사람들이 널리 이용하고 있는 코코야자가 있다. 멕시코에서는 용설란속 식물(*Agave*)의 몇 종이 '많은 용도'가 있는 식물로서 유명하다.

그렇지만 일반적으로는 이처럼 다목적에 쓰이는 식물이라도, 우선은 식료로서 사용되는데 주목되었으리라 여겨진다. 열대지방에서는 나체로 생활하고 한대지방에서는 동물 가죽을 걸치고 지장 없이 지낼 수 있으나, 어느 지방에서도 식료 없이는 생활할 수 없기 때문이다.

근채류와 곡류

Carl Sauer가 지적한 또 하나는 아마도 인류가 최초로 식용식물로서 계획적으로 재배한 것을 '근채류'로 보는 것이다. 인류는 식물이 지하부분에 비축한 식료를 이용하였다. 그것이 어떤 경우에는 실제인 뿌리거나 어떤 경우는 변형된 줄기일 수도 있다. 어느 경우라도 지하부는 풍부한 탄수화물의 공급원이다.

근채류가 최초로 재배된 것은 아마도 기원전 13,000년에서 9000년 사이로 습윤한 동남아시아지방이었을 것으로 추정된다.

뿌리 이용은 농경의 가장 단순한 형태이다. 식용으로 공급되는 뿌리 혹은 지하경은 막대기로 간단히 파낼 수 있고 여분의 것은 다시 땅속에 묻을 수 있다. 이러한 까닭으로 근채류는 아직 부락에 충분하게 정착하지 않은 사람들에 의해 이용되었다. 그들은 뿌리를 파내어 필요에 따라 먹고 나머지는 다시 심어두면 1년이나 2년 후에 뿌리가 다시 자라 커지는 것을 알아내었다. 이러한 아시아의 근채류 중에서 가장 잘 알려진 것이 천남성과에 속하는 토란(taro, *Colocasia esculenta*)이다.

농경의 발달 초기에는 식료를 저장하고 있는 지하부가 있는 식물 이용이 포함되어 있었으나, 곡류의 재배도 극히 초기단계부터 이루어진 것도 확실하다. 세계의 어느 주요 문명도, 어떤 종이건 곡류를 기초로 하지 않고는 발상하지 않았다는 것은 중요한 사실이다.

곡류는 단위면적당 수확량이 높다는 이외에 식용식물로서 많은 이점을 갖고 있다. 그 영과 －씨 한 알로 이루어진 열매－ 는 속이 꽉 차고 건조하므로 저장에 적합하다. 또한 탄수화물, 지방, 단백질, 무기염류, 비타민류를 함유하여 참으로 생명의 양식이라 말할 수 있다. 줄기--짚--는 바구니, 잠자리를 만드는데, 또한 집을 짓는데 쓰인다.

이것에 비해 근채류는 탄수화물을 풍부하게 함유하나 다른 성분은 일반적으로 적다.

곡류 수확량은 분열, 다시 말해 줄기 밑둥에 잎의 겨드랑이에서 가지가 갈라지는 성질에 의해 증가한다. 이 성질을 이용하여 어린 식물을 사육동물에 먹여, 실제로 분열을 더욱 증가시킬 수 있다. 동물이 먹은 후에 분열한 것은 생장하여 이삭이 달리므로 수확할 수 있게 된다.

세계에서 곡류가 생육할 수 없는 한정된 지방--남미의 안데스 고지, 그 곳은 옥수수 재배 지대의 상한에 위치하고 있다.--에서는 건조 근채류의 이용이 발달하였다. 안데스 고지의 인디언은 아직도 계속 감자나 오카(oca, *Oxalis tuberosa*--괭이밥과)의 덩이뿌리를 탈수하여 츄뇨(Chuno)라 불리는 건조 마를 만들고 있다. 오카의 덩이뿌리를 건조하는 과정에서 액즙을 짜내는 것을 이 속을 특징짓는 유독한 옥살산(수산)을 제거하는데 있어 필요하다.

곡류는 아열대와 열대의 산악지방이나 그 주변부에서 재배화되어 퍼진 것으로 여겨진다. 기장속(*Panicum*)이나 수크령속(*Pennisetum*)에 속하는 작은 씨가 달리는 곡류는 영어로는 'millets' 라고 총칭되나 우리말에는 적절한 해당어가 없다. 아마도 최초로 이용되었을 곡류가 분명하다고 본다. 나중에 이르러 더욱 큰 낟알이 달린 것이 발견되어 에티오피아(아비시니아), 동남아시아, 서남아시아, 유럽 동남부 그리고 미대륙으로 퍼져 나갔다.

곡류 이용은 이라크 동부에 있는 마을*에서 고고학상의 밀 영과 유물이 발견되므로 9000년 전에는 존재하였다는 증거가 있다.

곡류 재배목록에 첨가된 미국대륙으로부터의 공헌으로서 옥수수를 들 수 있다. 옥수수는 한 때 안데스의 아마존 강 유역의 것으로 여겨졌으나, 더욱 정확하게는 멕시코에서 재배화 된 것이 퍼져 나간 것이다. 벼는 아시아의 열대 또는 아열대 지방의 구릉지 또는 저지에서 유래한 것으로, 곡류는 일반적으로 산악 지대에 기원하는 관점에서 보면 예외적인 것이다.

저위도 지방의 산악 지대에서 곡류 농경에 수반하는 문명이 발달

---

* 자그로스 산기슭의 이라키 크루디스탄의 신석기 시대 유물, 쟈르모(Jarmo)를 지칭한다.

한 하나의 까닭은 아마도 빙하 시대에도 북부의 빙상으로부터 상당히 떨어져 있어 적절한 기후조건을 유지하고 있었기 때문이라 보고 있다. 사실, 당시는 현재보다 더욱 적합한(다시 말해, 보다 습윤한) 기후조건이었다. 산악지대 골짜기의 비옥한 토양은 밀이나 겉보리 같은 곡류가 잘 자라기에 충분한 강우 혜택이 있었다.

그 후 관개 기술발달에 따라 산악 지대에서 점차로 그 재배는 저지로 옮겨 갔다. 그 시기에 이르러 비로소 티그리스, 유프라테스, 나일의 계곡에 문명이 발상하는 것을 가능하게 하였다. 앗시리아인과 바빌로니아인의 관개 양식은 특히 인상적인 것으로 벽돌을 타르(tar)로 접착한 운하를 만들어, 기원전 2600만 헥타르의 경지를 윤택하게 했다고 추정된다.

곡류는 아주 훌륭한 식료지만 근채류와는 달리, 재배하는데는 확실하게 정주(定住)할 필요가 있다. 통상 곡류는 일년 중 정해진 시기에만 거두어들이므로 만일 수확하기 전에 그 땅을 떠나버리면 재배를 계속하지 못하여 헛되게 된다. 그러한 염려에도 불구하고 수확량이 높고 영양이 풍부한 곡류는 곡류 재배사회에 어느 정도의 여유를 갖게 하였다. 그 시대는 교육과 지식의 전파 시대이기도 하므로 문명의 진보가 촉진된 시대였다.

아시아 열대 지방에서 문명의 발달을 가능하게 한 곡류는 바로 벼였다. 벼가 수반되지 않았더라면 대규모 집단적인 인구의 촌락은 발달하지 않았다. 아시아는 물론, 현재는 중미나 남미에도 세계인구의 절반 이상이 생활 기반을 벼에 의존하고 있다.

재배 벼에는 두 종류가 있는데, 하나는 서아프리카의 *Oryza glaberrima* 이고 다른 것은 기타 지역에 보편적인 *O. sativa* 로 인도의 야생벼 *O. rufipogon* 에서 유래한 것이다. *O. sativa* 에는 인도형(*indica*)과 일본형(*japonica*)이라 불리는 두 가지 품종군이 있다. 이 두 군은 용이하게 교잡이 이루어지지 않으므로 아마도 벼 재배의 초기에 분화한 것으로 여겨진다.

아시아에 재배되고 있는 대부분의 벼는 '수도(paddy rice)'로 수확기까지 물속에서 생육한다. 풍부한 관개용수가 없거나 혹은 필요한 재배기술이 발달되지 않은 곳에서는 자연 강우만으로 생육하는 '육도(upland rice)'가 재배되고 있다. 신대륙 열대 지방의 경우가 이것이다. 수도는 육도보다 수확량이 높고, 적당한 조건의 곳에서는 연간 삼모작까지 가능하다.

재배식물의 선조

금세기에 이르러 고도로 기계화된 벼의 재배 기술(비행기에 의해 종자나 비료, 농약을 산포하는)이 발달하였는데, 특히 캘리포니아의 사크라멘트 농업 지대가 유명하다.

다수확의 벼를 집약적으로 재배하는데 알맞지 않은 건조한 열대 지방에서는 근채류 같은 대용 작물에 의한 윤작 재배 양식(shifting cultivation)이 필요하였다. 이 재배 양식은 삼림이나 사바나가 화전 또는 벌채되어 2~3년 동안, 자연 상태의 비옥한 토양이 재배에 사용되고 토양이 소모하면 재배를 멈추고 원래의 자연 상태로 복귀하도록 포기하고 다른 장소가 개척되어 농경에 사용되었다. 같은 장소가 다시 쓸 수 있게 되려면 20년의 세월이 경과해야만 하였다. 이러한 상태로는 분명히 큰 인구로 구성되는 정착 사회의 설립은 불가능했다.

수수(sorghum, *Sorghum vulgare*)류나 기타 잡곡은 흔히 아프리카에서 화전 재배에 의해 생산되고 있으며, 현재만이 아니라 앞으로도 더욱 이용될 것이다. 이렇게 재배된 곡류가 식용으로 (또한 이것으로 음료도 생산된다.) 공급될 뿐 아니라, 짚은 가옥의 벽이나 지붕 만들기, 바구니 제작에도 쓰여 진다. 그러므로 가령 수확량이 적은 곡류라 할지라도 매우 중요한 작물인 것이다.

유용식물의 역사에 대한 '제 3장 재배식물 기원'에서는 1차 작물(주요 작물)을 2차 작물(1차 작물의 밭에 자라고 있는 잡초에서 유래한 작물)에서 분리한 것이다.

밀은 신석기 시대의 농경 발전에 수반하여 지중해 연안 지역에서 유럽 북쪽까지 전파하고, 호밀(rye, *Secale cereale*)도 도입하여 전파되었으나, 호밀은 2차 작물로서 밀의 잡초 중에서 재배해 낸 것이다. 북부 지방에서 호밀은 밀보다는 저온에서 생장하는 능력이 있으므로 식물은 키도 크고 수확량도 밀을 능가하였다. 그 결과 북부의 여러 지방에서는 호밀이 곡류로서 선택되었다.

현재도 호밀 재배는 유럽만 하더라도 아이슬란드, 스칸디나비아 반도, 렙랜드, 핀란드를 포함, 바렌츠 해 연안에 이르는 주극 지방으로까지 퍼져있다. 이것은 귀리(oat, *Avena sativa*)에도 적용되며, 밀보다 더 추운 기후의 지방에서 재배되고 있다.

결론적으로 우리들은 유용 작물의 재배역사에 대해 고대 농경민의 공헌에 깊은 경의를 표해야 할 것이다. 근대 농업은 작물 생산량을 현저하게 높였지만 실제로 유사 시대 이래 새롭게 재배에 도입한 종이 없다는 사실은 주목해야 할 만한 일이다.

오늘날 높이 평가되고 있는 식용 및 섬유식물의 거의 전부가 구세계와 신세계의 초기 농경민에게 이미 알려져 있는 것들이다. 그 대부분은 한 때의 야생종 원형을 확실하게 소급, 추적할 수 없을 정도로 심하게 변해 있고, 그 중의 몇 가지는 너무나 오래되었으므로 근연 야생종은 이미 존재하지 않은 상태의 것도 있다.

약용식물 중에도 레제르핀이나 클라레 등, 최신의 약제 원료로서 근래에 이르러 주목을 받던 일군의 유용식물조차, 그것이 자생하는 지방에서는 이미 예로부터 쓰여 지고 있던 것이다. 고대인들은 그것을 근대적인 복잡한 목적으로 쓴 것이 아니라 종교의식이나 주술사가, 또는 전쟁을 시작하는 점을 치는데 사용하였다. 그러나 아무런 교육도 받지 못한 초기의 사람들이 적어도 그 이용가치는 이미 알고 있었다.

식물탐험

재배식물의 기원이 되는 지역을 찾아내는 것은 품종개량의 과정에서 내병성이나 기후의 적응성 등 바람직한 형질을 받아들이려는 것과 같이, 그 근연의 야생종을 수집하려 할 때 중요한 역할을 다하였다.

그러므로 1920년대부터 1930년대에 걸쳐 러시아, 영국, 스웨덴, 미국의 탐험대가 감자(Irish potato, *Solanum tuberosum*)의 고향을 찾아 남미의 북부 안데스지방에 파견되었으며 수집된 재료가 각국의 식물원에서 생육되었다. 이러한 형태의 탐험대에 대해서는 감자 이외에도 원예식물을 포함하여 최근에도 많은 예를 볼 수 있다.

식물탐험은 이미 그 지방에 재배되고 있는 작물의 개량에 큰 역할을 할 뿐 아니라 지금까지 재배에 적합하였던 변종이나 품종이 없었던 지역에 새로운 작물을 도입함으로써 농경을 가능하게 할 수도 있다.

이러한 일은 대륙 내부의 건조지대에 적합한 식물을 찾아내 도입하여 방목을 가능하게 하여 목축을 왕성하게 성공시킨 호주인들의 노력의 결과에서 볼 수 있다. 여기에 도입된 갈풀속(*Phalaris*)의 일종인 *P. tuberosa* 와 같은 벼과식물이나 클로버의 일종인 *Trifolium snuterneum* 가 목초지 개량의 기초를 이루었다.

이렇게 중요한 목초가 유럽에서 호주에 도입된 것은 어느 정도 우연성도 따르지만 호주정부는 2차대전 후 적어도 두 번에 걸쳐 탐험대를 지중해 지방의 건조지에 파견하여, 생산량이 높고 생태적으로 내한성이 있다고 여겨지는 종이나 품종을 수집하였기 때문이다. 이러한 노력은 농업발달이 현저한 나라일수록 큰 효과가 기대될 수 있는 것이다.

컬럼버스의 '아메리카의 재발견'에 이어 대항해시대, 이른바 '지리상의 발견' 시대의 식물탐험은 지금과는 그 취지가 달랐다. 제 4장의 탐험과 개척을 자극한 식물 — 야자나무, 표주박, 옥수수 등 — 에서도 상세히 설명하겠지만, 향료는 당초부터 항해의 목표물의 하나였으나 곧 향료무역이 항해의 주요부분을 점하게 된다. 그리고 제국주의가 전 세계를 구석구석까지 구분하기에 이른다.

식민지 경영의 결과, 그때까지 유럽인들이 알지 못했던 열대지방 등의 유용식물을 기업 재배하여 본국으로 가지고 가는 일도 이루어졌다. 그러므로 새로운 유용식물의 탐험이 열심히 이루어지고 그 연구의 거점으로서 몇 군데의 식물원도 생겨났다. 자바섬의 보골 식물원, 싱가포르 식물원, 스리랑카 식물원 등 이러한 예이다.

큰 역할을 다한 새로운 유용식물에는 사탕수수, 차, 커피, 파라고무, 기름야자, 키나(말라리아 특효약. 남미원산, 네덜란드가 자바의 고랭지에서 재배화) 등이 유명하다.

예를 들어 차는 중국에서 영국으로 수입이 증대하면 영국인은 인도에서 그 재배화를 시도하였다. 또한 인도에서 야생차를 탐색하고 그 결과 아샘주에서 아샘종이라는 대형의 잎이 달리는 교목성의 차 종류가 발견되있다.

한편, 중국의 주요 차 생산지대에는 식물학자가 들어가 중국차의 재배 품종을 헌팅, 채집하였다. 이러한 식물채집가나 학자를 최근에는 여러 저술에서 플랜트 헌터(plant hunter)라고 부르기도 한다. 우리나라도 이러한 많은 서구 — 나중에는 일본 — 의 플랜트 헌터들이 다녀간 지역의 하나이다.

그 결과, 인도의 아샘, 다아링주, 스리랑카 등에서의 홍차재배가 크게 발전하여 영국은 차의 본고장이 되었다.

19세기에서 20세기 초에 걸쳐 일어난 일이다.

다른 열대 유용식물의 탐색, 개발도 차에 못지않게 복잡한 경과와 노력이 기울여졌다. 유럽인들이 플랜트 헌팅에 큰 가치를 인정하고 그것이 사회에서 널리 존중받게 된 것은 우선 이러한 유용식물의 탐험이 큰 가치를 발휘하였기 때문이다.

대항해시대의 선장이나 뱃사람들은 지금으로 보면 이상할 정도로까지 외지의 식물에 흥미를 느꼈던 것 같으며 스페인인은 아메리카에 도착하면 바로 아메리카의 유용식물을 유럽에 보냈다. 담배, 옥수수, 감자, 고구마, 고추, 토마토, 호박, 강낭콩 등은 신대륙에서 유럽에 보내졌을 뿐만 아니라 나아가서 아프리카, 동남아시아, 중국, 오세아니아에도 신속히 운반되었다.

당시의 항해로는 살아있는 식물을 운반하는 데 어려움이 많았으나 그래도 뱃사람들은 그 노고를 마다하지 않았다. 여러 가지 사건도 많았으나 바운티호의 반란사건은 그 보기의 하나이다. 영국군함 바운티호는 정부명령에 의해 타히티섬에서 빵나무 묘목을 서인도 제도에 운반하는 도중에 일어난 사건인데 빵나무 운반은 서인도 제도의 기업재배가가 노예의 식량으로 하려는 발상에서 시작된 일이다.

19세기경에 이르면 탐험선에는 박물학자를 객원으로 승선시키게 되었다. 그러한 유명한 학자로는 우선 후커를 들 수 있다. 영국의 부자로 2대에 걸친 식물학자인 후커 2세는 남극 탐험선을 타고 남극해 섬의 식물에 대해 중요한 보고서를 제출하였다.

그 후 그는 인도로 가서 식물채집을 하고, 특히 히말라야지역에서 크게 활동하였다. 그는 시킴에 주재 중에 히말라야의 봄을 수놓는 상록성, 낙엽성 등 여러 종류의 진달래에 매료되고 그 아름다움에 감동받아 다수의 훌륭한 원색 그림을 그려 그것을 영국에 보냈는데 부친에 의해 바로 인쇄되어 그가 영국에 귀국하기 전에 출판되었다.

진화론으로 유명한 다윈도 비글호에 승선, 세계 일주를 하여 그간에 얻은 지경을 기초로 하여 진화론이란 대학설을 구축하였다. 비글호는 출항 전에 박물학자를 모집하였는데 그도 응모하였으나 면접 때, 후커 같은 사람을 구한다기에 일개의 무명청년이었던 당시의 다윈은 낙방하지 않을까 걱정하였다고 회고하는 기록이 있다.

빵나무를 운반한 바운티호에도 박물학자가 승선하고 있었다. 이처럼 항해시마다 조직적으로 박물학자를 승선시켜 식물탐색과 도입을 시도할 정도였다.

식민제국주의 체제하의 플랜트 헌터의 활동은 그 체제의 시작과 함께 시작하여 2차 대전의 종료와 함께 체제의 붕괴와 궤를 맞추는 듯이 끝났다. 그들 플랜트 헌터들의 기록을 읽으면 그들의 활동은 분명히 식민지 지배체제로부터의 원조와 편의를 부여받고 있었으며, 식민지 관리자, 군인, 기업가로부터 도움을 받고 있었나. 미개한 오지에 장기체류하며 활동한 그들 중에는 병으로 쓰러진 자, 원주민에 살해된 자도 다수 있었다.

그런 점에서 이 시대의 선교사가 오지에 들어가 장기 체재한 경우와 비슷하다. 선교사중에는 한편으로 플랜트 헌터로서 활동한 경우도 있다.

우리나라도 프랑스의 Faurie (1847-1915)와 Taquet(1844-1952) 신부는 제주도 등에 장기간 체류하면서 많은 신종을 비롯한 다

제주도의 식물을 학회에 널리 소개한 J. Taquet 신부.
그가 채집한 표본 중에는 많은 신종, 미기록종 등이 있다.

수의 식물을 채집하여 표본으로 만들어 유럽 등의 여러 대학이나 연구소에 보내기도 했다.

빵나무 이야기

마지막으로 빵나무와 그것에 관계되는 에피소드를 이야기하고 이 장을 마감하기로 하자.

빵나무 하면 좀 생소하게 들리는 독자가 많겠으나 만일 영화 팬이라면 '바운티호 반란'은 보았을 것이다. 그 선상 반란의 주제가 되는 식물이 바로 빵나무이다.

빵나무는 남태평양 여러 섬을 낙원으로 만들 정도라 할만한 열대의 중요한 과수이며 주식도 되는 식물이다. 빵나무 20그루 정도가 집 주변에 있으면 반년 정도는 하늘에서 빵이 떨어지는 것만으로도 한 집은 아무 걱정 없이 먹고 살 수 있다고 말하는 나무이다.

빵나무는 뽕나무과에 속하는 아르토카푸스 알틸리스(*Artocarpus altilis*)라는 작은 상록 교목으로 높이 10~20m에 이르며 느슨하게 가지가 갈라져 대형의 수관을 이룬다.

품종에 따라 다르지만 대체로 잎은 가장자리가 밋밋하거나 3~9개로 깊게 갈라져 손바닥 모양을 이루기도 하며 표면은 광택이 있고 짙은 녹색에 가죽질이다. 꽃은 암, 수의 구별이 있고, 수꽃이삭은 황갈색. 길이 15cm 정도, 암꽃이삭은 녹색, 긴 타원체 또는 구상이다.

열매는 누렇게 익어 지름이 15~20cm, 길이가 15~20cm, 무게는 10파운드 이상이며 탄수화물이 풍부하다. 생으로는 약간 독성이나 진이 있으므로 보통은 돌에 구워 먹는데 구우면 고구마와 빵의 중간 정도의 맛이며 주식이 된다고 한다. 유사이전부터 말레이시아나 폴리네시아 사람들이 주식으로 사용하였다.

 빵나무의 품종개량도 바나나에 이어 잘 발달되어 있다. 대체로 2군으로 구분하여 씨가 있는 것은 말레이시아의 멜라네시아에 주로 분포하며, 씨가 없는 것은 폴리네시아의 여러 섬에 흔하다.

 씨 없는 품종군은 다시 두 가지로 대별되어, 열매 표면이 매끄럽고 단맛이 많은 품종군과 표면이 가시모양으로 울퉁불퉁하고 맛이 단백하고 대형인 품종군으로 구분된다. 후자에 생산성이 높은 품종이 많다.

빵나무
Artocarpus altilis

빵나무는 말레이시아 지역 동부의 섬에서 재배화되어 품종개량이 거듭되면서 폴리네시아의 여러 섬으로 원주민 항해자가 운반하였을 것이다. 경제적으로는 폴라네시아에서 한 때 가장 중요하였으며 앞에서 잠시 언급한 타히티섬의 빵나무의 매력은 바운티호 사건을 일으킬 원인이 될 정도였다.

이른바 대항해시대의 태평양 항해 시 제임스 쿡 선장은 서인도 제도의 노예 식량으로 빵나무가 가장 적합하다는 기술과 이야기를 동료 영국인으로부터 듣게 된다. 쿡과 함께 태평양을 탐험 항해중인 윌리엄 블라이 선장은 타히티에서 서인도 제도로 빵나무를 수송하라는 영국정부의 명령을 받는데 그것이 유명한 1789년의 바운티호(H. M. S. Bounty)의 선상 반란의 시작이다.

타히티에서 1000여 그루의 빵나무를 싣고 출항 후, 플레처 크리스천 주도하의 반란이 일어났다. 물론 빵나무는 목적지에 도달할 수 없었으며, 오늘날에 이르기까지 반란의 정확한 동기는 완전하게 해명되어 있지 않았다.

선원들에 대한 블라이 선장의 외면적인 행동이 반란의 동기라는 주장도 있으나, 선장을 포함하여 선원들의 원주민 여성들과의 애정관계를 지적하는 주장도 있다. 원주민 여성과 결혼한 일부 반란 선원의 후손은 아직도 폴리네시아에 남아 있다. 블라이 선장과 충실한 18명의 선원들은 작은 배로 섬을 탈출, 한달 반만에 무사히 티모르에 도착한다. 1792년의 재항해로 블라이 선장은 빵나무를 서인도 제도로 수송할 수 있었다.

이러한 이야기는 빵나무는 서인도 제도에서는 너무나도 중요한 나무인 것처럼 들릴지 모르나 실제로는 그렇지 않다. 서인도의 흑인들은 이미 친숙해져 있는 바나나나 다른 식량에 비해 빵나무를 특별하게 선호하는 일은 없었다. 그러나 블라이 선장의 줄기찬 노력은 중남미에서 성과를 거두어 식품으로서의, 관상수로서의 가치를 인정받고 있다.

같은 속에 속하는 종으로 학명이 아르토카푸스 헤테로필루스 (*Artocarpus heterophyllus*), 통칭 jackfruit라고 불리는 것이 있다. 중요성은 빵나무보다는 덜 하지만 말레이시아 원산으로 열대에 널리 분포한다. 빵나무와 달리 잎은 갈라지지 않고 길이가 약 15cm로 크며 가장자리가 밋밋하다. 수꽃이삭은 가지의 겨드랑이에 생기나 암꽃이삭은 나무줄기에 직접 달리며 성숙하면 길이는 30~60cm, 지름이 20cm 정도인 원통모양의 타원체를 이루며 아주 달고 생식도 할 수 있다. 재배식물의 어느 열매도 그 이상 큰 것은 없다.

jackfruit (*Artocarpu heterophyllus*)

바나나

열대지방, 특히 동아프리카인에게 있어 바나나가 주식이라는 사실은 바나나를 후식 정도로만 먹는 사람에게는 놀라운 일일 것이다. 바나나는 전 세계적으로 보면 가장 중요한 과일로 그 생산량은 모든 과실 중에서 가장 많다. 연간 2억톤의 바나나가 생산되며 그 중 약 15%가 무역으로 거래되고 나머지는 생산지별로 소비된다. 그 중 절반은 생으로, 절반은 야채로서 요리해 먹는다.

거대한 여러해살이 초본으로 산업적으로 재배하는 것은 높이가 2~4 m 정도다. 뿌리는 두 가지로 하나는 땅속 깊이 침투하고 다른 것은 지표 밑 30cm 내외에서 퍼져 근모를 발생시킨다. 외간상의 줄기는 잎집이 서로 안아 생긴 헛줄기로 밑 부분은 지름 15cm정도에 이른다. 헛줄기 상단에서 거대한 잎이 사방으로 퍼진다. 잎 뒷면에 낭질이 분비되어 백색을 띤다. 꽃차례는 신장하는데 따라 밑으로 처지며 기부에 암꽃, 선단부에 수꽃이 생긴다. 양자의 중간부에 중성화가 생긴다. 과실은 품종에 따라 다르나 보통 20 cm 정도이며 완전히 익으면 황숙하며 향기를 방출한다.

야생종의 검은 딱딱한 종자는 원주민이 목걸이나 염주를 만든다. 재배종은 종자가 없으나 과육 속을 자세히 보면 종자의 흔적으로 검고 작은 점을 가끔 볼 수 있다.

바나나는 동남아시아 기원의 식물로 그 주류는 말레이시아 지역으로 보며, 가장 오래된 기록은 기원전 500년 전의 인도의 것이 있다.

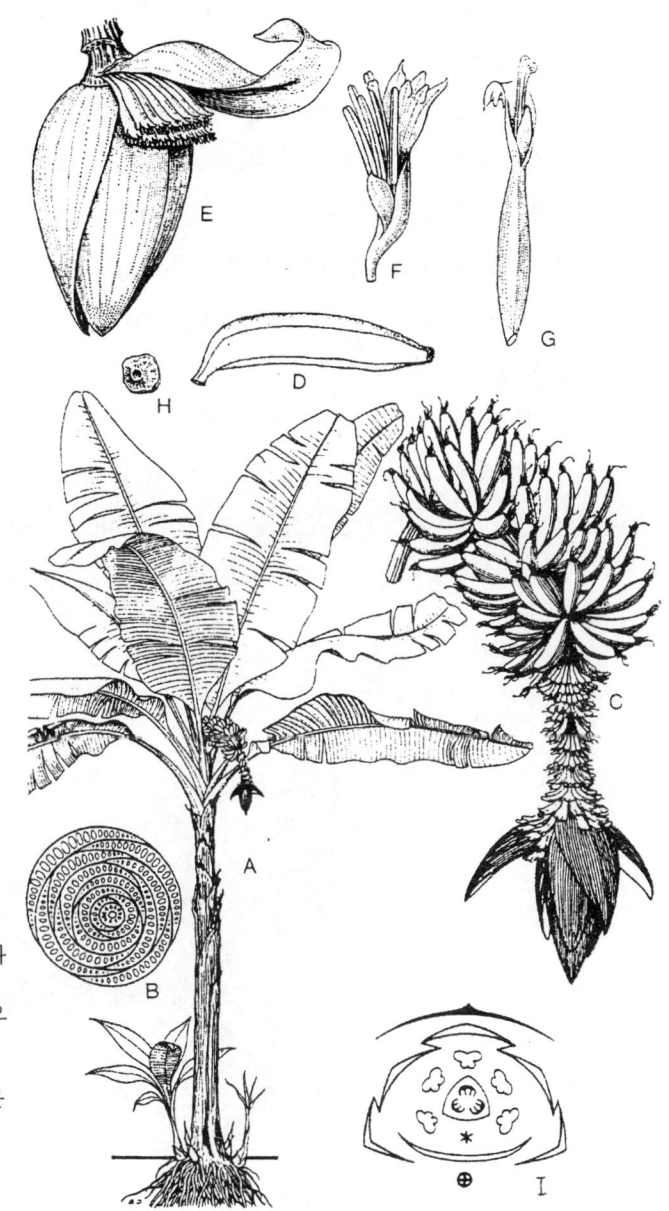

Musa paradisiaca
(*M. spientum*)
A. 식물의 전경
B. 줄기를 횡단하여 헛줄기임을 나타냄.
C. 꽃차례. 꽃과 열매가 부분적으로 함께 있는 상태
D. 열매, 즉 바나나의 상태
E. *M. acuminata* 꽃차례의 끝부분
F. 수 꽃
G. 암 꽃
H. 씨
I. 바나나속(*Musa*)의 화식도

3. 재배식물의 기원

그러나 정확한 연대는 모르지만 그보다 훨씬 이전의 작물로 추정하고 있다.

바나나는 동남아에서 다른 식용식물과 함께 기독교시대의 초기에 아프리카에 도입되어, 당시의 아프리카에서의 인구증가에 대처할 수 있었다. 알렉산더 대왕으로부터 유럽에서는 처음으로 바나나에 대하여 들은 플리니는 린네가 후에 *Musa sapientum* 라고 이름 지은대로 '현자의 식물'이라고 기록하였다. 린네는 나중에 '낙원의 나무', *Musa paradisiaca* 라고 불렀다.

바나나의 식물학적 연구는 최근에 이르러 매우 진보하였다.

재배종의 가장 조상형으로 보는 야생 바나나는 무사 아쿠미네타 (*M. acuminata*) 란 종류로 큰 과실이 생겨 그 속에 콩알 크기 정도의 딱딱한 종자가 꽉 차있다. 맛과 향도 좋으나 그대로 먹을 수는 없다.

바나나
Musa paradisiaca

바나나가 야생종으로 품종이 우량화 하려면 씨 없는 과실로 진보하는 것이다. 바나나 재배의 최초의 진보는 다행스럽게도 암꽃에 수꽃의 꽃가루가 묻지 않아도, 또는 단위결실(單爲結實)로 과일을 맺을 수 있는 것을 찾은 데 있다. 야생종 중에서 이것을 골라 심거나 보호한 것이 바나나 농사의 효시라 보아 마땅하다.

이 단위 결과성을 그대로 유지하면서 또한 암꽃에 수정능력이 없어진 품종, 또는 수꽃에 생식능력이 없는 종류 같은 구체적으로 씨 없는 성질이 안정되므로 우량한 2배체(2n) 품종군이 생겨났다. 뉴기니 토인이 재배하는 바나나에는 이 품종이 대단히 많다고 한다.

한편, 그 과정에서 배수체가 생겨, 특히 3배체(3n)는 씨 없는 성질을 갖기에 매우 적절하여 많은 품종이 생겨났다.

재배 바나나의 또 하나의 야생조상형은 무사 발비시아나(M. balbisiana)라 불리는 종류로 필리핀과 인도에 자라고 있다. 2배체인 무사 아쿠미네타는 단위 결과성의 것이 재배되어 작물이 되어 말레이 반도에서 다른 지역으로 그 생활법이 품종과 함께 전파했다. 인도와 필리핀까지 그 재배법이 전해지면 그 곳의 무사 발비시아나와 교잡하여 더욱 복잡한 중간형잡종이 생겼다. 이렇게 생긴 잡종성 품종군속에서 병해나 기후에 대해 강한 것이나 요리 등의 과실로서 적합한 것이 많이 생겨났다. 이러한 것이 현재 열대의 저개발국 시골 농가에서 자라고 있는 품종의 대부분인 셈이다.

바나나의 품종개량은 모든 과일 중에서 가장 멋진 성과를 올리고 있다. 열대에서도 유사한 것을 볼 수 없을 정도로 일년 내내 수확이 가능하며 씨 없는 과일이란 점에서 포도나 감귤류보다, 하물며 사과나 복숭아와는 크게 다르게 발달하여 있다. 바나나는 단위 결과성이란 유전적 돌연변이체를 찾아내어 그것을 인플라로 하여 3배체(($3n$)를 주력으로 하는 씨 없는 과실을 실용화시켰다.

　과일류 중에서 바나나만큼 배수성(倍數性)을 완전하게 이용한 것은 문명국에서도 아직 비교할만한 것이 없다. 그 개량종 거의 전부가 미개발 지역의 토민들이 이룩한 것으로 이렇게 되기까지는 틀림없이 오랜 세월이 걸렸을 것이다.

　그 기간이 중요한 문제점이다. 유감스럽게도 현대의 식물학에서는 바나나의 많은 품종을 교배하거나, 그 결과에서 교배한 각각의 품종의 연령을 알 수가 없다. 그러므로 바나나의 품종군을 보거나, 이집트의 피라미드가 만들어질 때부터 재배된 것이 확실한 포도 등을 고려하여 바나나가 재배화된 최초의 연대는 엄청난 옛적으로 추측된다. 그 때를 1만년 이상으로 추정하는 사람이 있는가 하면, 수 천년으로 보는 사람도 있다.

　바나나는 그리스, 로마시대에는 지중해지방에 잘 알려져 있었으나 고대 이집트나 헤브라이인에게는 알려져 있지 않았다. 말레이시아 원주민의 이동에 따라 말레이 반도 부근에서 동서의 열대로 전파하였다. 동방의 멜라네시아나 폴리네시아 쪽으로는 대체로 두 가지 경로가 있는데, 필리핀에서 무사 발비시아나와 교잡한 것은 뉴기니를 지나 폴리네시아에 이르렀다.

　한편, 자바섬 경유로 폴리네시아에 이르는 전파루트는 무사 아쿠미네이트의 순수 3배체가 주력을 이룬 듯하다. 서방으로서의 전파는 미얀마에서 인도에 이루고 그 곳에서 무사 발비시아나와의 교잡 품종군이 성립하였다.

　아프리카로는 페르시아 연안을 따르는 항로를 통하여 우선 처음에는 무사 아쿠미네이트 순수 품종군이 아프리카에 기원전 2000년경에 상륙하고 뒤따라 약 1000년 후에 무사 발비시아나 교잡 품종군이 아프리카나 마다가스카르에 도착했다. 신대륙으로의 전파는 콜럼버스 이후라고 일반적으로 생각하고 있으나 남태평양경유로 그 이전에 요리용 품종군이 전파되었다는 설도 있다.

바나나는 최근, 새로운 육종법이 창출되어 4배체($4n$)의 선발(選拔)이 이루어지고 있어 그 성과에 크게 기대하고 있다. 바나나의 생과로서의 수요는 온대지방에서 매우 높고 그 잠재수요는 예측을 불허한다. 장래 열대제국과 온대선진국간의 경제적 결합이 강화되면 바나나는 성장농산물로서 가장 유망한 것이다.

담배 이야기

1492년 11월 15일, 콜럼버스가 인솔하는 함대가 처음으로 서인도 제도에 상륙하였을 때, 콜럼버스와 같이 간 선원들은 카리브해 지방의 인디언들이 불이 붙는 작은 막대기로 코와 입에서 연기를 내뿜는 것을 보고 놀랍고 신기하게 여겼다.

지금도 사람들은 담배를 이른바 시가라고 불리는 길쭉한 막대 모양으로 말아서 피고 있다. 카리브 인디언들은 두 가지 다른 방법으로 담배를 사용하고 있었다. 그 하나는 담배를 말아서 엽권처럼 만들어 피웠고, 다른 방법은 말린 잎을 불에 태워 구멍을 뚫은 갈대 줄기를 콧구멍에 넣고 담배 연기를 빨아들이고 있었다. 이 갈대 줄기 또는 엽권은 타바코스(tabacos)라고 부르며, 그 이름이 담배나 흡연 물질에 전용된 것이다.

담배라는 것은 1519년 유럽으로 스페인인에 의해 엽권이 도입되어 피는 담배, 씹는 담배, 냄새 맡는 담배 등 급속히 유럽 남부와 중동지방으로 퍼져 나갔다.

1573년, 해적이기도 했던 선원 죤 호킨스경에 의해 플로리다에서 영국으로 도입되었으며, 월터 롤리경은 파이프 담배를 피우는 습관을 영국 내에 보급시켰다. 1603년, 제임스 1세가 그 유명한 '담배반대령' 이란 칙서를 발포할 만큼 담배는 이미 영국에 널리 보급되었다.

흡연은 눈을 해치고, 뇌를 상하게 하고, 폐를 위험하게 하는 악취나는 가스라고도 비난했다. 흡연을 박멸하려고 왕은 담배수입에 중세를 부과하였다. 왕의 생각은 담배무역을 없애 흡연을 막으려는데 있었다.

담배 및 담배제품에 대한 이 선구적인 과세는 세계의 여러 지역에 그것에 따르는 유행을 만들어 내었다. 그러나 의외로 담배값은 올라가고 흡연자들은 점점 늘어나 흡연 생활의 확대를 저지하는 것은 실패로 끝나고 과세는 즉시 폐지되었으나 반대로 방대한 수입을 초래하였다.

1607년에 새로 설정된 버지니아 식민지는 대규모의 대농원에서 전적으로 담배를 재배하여 스스로의 번영과 경제적 보증을 부여받을 수 있었다. 식민지시대의 초기에는 담배가 돈으로서 쓰이는 일조차 있었다. 또한 개척민들에게 결혼의 행복을 약속해 주는 표징이었다.

1620년, 90명의 젊은 아가씨들이 본국에서 건너왔다. 90명의 남자는 자기들 새 신부의 여비로 120파운드의 담배를 지불하였다. 이러한 정서적이고 매료한 이야기를 간직한 담배재배는 이민들이 사는 전 지역에 급속히 퍼졌다.

　담배는 애연가를 위하여 정제하는 비법이 곳에 따라 틀린다. 파이프용, 시가레트, 시가 등에 따라 다소 차이가 있다. 재배용의 담배로는 담배(*Nicotiana tabacum*)와 루스티카담배(*N. rustica*)의 2종이 있는데 2종 모두 야생종은 알려져 있지 않고 남아메리카 원산의 야생종 2종이 교잡한 불임잡종의 염색체가 배가하여 생겼다고 여겨진다.

　루스티카 담배도 역시 배수체이며, 남아메리카 기원으로 콜럼버스 시대 이전에 중앙아메리카에서 북아메리카 동부까지 퍼져 있었다. 흡연용 담배로서 특히 식민지 시대에는 몇 군데에서 재배되고 있었으며, 루스티카 담배의 중요한 용도는 살충제용의 니코틴 원료이다. 최고 9% 이상의 니코틴 수확을 얻기 위해서는 온대조건에서 재배해야 한다. 이것에 반해 담배의 최량품종은 불과 1%의 니코틴을 함유하는데 불과하다.

　매우 흥미로운 것은 담배의 어미인 야생종의 성숙엽에는 니코틴이 거의 함유되어 있지 않다는 것이다. 사실 이러한 종에는 미숙엽 속에 존재하는 극히 미량의 니코틴을 파괴하는 작용이 있는 유전자가 있다. 만일 최초로 재배한 담배가 이 유전자를 양친의 야생종에서 각각 이어받아 2배량을 갖고, 다시 인간이 니코틴함량의 어떤 것을 선호했다면 틀림없이 미숙엽을 사용했을 것이라는 지적도 있다. 후에 니코틴의 불활성화가 일어나지 않는 계통이 생겨났을 때, 지금 이루어지고 있는 것과 같은 성숙엽의 이용이 가능해졌다고 볼 수 있다.

담배 *Nicofiana tabacum*

담배(*N. tabacum*)는 2m 높이까지 왕성하게 자랄 수 있는 한해살이 또는 단명의 여러해살이 식물이다. 20년간이나 발아력을 유지할 수 있는 매우 작은 종자로 번식한다.

담배농장에서 묘상은 보통 인공적인 차광으로 보호하며 유식물이 13~15cm로 자라면 비로소 밭에 이식한다. 밭에서 20개 정도의 필요한 잎이 형성되면 맨 끝순을 자르고 제일 웃잎과 꽃눈도 자른다. 이것으로 그 이상 키도 자라지 않고 꽃도 피지 않으나 잎은 커지고 니코틴을 포함한 화학물질이 잎속에 축적된다.

이러한 잎을 1개씩 또는 줄기 전체를 잘라 건조시킨다. 건조시키는 방법으로는 (1) 잘 환기된 수납실에서의 공기 건조, (2) 인공가열에 의한 난방 건조, (3) 약한 불길 속에서의 연소 건조가 있다.

어느 정도의 발효와 건조가 진행되어 건조시킨 잎은 선별되어, 보통 잎 상태로 출하한다. 그 후 잎을 '숙성' 시키거나 통속에서 긴 발효과정이 수개월 혹은 수년 계속된다. 이 제 2의 발효과정에서 향이 최고에 이르고 니코틴함량의 저하를 포함한 여러 가지 화학변화가 일어난다.

세계에서 담배 생산량이 가장 많은 미국은 지리적으로 다른 지역에 각각 상이한 품종이 재배되어 특수한 여러 용도에 사용되고 있다.

예를 들어 커네티커트 계곡에서는 엽권용 상권잎이나 중권엽에 쓰일 크고 얇은 잎을 만들기 위해 발이 굵은 엷은 면포 천막 밑에서 재배한다. 시가레트에 적합한 난방건조잎은 남·북 캐롤라이나주, 죠지아, 버지니아, 플로리다, 알라바마, 기타의 몇 주에서 대량으로 재배되고 있다. 파이프담배와 냄새 맡는 담배용의 암색 연소담배는 특히 버지니아와 켄터키, 테네시에서 재배되고 있다.

담배를 많이 피우면 호흡기병, 심장병, 폐암을 유발할 가능성이 있는 것은 분명하지만, 흡연용 담배의 미래가 어떻든 담배의 장·단점에 대한 의학적 평가는 미지수 부분이 남아있어 담배가 조급하게 사라지리라고는 생각할 수 없다.

담배는 습관성 약제로 흡연자는 세계 인구의 상당히 높은 비율을 점하고 있다. 그러므로 담배에서 얻어지는 많은 정부 수입이 가까운 장래에 없어지는 일없이 보장되고 있는 것이 현실이다. 그러나 최근에 이르러 WTO를 위시하여 각국 정부나 NGO 등 여러 단체의 줄기찬 금연 홍보의 활동으로 흡연인구가 계속적으로 줄어들고 있다.

감자의 발견

감자는 1537년에 곤잘로 지멘즈 디 케시다(Gonzalo Jimenez de Quesada)가 인솔하는 스페인의 탐험대에 의하여 처음으로 발견되었다. 탐험대가 콜럼비아의 마그달레나 계곡에 있는 거의 들어갈 수 없는 삼림길을 헤치면서 중앙안데스의 넓은 고원지대에 있는 소로코타의 작은 촌락에 도착하자, 원주민은 달아나고 그곳에 저장된 콩, 옥수수, 트루플(truffle) 등을 발견하였다.

트루플이란 식물이 실제로 오늘날의 감자이며 스페인인 카스텔라노(Castllano)는 좋은 맛과 전분을 가진 좋은 식물이라고 기록하였다.

스페인 탐험대가 도착하기까지 수 세기 동안 감자는 북쪽 콜롬비아로부터 남쪽은 칠레까지 안데스산을 따라 인디언들의 주요 양식이었다. 페루의 서리가 내리는 냉랭한 습기가 있는 고원지대에서 주로 잘 자란다. 그것은 원주민들이 서리의 불운을 이겨내고 승리했음을 의미한다. 그들은 감자의 일부를 얼리기 위해서 안데스의 추운날 밤에 규칙적으로 밖에 방치한다. 얼었던 괴근이 아침 햇볕에 녹으면서 해면처럼 되면 그것을 밟아 수분을 뺀다. 여러 차례 얼리고 녹이는 것을 반복한 후, 햇볕에 건조시켜서 쿠노(chuno)라는 것을 만든다. 쿠노는 질이 변하지 않아 몇 해라도 저장할 수 있는, 즉 기아 때 이용할 수 있는 이상적인 식품이다.

스페인은 1573년경 유럽에서 처음으로 감자를 심은 나라로 신세계 정복 삼십년간 엘도라도(Eldorado)의 스페인 사람들이 획득한 많은 금은보다도 귀중한 선물이 감자였다는 것을 오랫동안 알지 못하였다.

영국에서 맨 처음으로 감자를 재배한 사람은 제라드(Gerard)로 아마도 1586년경 버지니아에서 돌아온 정착민 드레이크(Drake)가 가지고 온 선물에서 몇 개의 괴근을 얻었을 것이다. 실제로 감자는 버지니아에서 온 것이 아니라 아마도 스카니쉬 메인이란 배에 실린 물건 중에서 드레이크가 얻은 것 같다.

일설로는 랄레이그경을 감자의 소개자로 내세우고 있다. 즉, 1586년경은 유갈지방을 포함한 아일랜드의 소유지를 하사받았고 이 곳에서 1~2년 후에 감자를 재배하였다고 한다. 영국에 감자가 수입된 이래 잘 번식되어 약 250년간 감자를 해치는 큰 병은 없었다.
　감자는 16세기 말 아일랜드에 도입되어 가난과 굶주림에 허덕이는 사람들에게 주로 보급되어 불과 50년만에 전 국민의 주식이 되었다.

감자 (*Solanum tuberosum*), Gaspard Bauhin : Drodromus Theatri Batamici, 1620년 에서 인용

감자는 뛰어난 전분원으로 약 3kg 정도면 사람이 하루 필요한 열량 3000cal를 충족시키며 단백질, 철분, 비타민 B 및 C가 함유되어 있다. 또한 하루에 필요한 인의 절반, 칼슘의 10분의 1 이 감자로 급여되므로 약 0.5L의 우유를 곁들이면 하루 필요량을 충분히 섭취할 수 있다.

식물은 탐험이나 개척을 자극하였을 뿐만 아니라 또한 역방향으로 작용하여 인류의 이주를 촉진하는 결과도 초래하였다. 19세기 중엽, 아일랜드 사람들의 생활양식이었던 감자의 불황은 서구 역사에서 가장 처참한 기아를 낳았고 결국 전대미분의 이주를 야기시키는 결과가 되었다.

아일랜드 농민은 감자 덕분에 잘 살 수 있었으나 1845~1846년에 *Phytophthora infestans* 라 불리는 균류에 의한 감자 질병이 전 유럽에 퍼져 잎이 검어지며 마르고 괴근을 부패시켰다. 아일랜드에서는 100만명 이상이 굶주림과 질병으로 죽고, 100만명은 그 후 수년간에 걸쳐 주로 신대륙으로 이주하지 않을 수 없게 되었다.

이 감자 사건에 대해 전기학자 R. N. Salaman은 "이러한 참사는 인간의 역사에서는 거의 볼 수 없었다. 너무나 간편하고 쉽게 생산할 수 있는 식량을 주식으로 한 죄 많은 어리석음이 이러한 참사를 야기시켰다." 라고 그의 저서 「감자의 역사와 사회적 영향」에서 적고 있다.

우리는 이것을 교훈으로 배워야 하며, 아직도 열대지역의 몇몇 나라의 사회적 구조가 일단 병이 들면 전멸하는 단일 수출용 작물로 얻은 수입에만 의존하고 있는 상태인 것에 대해 재고해야만 한다.

4
콜럼버스 이전의
신·구세계의 교류

인간은 거래하는 동물이다.
- 아담 스미스 「국부론」 -

자료의 발견

스위스의 유명한 식물학자 알퐁스 드 칸돌은 재배식물의 역사를 설명하는 데 있어 콜럼버스의 아메리카 대륙의 발견 — 그것은 재발견이라 말할 수 있을지도 모르지만 — 이전에 구세계와 신세계의 사람들의 교류가 이루어졌다는 증거는 없다고 결론짓고 있다.
　현재에도 이 의견은 거의 변함없이 유지되고 있으나 아메리카 양

대륙과 아프리카, 아시아, 유럽 간에 선사시대의 교류가 있었다고 믿고 있는 사람들과 그렇지 못한 사람들 간의 뜨거운 논쟁은 계속되고 있다.

　기원 후 1000년경에 노스만(고대 스칸디나비아인)이 북아메리카의 동부에 도착한 일이나, 아마도 그 이전에 아일랜드의 수도승이 신대륙에 건너간 일, 또는 드물기는 하나 남아메리카와 교류가 있었다는 가능성은 알려져 있다. 그러나 재배식물의 이동에 관한 한 그러한 항해가 주요한 역할을 하였다고는 생각할 수 없다.

　인류가 동아시아에서 북아메리카에 이주하였을 때 아마도 개를 데리고 다니며 현재의 베링해협 주변을 건너 이동했다는 것은 거의 확실한 사실이다. 이러한 이주는 빙하시대의 최후시기이거나 그 직후, 적어도 1만 5000년에서 3만년전의 사이에 이루어졌다고 보아진다. 이 이주의 통로를 통해서 인간은 점차로 신대륙 전체에 퍼져 나갔다.

　그러나 이처럼 이주한 사람들은 수렵의 영역을 벗어나지 못한 것은 아니었을까. 신세계에서의 농경이 구세계와는 관련없이 발전한 것인지 혹은 후에 이르러 구세계에서 전파되어 온 것인지는 확실치 않다. 스페인 탐험가가 발견하였을 때까지는 토착의 아메리카인이 독자적으로 옥수수, 콩, 호박 등을 주로 한 농경을 발달시켰다는 확실한 자료가 있다. 그 후 신세계 고유의 농경에 유럽인의 접촉이 가해져 캐사바, 옥수수, 낙화생과 같은 많은 신세계의 재배식물이 열대나 아열대지방의 다른 지역으로 반출되었다.

　여기서 가장 중요한 것은 신세계의 전형적인 유용작물은 거의 전부가 구세계의 것과 분류학적에서만이 아니라 그 성상(性狀)에 있어서도 아주 다르다는 것이다.

콜럼버스의 발견 이전의 신세계에서 특정적인 곡류는 옥수수이다. 구세계에서의 대표적인 것은 지역이나 기후에 따라 다르지만 열대지방은 벼와 수수 등 잡곡이고(6장 참조), 온대지방에서는 밀, 호밀, 보리, 메귀리이다.

또한 신세계의 콩류는 강낭콩속(*Phaseolus*)의 몇 종으로 특히 농경 상 중요한 것이 풍부하였으며 낙화생(peanut, *Arachis hypogaea*)도 서반구에 자생하였다. 이러한 콩류의 단백질에 함유되는 수종의 아미노산은 특히 중요하며 옥수수의 씨에 함유된 아미노산을 보충하여 균형 잡힌 완전한 인간의 식료가 된다 (6장 및 9장 참조).

이와 대조적으로 구세계에서는 콩류가 귀하고 몇몇 열대지방의 종류를 제외하고는 완두콩(pea, *Pisum sativum*), 렌즈콩(lentil, *Lens esculenta*), 잠두콩(broad bean, *Vicia faba*)에 불과하다.

호박(squash)은 신세계에서 중요한 식물이었다. 박과의 호박속(*Cucurbita*)에 속하는 많은 종이 아메리칸 인디언의 식량의 대부분을 차지하였다. 호박속에서 가장 잘 알려져 있는 종은 야생이 발견되어 있지 않고, 오직 인간과의 연대로 알려져 있어 이것이 매우 오래전에 재배화 되었다는 것을 말하고 있다. 적어도 기원전 3000년으로 소급하여 페루 및 멕시코 인디언의 식료의 일부이었다.

이에 반해 구세계는 박과는 별로 중요하지 않고 수박(watermelon, *Citrullus vulgaris*)이나 오이(cucumber, *Cucumis sativa*) 등 몇 종만이 공헌하고 있다.

근채류 중에서는 캬사바(cassava, *Manihot utilissima*)와 야우티어(tania, *Xanthosoma sagittifolium*)가 신세계의 특징적인 작물이다.

구세계에서는 마류(yam, *Dioscorea* spp.)의 다양한 종이나 토란

(taro, *Colocasia esculenta*)이 가장 잘 재배되었다.

식료에 맛을 내는 것으로 신세계의 인디언은 고추를 사용하였으나 구세계에서는 후추(teue pepper, *Piper nigrum*)가 사용한 것처럼 대조적이었다.

같은 속의 식물이 신, 구 양세계에서 사용되는 경우라도 집중해서 재배한 종은 각각 아주 상이한 방법으로 이용하여 왔다.

가지속(*Solanum*)의 예로, 감자는 남아메리카 원산으로 토착민에 의해 사용되었다. 구세계에서는 같은 속중에서 열대 아프리카나 아시아 사람들에게 가장 친숙한 것은 가지(eggplant, *S. melongena*)이며 열매는 야채로 사용하였다.

이러한 자료로 볼때 두 대륙이 매우 상이하였으며 농경은 각각의 대륙에서 상이한 기원으로 따로따로 발전해 왔다는 것 이외 다른 이론이 있을 수 없어 보인다.

그래도 아직 인류는 세계 곳곳에서 각각 식료나 의복의 원료가 되는 재배식물이나 감상용 식물을 계획적으로 재배하여 수준 높은 문명을 독립적으로 발달시켰다는 것을 믿으려 하지 않는 사람들이 있다. 이런 사람들은 농경의 발생 후 콜럼버스가 아메리카를 발견한 1492년 이전에 신구 양세계 사이에 문화교류가 있었다고 주장하고 있다. 이처럼, 농경문화의 전파를 믿는 '전파파' 와 인류는 농경의 착상을 발전시킨 것을 믿는 '발명파' 사이에는 오랫동안에 걸쳐 많은 논쟁이 되풀이 되어왔다. 그러므로 신세계의 농경이 여러 가지 점에서 구세계 서부의 형태와 다르다는 증거를 검토하는 것은 중요하다.

신세계의 주요 재배식물에는 특히 파종하고 수확하여 탈곡하는 대량처리에 적합한 작물은 전혀 없다. 이에 반해 구세계의 곡류재배는 그러한 예로서 열대지방의 벼, 온대지방의 밀이나 보리를 들 수 있으나 그것은 개체로서 다루기보다 오히려 식물을 집합적으로 다루는 것이 특징적이다.

파나마 이북의 농경민은 경작이나 운반 일을 하고, 우유, 비료, 양모, 육류를 생산하는 등의 가축은 전혀 갖고 있지 않았다. 반대로 구세계의 농경에서는 선사시대부터 이러한 가축을 수반하고 있었다. 남아메리카에서는 이러한 역할을 라마나비크나 낙타류가 하였음은 분명하나, 이것을 농경의 일반적인 형태로 취급했다는 증거는 거의 없다.

만일 신세계의 문명이 실제로 구세계와 교류를 하였다면 생활의 수단으로서 거마(車馬)를 받아들이지 않았다는 것은 - 특히 건조한 지방에 사는 사람들에게 거마는 가장 유용한 것이 틀림없었을 터인데 - 놀랄만한 일이다. 멕시코에서 출토된 수레가 있는 장난감은 바퀴의 원리는 알고 있었지만 그것을 농경에 이용하지 못했다는 것을 보여주고 있다.

그럼 콜럼버스 이전의 시대에 문화교류가 있었다는 식물학적 근거는 대체 어떤 것일까. 몇 년 전, 인류학자 Carton Coon은 실제로 몇 가지 식물의 역사를 조사해보면 이 논쟁을 끝낼 수 있다는 것을 시사하였다. 그의 말에 따라 코코야자(coconut), 표주박(gourd), 고구마(sweet potato), 낙화생(peanut), 옥수수(maize), 솜(cotton)을 생각해 보기로 하자.

이 중에서 솜 이외에는 콜럼버스의 발견 이전 또는 직후에 양쪽에 존재했다는 신뢰할 수 있는 몇 가지 증거가 발견되어 있다.

솜은 천을 짜는데 사용되지만 1492년 이전에 신세계와 구세계 양방에 걸쳐 분포하고 있던 종이 있었다는 증거가 없다. 그렇지만 신세계의 재배솜에는 신세계 기원의 것에 구세계로부터의 유전물질을 함유하고 있다고 한다.

이들 6종류의 식물에 대해서 좀 더 자세하게 알아보기로 하자. 옥수수에 대해서는 7장에서 상세히 다루기로 하겠다.

야자나무

야자나무는 적도의 남북 20도에서 25도 위도의 열대지방에 널리 분포하고 있다. 연강우량이 650mm이하인 곳에서도 생육하나 그 생장은 대체로 습윤한 장소일수록 좋다. 사지인 토양이 필요하다. 이런 조건이 야자나무가 해안지역에 한정되어 있는 주원인이다. 열대지방의 가장 전형적인 풍경이라면 우아하게 굽은 야자나무가 자라는 백사의 해변이다.

야자나무는 열대에 사는 사람에게 있어 극히 중요한 다목적이용 식물이다.

종자에서 취하는 '밀크'(실제로는 액상의 내유이다)는 세균이나 다른 미생물을 함유하고 있지 않으므로 천연수가 오

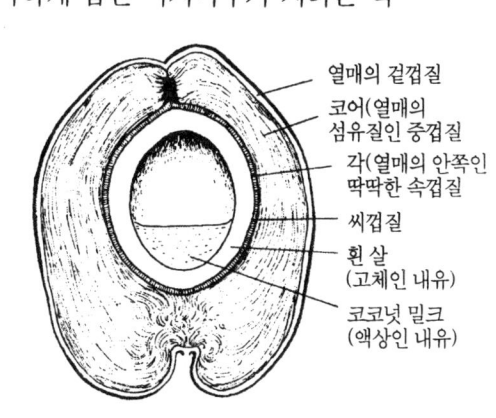

야자나무 열매의 단면 모식도

염된 곳에는 매우 가치가 있다. 내유의 딱딱한 부분은 그대로 먹을 수 있지만 말려서 코푸라(이것에서 야자유를 추출한다)를 만들 수 있다. 과실의 깍지는 용기로 쓰이며 과실 중피의 섬유성 부분은(코어라 불린다) 로프나 매트의 재료로 사용된다. 꽃둘레의 커다란 엽초를 자르면 수액이 채취되며 수분을 증발시키면 사탕이 얻어지고 발효시키면 야자주가 된다.

이런 까닭에 가치 있는 식물로서 야자나무를 널리 전파시켰다 해도 놀라운 일은 아니다. 그만큼 실제 야자나무의 진정한 지리적 기원에 대해 의문을 갖는 것도 당연하다고 봐야 할 것이다.

그리고 야자나무하면 왠지 인간은 어디에 살건 말 못한 향수를 느끼는 정서가 있는 것 같다.

> 이름도 모르는 먼 섬에서
> 흘러 흘러 오는 야자열매 하나,
> 고향 바닷가를 떠나
> 그대는 대관절 파도와 함께
> 몇 해나 지냈는가.

널리 알려진 일본의 유명한 시인 시마자끼 도오손의 '야자열매'를 서툰 대로 직역하였다. 필자는 유학시절 당시, 야자열매를 본 일이 없었는데도 이 시로 된 노래를 혼자서 자주 흥얼대었다.

기원에 대한 자리매김을 한 최초의 연구자로 O. F. Cook가 있다. 그는 야자나무는 신대륙 기원이며 거기에서 각지로 전파하였다고 생각했다. 사실, 스페인인이 최초로 신대륙에 도착하였을 때, 야자나무는 파나마지협에 자라고 있었다는 역사적 증거가 있다. 그렇다면 야자나무는 태평양 연안을 따라 북으로는 코스타리카 쪽으로, 남으로는 콜럼비아 해안에 생육하고 있었을 것이다.

그런데 대서양 연안지역에는 전혀 없으니 신대륙의 발견 이전에 신세계에 도착한 것이라고 말하는 식물학자도 있다. 이것은 초기의 스페인 탐험가들이 원주민은 야자나무를 거의 이용하고 있지 않고, 적어도 최근에 이르러 해외에서 도입되었다고 주장하는 사람의 보고에 의해 뒷받침되고 있다.

야자나무가 신세계 원산이라고 믿는 사람은 야자나무속(*Cocos*)의 20수종 모두가 신세계에 한정하여 생육하는 것을 지적하고 있다. 그러나 최근의 야자과식물의 분류학적 체계의 재검토에서는 이 사실 자체가 야자나무 기원의 문제와는 무관하다고 한다. 그 이유는 이러한 식물 중에는 야자나무란 종과 아주 먼 관계에 있는 것이 있어 실제로 이런 종은 다른 속으로 분류해야 하며 야자나무만이 유일하게 야자나무속을 이룬다고 제시하고 있다.

야자나무는 사실상, 신세계에 자생하는 야자류보다는 인도양이나 동아프리카의 것에 가까운 유형이 있다. 이러한 점에서 이탈리아의 야자전문가 Baccari 가 최초로 제안한 '야자나무는 동남아시아 기원이다.'란 견해가 현재 널리 지지되고 있다. 이 설과 관련하여 인도, 뉴질랜드, 말리아나 군도에서 야자나무의 화석이 발견되고 있으며 마르코 폴로는 아시아에서 야자나무를 보았으며, 그 밖에도 9세기까지 소급되는 보고가 있다.

야자나무의 말린 내유의 산스크리트어는 *khptpata*이며 현재의 코푸러(copra)는 여기서 유래한다. 지리학자 Sauer에 의해 수집된 모든 증거는 de Candolle의 설처럼 야자나무는 구세계 기원임을 시사하고 있다.

야자나무가 인도양이나 태평양의 여러 섬에 자연 상태로 자라고 있다는 흥미로운 간접적인 증거가 야자나무와 그것에 의존하고 있는 야자 게(*Brigus latro*)의 상호관계에서 본다. 이 게는 모래 속에 구멍을 파고 서식하며 야자나무의 껍질섬유로 구멍 속을 내장하고 있다. 야간에 게는 떨어져 있는 야자열매를 집게로 열어서 먹거나, 때로는 나무에 기어올라 열매를 떨어뜨리기도 한다.

이러한 고도로 특수화한 관계는 짧은 시간에 생겼다고는 볼 수 없

야자나무 *Cocos nucifera*

다. 그 결과, 야자 게는 인도양이나 태평양의 여러 섬(하와이는 제외)이나 마다가르스 섬에 분포하고 중앙아메리카 해안에는 서식하고 있지 않다.

야자나무는 인간의 손에 의해 계획적으로 운반되었다는 것은 의심할 여지도 없다. 아시아에서 서아프리카로 희망봉을 돌아 유럽에 돌아가는 포르투갈 항해자가 가져갔을 것이며 역시 선원들도 남아메리카의 동해안에도 운반하였을 것이다.

그러나 가령 야자나무가 콜럼버스의 발견이전 시대에 태평양의 양측, 즉 구세계와 신세계에 존재했다 하여도 그 열매가 인간의 손에 의해서만 태평양을 건넜다는 것은 아니다. 그 이유는 앞에서 필자가 번역한 시마자끼 도오손의 시에도 있듯이 야자열매는 해류를 따라 자연히 전파되어 널리 분포되었다는고도 볼 수 있기 때문이다. 야자열매의 과피섬유층, 코어사이에는 공기가 차있어 바닷물에 쉽게 뜨고, 물이 종자까지 스며들지 않아 해류에 의한 전파에 뛰어나게 적합한 조건을 갖고 있다.

이처럼 동남아시아에서 파나마지협 서측으로의 태평양 횡단여행은 인간에 의한 운반결과인지는 모르나 또한 자연표류라고 볼 수도 있다. 구세계와 신세계의 해변식물 종류에는 같은 것이 많고 전 세계의 열대지방 해변사지에 일정한 식생을 이루고 있는 것은 특기할 만한 일이다. 이것은 자연히 분포된 것이며 인간에게는 아무 가치도 없는 식물이므로 그것이 인간의 손으로 대양을 건너 심어졌다고는 생각할 수 없다. 그러므로 양 반구에서의 야자나무의 존재는 극히 당연지사로서 특별한 의미가 있는 것은 아니다.

표주박

표주박, 이 식물은 박과에 속하는 열대지방에서 아주 흔하게 볼 수 있는 *Lagenaria siceraria*이다. 이 종의 딱딱한 껍질로 싸인 내부의 과육은 먹을 수 있으나 쓴 맛이 있어 식용은 드물다.

보통 과실은 건조시켜 과육이나 종자를 파낸 후 고체나 액체를 저장하고 운반하는데 쓰인다. 그 종자는 살짝 볶아 식용으로 한다.

선사시대에 표주박 과실을 신구 양 세계에서 용기로서 사용한 확실한 증거가 있다. 그 표본은 기원전 3500 ~ 3300년의 이집트인 묘에서 발견되었으며, 신세계에서도 기원전 약 3000년의 페루인 매장지, 기원전 약 7000년 이후의 멕시코의 동굴에서도 출토되었다.

페루에서는 과실, 그 중에서도 종자는 식용으로 쓰였다. 지금은 아프리카의 몇 군데를 제외하고는 야생상태로는 표주박을 볼 수 없다. 그러므로 아프리카를 표주박의 발상지로 보는 것이 가장 타당할 것 같다. 이것은 아프리카에 같은 표주박속의 다른 3종이 분포하고 있는 것으로도 실증된다.

T. W. Whitaker와 G. F. Carter는 표주박을 바

표주박 *Legenaria siclraria*

닷물에 띄워 2년간 그대로 두어도 안쪽의 종자발아력이 저하하지 않는 것을 실증하였다. 그러므로 표주박은 긴 기간에 걸쳐 대서양을 건넜을 것이다.

아프리카의 쉐랄오네 해안과 남미의 브라질 해안은 불과 1400마일 (2250km) 밖에 떨어져 있지 않다. 대서양은 남쪽으로 갈수록 넓어지므로 남적도해류를 타고 횡단하는 것은 쉬웠을 것이다. 코르크 마개를 한 병으로 수개월 동안 대서양을 건너 운반되었다는 것을 밝힌 실험도 있다.

오로지 한 개의 표주박이 자라도 암꽃과 수꽃 모두 달리며 자가 수정하므로 수를 늘릴 수 있다. 만일 표주박이 해류를 타고 폭풍우에 의해 해안으로 밀려와 그 열매에서 종자가 밖으로 나와 부서지거나 혹은 해안 가까이에 사는 호기심 많은 사람이 주워서 마을에서 잘라 쓰레기장에 버렸다 해도, 표주박의 종자는 발아하여 새로운 토지에 퍼져 나갈 수도 있었을 것이다.

그러므로 표주박은 야자나무처럼 자연전파에 의한 분포능력이 있었다고 할 수 있다. 따라서 자연스럽게 분포를 넓히고 대서양의 양측, 특히 토기를 손쉽게 만들어 사용할 수 없는 지역의 사람들에 의해 사용되었다. 또한 그것이 바닷물에 떠서 표류하는 것을 발견한 사람들에 의해 고기 잡는 그물의 부자로써 사용되었다.

한편, 대서양을 횡단하는 항해자들이 부피가 있고, 거의 식용으로 할 수 없는 표주박을 배에 실었다고는 여겨지지 않는다. 이러한 점에서 대서양의 양쪽에 표주박이 있다는 것은 오래전에 양 반구의 문화교류가 있었다고 볼 수 없다는 결론을 맺을 수 있다.

고구마

다음에 제기되는 것으로 메꽃과에 속하는 고구마(sweet potato, *Ipomoea batatas*)가 있다. 여기서도 이 식물이 1492년 이전에 신구양 세계에 존재하였다는 충분한 증거가 있다.

고구마의 경제상 중요한 부분은 열대의 사람들에게 필요한 전분원이 되며 당분이 풍부한 통통한 괴근(덩이뿌리)이다. 뿌리가 황색인 것은 비타민 A의 전구물질인 카로틴을 함유하기 때문이다. 그 괴근은 또한 철분이나 칼슘의 좋은 공급원이기도 하다. 고구마는 통상 영양번식으로 퍼지며 보통은 줄기를 잘라 꽂거나 덩이뿌리를 심는다. 보통 꽃이 피는 경우는 볼 수 없고 종자가 생기는 일은 매우 드물어 영양번식을 할 수 있는 운명을 갖고 있다.

고구마는 일반적으로 아메리카 대륙에 기원했다고 여겨진다. 최근의 연구로는 중앙아메리카의 열대지방에 있는 괴근이 생기지 않는 덩굴성의 땅을 기는 식물, *Ipomoa trifida*가 고구마의 조상종이거나 혹은 고구마와 공통의 조상종을 갖는 야생식물임이 지적되어 있다.

그런데 이 식물은 옛적부터 남태평양의 여러 섬에서 발견되었다. 유럽인이 18세기에 처음 폴리네시아의 여러 섬을 방문하였을 때, 고구마는 극히 통상적으로 원주민이 이용하고 있는 것을 보았다. 1778년, 쿠크선장이 하와이 제도를 발견하였을 때도 그 곳에 고구마가 존재하였다. 쿠크는 1769년에 뉴질랜드에서도 고구마를 발견하였으나 이러한 기록은 태평양에서의 최초의 항해자가 영국인이나 프랑스인,

네덜란드인이 아니라 스페인인과 포르투갈인 이었다는 까닭에 고구마가 1492년 이전에 구세계에 있었다는 증명은 되지 않는다고 한다.

Texas대학의 도널드 브랜드는 고문헌을 주의 깊게 조사하여 포르투갈의 항해자가 1505년 이전에 고구마를 남아메리카 동부에서 인도 서부로 운반하였다는 사실을 규명하였다. 거기에서 상인에 의해 인도네시아에 도입되고 다시 폴리네시아인에 의해 다루어져 16세기 동안에 태평양의 여러 섬에 도입되었다고 한다.

고구마는 중앙 폴리네시아에서는 그다지 중요한 작물은 아니었다. 거의 대부분의 식용식물이 폴리네시아인 자신과 동일하게 동남아시아기원의 것이었다. 그러나 폴리네시아의 동부와 남부에서는 중요한 작물로 이 지방은 동남아시아 원산의 식물이 매우 귀했다.

고구마
Ipomoea batatas

이러한 사실은 고구마가 최근에 아메리카 대륙에서 폴리네시아에 도달하였거나, 아시아 원산의 식물이 우세하지 못했던 곳에서만 작물로서 정착했다는 것을 보여 주고 있다.

고구마는 아마도 인간의 손에 의해 운반되었을 것이다. 그 이유인즉 대양을 표류하며 전파될 만한 열매가 달리는 경우는 극히 드물고, 종자의 발아가 불규칙하고, 자가불화합(self-incompatibility ; 암수 양성의 생식기관이 동시에 성숙하여도 수정이 정상으로 이루어지지 않으므로 종자형성 전에 타가수분이 되도록 적어도 2개체의 식물이 접근해서 생육해야만 한다.)이기 때문이다. 또한 고구마 괴근은 바닷물에 상하기 쉬워 운반되어 살아남는 것은 어렵기 때문이기도 하다.

고구마의 분포는 폴리네시아와 남아메리카 사이에 콜럼버스 발견 이전에 교류가 있었다는 것을 시사하며 많은 연구자는 그러한 관계를 타당하게 보고 있다. 그러나 이러한 교류는 예외적인 일이다.

폴리네시아와 남아메리카의 교류수단에 관해서는 두 가지 상반되는 설이 있다. 하나는 폴리네시아인이 남아메리카로 배를 타고 가서 고구마를 가져와서 심었다는 설이고, 다른 또 하나는 남아메리카의 인디언이 고구마를 폴리네시아로 운반하여 그 곳에서 살았거나 폴리네시아인에게 고구마를 주었다는 것이다.

두 가지 설, 모두 가능성이 있는 증거가 있어 만일 그 지간에 연속적인 교류가 있었다는 것을 규명할 수 없었다면 전혀 문제가 되지 않았을 것이다.

우선 처음에 폴리네시아인이 운반했다는 가능성을 검토해 보자. 만일 폴리네시아인이 남아메리카로 항해하였다면 적어도 14세기 이전이었을 것이다. 그들이 긴 항해를 했다는 기록 — 예를 들어, 타히

폴리네시아인의 쌍척 카누
(C. S. Coon : The History of Man, 1955년에서 인용).

티섬에서 하와이로 이주(그 유물이 방사성탄소에 의한 연대측정에서는 서력 740년 이전에 도달했다는 것이 입증되어 있다) — 은 있으나, 남아메리카로의 여행은 그들에게 있어 너무 터무니없는 긴 항해였을 것이다. 남미에 가장 가까운 폴리네시아인의 거주지로서 알려진 이스터섬에서 페루까지만 해도 2200해리(4075km)이다.

그러나 폴리네시아인은 이러한 항해를 태평양의 다른 장소에서 해내었다. 이러한 항해에 네모진 돛을 단 쌍척 카누를 사용하고 많은 사람이 노를 젓는 방법을 택하였다. 그 카누의 선체는 줄기 속을 파내어 만들고 가벼운 재질의 판으로 두 척을 잇고 그 위에 오두막집을 지었다.

폴리네시아인이 고구마를 폴리네시아의 몇몇 섬에서 하와이로 운반한 것은 의심할 여지가 없다. 그들은 토란(*Colocasia esculenta*)과 기름나무의 일종인 *Aleurites molucana* (candlenut, 대극과에 속함) — 이 나무는 횃불을 피우는데 사용하는 유성의 열매가 달린다 — 도 운반하였다. 그들은 또한 풀로 만든 스커트의 원료로서 잘 알려진 천년목(*Cordyline terminalis*)도 운반하였다.

만일 폴리네시아인이 남아메리카에 도달했다면 아마도 남아메리카의 인디언과 싸워 습격한 마을에서 고구마를 손에 넣고 포로로부터 이름이나 관계되는 정보를 얻었으리라 보아진다. 그들이 이 때, 다른 경제 작물을 받아들이지 못했다고 여겨지는 것은 그것이 선대이며 인디언과 적대관계에 있었다는 데 기인한다.

폴리네시아인은 많은 전통적인 민화를 후세에 전하고 있으나 기이하게도 역사에 이러한 사건의 기록은 없다. 이것은 타히티에서 하와이로의 이주항해가 1000년 이상이나 그전에 이루어졌음에도 불구하고 그런 사실이 민화 속에 잘 남아 있는 사실과 대조해 볼 때 특히 주목할 가치가 있다.

다음에 두 번째 설, 즉 페루의 인디언이 폴리네시아로 고구마를 운반하였다는 가능성도 충분히 타당성 있다.

역사상 어느 시기에 페루의 고유문화가 번성하였다는 것과 이 시대의 페루 인디언은 연안화물수송을 위해 발사재로 정성들여 만든

페루의 인디언이 사용한 발사 뗏목
(Benzoni 1565년의 판화에서).

뗏목을 사용하였다는 것은 잘 알려져 있다.

벽오동나무과에 속하는 발사(balsa, *Ochroma lagopus*)는 가벼워 세계에서 가장 부력이 있는 재로서 내수성이 있고 흡수성이 적다.

돛대에 노를 젓는 페루인의 발사뗏목은 여기저기를 항해하고 다녔으므로 폴리네시아까지 항해하지 못했다는 아무런 이유도 없다.

이런 가능성은 1947년 발사 뗏목인 콘티키호(Kon-Tiki)를 타고 하이에달(Heyerdahl)의 서사시적 탐험이 이루어지기 이전에도 제언되고 있었다. 병이나 표류선이 이러한 루트로 움직였다는 것이 알려져 있다.

지금까지 실증되지 않은 것은 첫째로 발사 뗏목이 그처럼 오래도록 바다에 떠 있을지의 여부, 둘째로 페루인이 이러한 항해를 한 동기는 무엇일까 하는 것이다. 하이에달은 그 항해가 뗏목으로 가능하다는 것을 증명하였으나, 왜 그러한 항해를 하였으며 또한 왜 고구마만 이 루트로 운반되었는가에 관해서는 여전히 충분한 이유를 알지 못한다. 그러므로 폴리네시아인이 고구마를 남미에서 갖고 왔는지, 페루 인디언이 폴리네시아로 운반하였는지는 확실하지 않지만 아마도 양측에서 항해가 이루어졌을 것이다.

결론적으로 만일, 고구마가 1492년 이전에 아메리카인디언과 구세계 사람들 간에 접촉한 증거를 줄 수 있다면 그 자료는 중요한 문화 교류의 열쇠가 되며 혹은 구세계의 문화가 신세계로 아주 깊숙이 침투하였다고도 말할 수 있으나 현재로는 곤란하다.

그러나 인간과 관계가 있었던 식물의 역사를 재편성하려는 데는 여러 가지 어려움이 수반하는데 그 하나의 해결로 이 문제를 탐색하는 것은 가치가 있다.

낙화생

또 하나의 흥미로운 사례는 콩과의 낙화생(Arachis hypogaea)이다. 노랑꽃이 피면 꽃줄기가 자라서 5cm 지하에 파묻혀 열매를 맺는다. 어떤 경우는 열매가 지중화해서 생긴다.

열매는 긴 타원형으로 보통은 한 열매에서 4개 — 그 수는 품종에 따라 다르다 — 의 종자(이것이 peanuts 이다)를 함유한 갈라지지 않는 꼬투리로 되어있다. 종자는 저장전분 외에 세포내에 유적을 함유하며, 이 기름은 요리용이나 샐러드유와 같이 현재 마가린의 제조에 사용되고 있다.

낙화생
Arachis hypogaea, 꽃의 씨방자루가 신장하여 땅속에 파묻혀 거기에서 과실이 발달한다.

남아메리카가 낙화생의 원산지이나 현재는 인도, 중국, 서아프리카 열대지방의 각지에서 널리 재배되며 또한 온난한 미국 동남부도 중요한 산지가 되어있다.

낙화생은 재배종만이 알려져 있으나 낙화생속(*Arachis*)의 근연종은 모두 남아메리카에 자생하고 있고 낙화생의 유물은 고대 페루의 묘지에서 발굴되었다.

구세계의 낙화생분포는 콜럼버스 이전에 생겨났을까. Havard 대학의 식물학자 O. Ames 는 고대 페루의 유적에서 출토하는 낙화생과 똑같은 꼽추모양의 것이 현재 페루보다는 중국 남부에서 재배되고 있는 것을 관찰하였으며, 최근의 연구자들은 이 꼽추모양의 낙화생이 콜럼버스 이전에 중국으로 도착했다고 주장하고 있다.

그러나 낙화생속의 분화의 중심지는 브라질이며 이로써 낙화생의 세계적 분포는 포르투갈인에 의해 이루어졌으리라 추측된다. 희망봉을 돌은 바스코 다 가마의 항해 후, 인도로의 두 번째 항해는 1500년으로, 리스본에서 브라질로 가서 희망봉을 돌아 인도의 고야에 이르렀다. 1516년에 포르투갈인은 중국의 광동에 왔고, 후에 홍콩의 남쪽 마카오에 식민지를 세웠다.

이렇게 꼽추형의 낙화생은 아주 초기에 남중국에 도달했다고 볼 수 있다. 사실 그러한 모양의 낙화생은 현재 이런 모험이야기의 출발지로 여기는 브라질에서 발견되고 있다.

옥수수

옥수수에 대해서는 따로 상세하게 이야기하겠지만 아주 전형적인 신세계의 곡물이다. 옥수수의 가장 오래된 유물은 수천년 전, 멕시코에서 발견되었다. 지금까지 알려진 가장 오래된 옥수수의 이삭은 현재 재배되고 있는 것과 비교하면 아주 작은 폭립종이다.

유명한 미국의 민족식물학자 E. Anderson은 작은 이삭이며 폭립종인 옥수수가 아샘의 나가 구릉지에서 지역부족에 의해 재배되는 것을 관찰하고 구세계의 이 지역이 옥수수의 기원지라고 제언하고 있다. 만일 그것이 사실이라면 옥수수는 수천년 전에 태평양을 건너 신세계에 운반된 셈이 된다.

그러나 대부분의 학자들은 이러한 아시아에서의 옥수수 원시형의 존재는 콜럼버스이전의 시대에는 있을 수 없다고 믿고 있으며, 그것은 스페인인이나 포르투갈인에 의해 신대륙 발견 후 급속히 아시아에 도입된 것으로 보고 있다.

그렇다면 이러한 옥수수의 원시형은 어떻게 아시아의 벽지에 도달하였을까.

E. D. Merrill 은 낙화생을 아시아에 운반한 것과 같은 항해가 옥수수의 분포에도 해당한다고 믿고 있다. 리스본에서 브라질을 경유하여 희망봉을 돌아 아시아로 향한 포르투갈인의 통상항로는 1500년에 시작하여 1650년에 걸쳐 이어졌다.

오늘날 아샘에 분포되어 있는 것과 같은 형을 포함한 옥수수의 폭

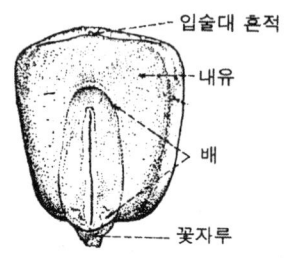
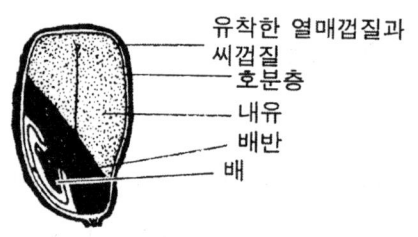

옥수수 열매의 외관   옥수수 열매의 단면도

발종이 브라질 동부에서 발견되는 것도 주목해야 한다.

또한 옥수수는 중국으로 16세기나 그 후에 전혀 다른 루트로 운반되었다. 첫째 루트는 이미 설명했듯이 포르투갈인에 의해 남아메리카에서 대서양, 인도양을 건너 이루어졌다. 두 번째 루트는 스페인인에 의해 멕시코에서 필리핀으로, 그리고 중국으로 건너간 루트이다.

세 번째로 생각되는 루트는 부분적인 육로에 의한 것으로 신세계에서 대서양을 건너 스페인으로, 지중해 동부로, 거기에서 마르코 폴로가 먼 옛날에 이용한 오래된 실크로드를 따라 대륙을 경과한 것이다.

모든 재배식물과 같이 옥수수도 여러 시대에, 여러 방법으로 그 분포를 넓혀 오늘에 이르렀다. W. D. Stanton은 서아프리카 해안의 가까운 삼림지대에는 대서양을 건너 도입된 브라질형의 옥수수가 대단히 많은 한편, 사바나 북부지대에는 지중해지역에 운반되고 아랍 상인에 의해 아프리카를 종단한, 이른바 아랍형 옥수수가 많은 것을 지적하고 있다.

옥수수가 어떻게 전파되었는지는 상관없이 콜럼버스의 발견 이전에 신세계 이외의 어디인가에 이 식물이 널리 퍼져 있었다는 확실한 증거는 없다.

솜

마지막으로 솜에 대해서 이 종의 복잡한 문제를 다루지 않을 수 없다. 현재 동반구 또는 서반구의 어디서나 재배되고 있는 솜이 콜럼버스이전에 양 반구에서 실제로 재배되었다고 알려진 바는 없다.

그러나 여기에는 이 종에 관해 생각할 수 있는 몇 가지 유전적 구성에 관한 문제가 있으며, 또한 현재의 면섬유를 공급하는 모든 재배종이 인간의 손으로 만들어졌다는 것을 보여준다.

솜의 모든 종은 아욱과의 솜속(Gossypium)에 속하며, 그 종자는 삭과(蒴果)로 알려져 있는 과실속에 생긴다. 종피에서 단세포의 털이 생장하고 후에 그 세포 내용물이 없어져 흔히 면섬유로 불리는 것이 된다.

면섬유에는 면모(lint)로 알려져 있는 긴 섬유와, 지모(fuzz)인 짧은 섬유의 두 종류가 있다. 각각의 섬유는 셀룰로오스의 원통모양을 한 여러 층으로 되어 있으며 건조하면 서로 꼬여 합쳐진다. 시판되는 면모는 지모

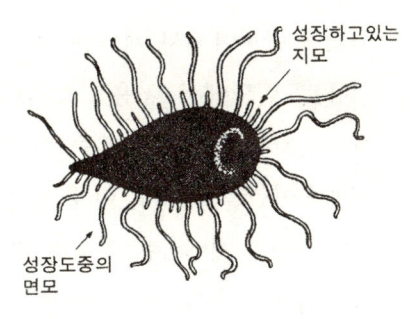

익기 전의 솜 씨의 횡단면.
젊은 지모와 면모를 나타낸다.

에 대한 면모의 비율이 높고, 섬유색은 연한 갈색을 띠었다기보다 오히려 백색이다.

호주, 아시아, 아프리카, 아메리카 대륙에 알려져 있는 야생솜의 종은 다년생이고 내건성의 관목 혹은 소교목으로 사막주변의 건조한 하상이나 바위가 많은 구릉지에 생육한다.

솜이 재배되고 그 솜에서 얻은 섬유로 실을 뽑고 천을 짜게 된 것은 4500년전의 일로서 페루와 아시아의 인더스 계곡이 발상지라고 한다.

재배종과 야생종은 분류학자에 의해 매우 일치된 의견 하에 지리적 분포, 형태, 염색체 등의 형질에서 일곱 가지의 군이 분류되어 있다. 그 중에서 야생종은 두 군이 재배솜과 공통의 조상형을 갖는 것으로 흥미로운 존재다(재배솜은 제 3의 군에 들어있다).

1947년 Joseph Hutchinson경에 의해 제창된 솜속의 타당한 분류체계에서 제 7절(節, section)의 *Herbacea*에 있는 구세계의 열대지방에서 야생 또는 반야생하는 2종에서 구세계의 재배솜이 유래한다.

그중의 하나가 *Gossypium arboreum*로서 고대 아프리카에서 도입되어 아시아에서 재배한 작은 나무이다. 아마도 이 종으로부터의 섬유로 인도에서 처음으로 실을 뽑았다고 보아진다. 제 2의 종 *Gossypium herbaceum* 는 아마도 아프리카 기원으로 세계 최초의 재배솜이었을 것이다. 현재 이 종은 아시아에서 널리 재배되고 있다.

아시아의 재배솜은 야생의 것에 비해 거의가 1년생이다. 또한 신세계의 재배솜과 비교하면 면모가 적고 지모가 많다. 세포학적으로는 13쌍의 큰 염색체가 있는 것이 특징이다. 유전학으로는 이러한 2조의 염색체는 AA로 표시되어 있으며 이러한 염색체조의 수가 2개

있는 식물을 2배체라 부른다.

다음에 문제되는 것은 제 3절 *Klotzschiana*에 속하는 것으로, 갈라파고스 군도, 남아메리카 대륙, 중앙아메리카, 북한계가 아리조나주까지의 북아메리카에 분포하는 야생종이 포함된다. 1종은 페루산의 *Gossypium raimondii* 로 지모만이며 면모는 없으나, 다른 여러 형질에서 보아 현대의 신세계 재배솜과 비슷하다고 보고 있다. 제 3절의 모든 종은 작은 13쌍의 염색체로 된 2배체이며 이러한 2조의 염색체는 DD로 표시되어 있다.

세 번째로 고려해야 할 것은 제 8절의 *Hirsuta* 이다. 여기에는 신세계의 재배솜이 포함되는데 현재 세계 솜의 주요 공급원은 이 군이며, 미국 남부의 여러 주, 캘리포니아, 남아메리카, 또는 구세계로 옮겨져 러시아, 이집트 및 수단이 주산지이다.

그 하나는 이른바 '육지면'(American Upland cotton)이라 불리는 *Gossypium hirsutum*로서 중앙아메리카 기원으로 약 2.5cm길이의 면모인 것과, 두 번째 것은 '해도면'(Sea Island cotton) 또는 '이집트면'(Egyptian cotton)이라 불리는 *Gossypium barbadense*이다. 후자의 종은 남아메리카의 열대지방에 토착한 것으로 보여지나 서인도제도에 전파되어 그곳에서 사우스 캐롤라이나와 죠지아주에 도입되었는데, 이것이 '해도면' 이란 이름의 유래이다. 종자의 면모 길이는 5cm나 된다.

위의 2종은 아메리카 대륙이 기원이란 것은 거의 틀림없으나 최근까지 야생상태로는 발견되지 않았다. 양자 모두 다년생과 1년생의 것이 있으며 특징은 4배체로서 이것은 26쌍의 염색체 — 앞에서 말한 솜의 2배 — 를 갖고 있다는 것을 의미한다. 13쌍의 큰 염색체(AA)와

13쌍의 작은 염색체(DD)를 갖고 있으므로 그 염색체구조는 AADD로 되어 있다.

염색체에서 이러한 차이의 중요성은 큰 염색체(AA)의 솜이 신세계에 유래하는 것이 알려져 있지 않고, 작은 염색체(DD)를 갖는 솜이 구세계에 생육하지 않는 점에서 *Hirsuta*절의 4배체 솜은 신세계와 구세계의 종이 교잡하고 이어서 염색체의 배가가 일어났다고 보아진다.

목화(*Gossypium hirsutum*)의 꽃과 잎

이 가설은 동일한 조합의 잡종을 인위적으로 만들어 염색체를 배가시키면 합성한 *Hirsuta*형이 생기는 것으로 실증되어 있다.

언제 어떻게 해서 이런 교잡이 일어나 현재의 4배체 솜이 생겼는지는 여전히 모른다. 4배체의 종은 페루의 고고학적 유적에서 많이 발견되었다. 실제 페루의 치마카 계곡에서 발견되었다는 가장 오래된 유물의 연대는 기원전 3000년으로 알려져 있다. 이것은 가장 오래된 것으로 기록되어 있는 구세계의 솜과 비교할 수 있다.

분명히 포르투갈인, 스페인인이 두 종류를 도입하여 신세계에서 교잡시켰다고는 말할 수 없다. 그러므로 이러한 솜의 교잡은 콜럼버스 이전의 시대에 이루었다고 결론지우지 않을 수 없다.

만일 교잡이 아시아에서 일어났다면 작은 염색체(DD)를 가진 2배체와 4배체(AADD)는 그 이후 아시아에서 절멸하고, 4배체는 아시아에서 절멸하기 전에 아메리카 대륙에 이주해야만 한다. 이러한 일은 있을 수 없으므로 교잡은 아메리카 대륙에서 일어났다고 보는 것이 간단하다.

만일 AA염색체조를 갖는 2배체의 솜이 자연적으로 구세계에서 신세계로 전파하였다면 남쪽으로는 남극대륙을 통해, 또한 북쪽으로는 현재의 베링해협을 횡단하여 육지가 이어졌던 과거의 어느 시대에 이주했음이 틀림없다고 본다.

그러나 이러한 지역의 어디엔가에 야생의 솜이 살 수 있는 온화한 반 사막형의 기후가 있었는지 그 여부는 의심스럽다. 솜은 바닷가의 식물이 아니므로 종자나 과실이 해류에 의해 운반되리라고는 식물학자들도 진정 생각하지 않는다.

그러므로 가장 타당하다고 보는 견해로서, 어떤 유목인이 콜럼버스 시대이전에 구세계에서 면모가 있는 2배체의 솜종자와 함께 신대륙에 도달하고 그 곳에서 파종했다고 본다. 그렇게 도입된 식물의 자손은 오랫동안 그 곳에서 생육하여 신세계의 2배체와 교잡하는 기회가 충분히 있었으므로 AD의 염색체로 구성된 잡종이 생기고 염색체 수가 배가하여 AADD의 4배체가 생겼을 것이다.

구세계의 솜은 아마도 새로운 4배체보다 가치가 적어 이용하지 않았으므로 자연히 절멸하지 않았을까. 이처럼 인간에 의한 교류는 대서양을 넘고, 태평양을 넘을 수 있었다고 본다.

그렇지만 멕시코 남부에서의 고고학적 자료에 의해 야생 4배체의 솜이 재배화되기 전부터 존재했다는 것이 알려져 중요한 변화를 일으켰다. *Gossypium hirsutum* 은 현재 카리브해의 여러 섬이나 멕시코의 유카탄반도에서 야생의 것이 발견되고 있다. *G. barbadense*는 분명히 야생상태로 에콰도르나 페루의 해안에 생육한다. 신세계의 제 3의 종인 *G. caicoense*가 브라질의 리오 그란떼 드 노르테에 자생하고 있으나, 이 종에 대해서는 아직 잘 모르고 있다. 이러한 모든 증거는 인간이 4배체 솜의 기원에 관계하지 않았으나 *G. hirsutum*과 *G. barbadense*를 신세계에서 따로 재배화하였다는 것을 보여주고 있다.

솜의 유전학자 스테헨스는 야생 4배체 솜의 미열개 삭과나 결실종자가 바닷물에 떠서 꽤 오랜 기간 생활력을 유지한다는 것을 확인하였다. 그러므로 2배체(AA) 솜의 종자가 구세계에서 신세계로 대양을 횡단하여 표류할 수 있었다는 것도 충분히 고려할 수 있다.

Hirsuta 절에는 제 4의 확실한 야생종이 있는데 오랫동안 이 종의 존재는 솜이 대양을 횡단하려면 인간에 의해 운반되어야 한다고 주장하는 사람들의 고민거리였다. 그것이 바로 *G. tomentosum*로서 하와이 제도에 한하여 생육하고 있다. 짧은 갈색의 쓸모없는 면모가 있으나 *G. hirsutum*과 같은 조상을 가진 것으로 여겨진다.

야생의 솜이 대양을 횡단하는 능력이 있다는 것을 입증이라도 하는 듯 하와이 제도에 자생하고 있다. 이 종은 멕시코 혹은 중앙아메리카의 야생 조상형에서 유래했을 것이다.

스테헨스는 재배종 솜은 야생종 솜만큼 널리 전파하는 힘이 없다고 강조한다. 그 이유는 재배종의 종피가 얇고 긴 면모가 얽혀 종자 산포를 방해하기 쉽기 때문이다.

신세계에 있어서의 4배체 솜의 기원을 해명하려면 아직 몇 가지 어려움이 있으나 적어도 이 4배체가 어떻게 대서양을 건너 아프리카에 전파되어 유명한 '이집트면'이나 '수단면'이 되었는가를 알고 있다.

18세기에 신세계에서 돌아온 노예상인이 서아프리카에 신세계의 것보다 나은 솜을 운반하여 토착의 2배체 솜보다 얼마나 뛰어났는가를 보여주었다. 19세기에는 이 4배채 솜이 서아프리카에서 아랍인에 의해 수단, 이집트, 에티오피아로 운반되었다. 특히 수단에서는 짧은 면모의 2배체와 대체되어 면산업의 기초를 확립하였다.

맺음

콜럼버스 이전의 시대에서의 신세계와 구세계간 문화교류의 가능성에 대한 논의를 요약해 보자.

야자나무와 표주박은 부적당한 예라고 할 수 있다. 낙화생과 옥수수는 아마도 콜럼버스의 시대 이전에는 신세계에 한정된 것이었을 것이다. 고구마는 어느 정도의 교류가 있었다는 것을 보여주고 있으나 남아메리카와 폴리네시아간의 교류에 한정되어 있다. 솜의 역사는 아메리카 대륙과 아시아나 아프리카간의 한정된 교류를 나타내는 것과 같이 보이나 그렇지는 않을 것이다.

이렇게 보면 현재로는 신세계의 재배식물이 콜럼버스 이전의 시대에 아메리카 대륙과 구세계의 사이에서 중요한 문화교류가 있었다는 믿을 만한 기초를 제공한다고 말하기란 어렵다. 1492년 이후 구세계, 신세계의 재배식물이 각각 반대쪽 반구로 퍼져나간 속도를 고려하면 초기시대에는 지금까지 자신들이 갖고 있지 않았던 식물을 사람들이 예상 이상으로 높이 평가하여 확산시켰다고 볼 수 있다.

5

벼와 밀 - 필수식물

> 벼과를 볼 수 없는 장소란 지상에는 없다.
> 주요 작물이 벼과라면 주요 잡초도 벼과이다.
> 우리가 흔히 보는 밀이나 벼는
> 우리들 조상의 손으로 긴 세월에 걸쳐
> 개량 발전시킨 땀의 결정이다.
>
> - N.P. 아브들로브 -

아시아의 농경
— 벼의 시작

사바나 농경문화는 건조한 열대인 사바나 지대에서 여름의 몬순 우기에 생육한 벼과식물의 초본에서 낟알을 채집하여 식용으로 하는데서 시작하였다. 그러한 야생 벼과식물의 낟알을 식용으로 한 사람들이 사바나 지대를 떠나 비가 많은 지대로 이동하니 거기에는 지금까지의 건조한 사바나와는 다르게 먹을 수 있는 습생 벼과식물의 자연 군락을 대하게 된다.

이들 식물 중에서 특히 우수하여 인간에 의해 선택되고, 논이라는 새로운 땅에서 재배하게 된 잡곡이 바로 벼인 것이다.

따라서 아프리카와 인도의 양쪽에 걸친 사바나 주변, 즉 그 양단인 인도의 동부와 아프리카의 황금해안에 가까운 서아프리카의 양쪽에서 각각 독자적으로 벼라는 작물이 개발되었다는 역사는 충분히 타당성 있다.

서아프리카에서 독립적으로 개발된 벼는 오리자 글라베리마 (*Oryza glaberrima*)로 불리는 것으로 서아프리카 특산이며 니젤강 중류 지방의 습한 지역에서 재배되고 있다.

아프리카는 원래 순수한 야생벼류가 많아 채집, 이용되었다는 많은 보고가 있다. 그 상태는 사바나에 자라고 있는 야생의 벼과식물 열매를 채집, 이용한 것과 똑같은 현상이다.

농경문화의 기본 유형으로서는 다른 잡곡의 경우와 같은 범주에 속하는 것이다. 그러므로 벼는 무엇인가 다른 문명요소와 복합한 잡곡농경으로 구별할 아무런 이유도 없으며 벼는 습지생의 잡곡의 하나이다.

아시아의 경우는 약간 복잡하지만 기본을 분석해 보면 역시 아시아에서도 벼는 여름 농사의 잡곡류로 다른 잡곡에서 벼를 뚜렷하게 구별할 이유는 없다. 이른바 '도작문화'란 아시아적 개념은 존재하지 않는다.

아시아가 원산지인 벼 (*Oryza sativa*)는 그 원산지가 인도 동부라는 설과 연구자에 따라 중국 기원설, 인도차이나 반도 기원설, 인도 기원설 등 매우 다양하다. 이러한 여러 설의 기원지 중에서 습지에 생육하는 야생의 잡곡을 현재까지 채집 이용하고 있다는 벼 식용화의 기원과 직접 연관되는 것을 지적하면 그것은 당연히 인도로 귀착한다. 또한 순수하게 식물학적으로 보는 벼의 기원지로서 가장 유력한 지역과도 일치하므로 벼는 인도에서 기원하였다고 보아진다.

인도에서 현재 채집하여 식용하고 있는 야생의 습지생 벼과식물이 의외로 많다. 습지나 수생이라는 벼과의 야생종 중에서 세계적으로 가장 현저한 것은 줄속(Zizania)에 속하는 종류로 인도에서 식용되고 있으며 중국의 장강 지역에서도 기원전경, 오나라와 월나라에서 줄을 식용으로 하였다는 기록이 있다. 줄이 식량으로서 가장 큰 의의가 있었던 것은 북아메리카이며 그것은 wild rice란 이름으로 현재까지 식용하고 있다.(31쪽 그림 참조)

성경에서도 줄과 벼에 대한 기록이 없는 점으로 보아 인도 서해안 일대 아시아 지역이 발생, 전파의 연원으로 보이며, 인도에는 많은 습지와 야생 잡곡이 있으니 그 이외의 동남아시아국가에서는 거의 이런 예를 볼 수 없다는 것은 벼 재배화의 기원지로서 인도를 유력시할 주요 이유이기도 한다.

더욱 흥미로운 것은 현재의 도작농업의 잡초인 야생잡곡이다. 이 중 우두머리격인 것은 두말할 나위도 없이 피 종류이다. 동남아시아에서 재배벼가 전 세계에 전파하는 것과 더불어 그것에 수반하여 피가 전 세계의 논으로 퍼져 잡초가 되었다. 유럽의 신석기 시대에는 피가 없었으나, 그 후 유사시대에 유럽까지 야생식물로서 침입하였다고 한다.

벼의 시작은 무엇보다도 이러한 일군의 습지생 야생식물을 잡곡으로서 처음 채집, 이용하던 중 선택되어 재배된 것이라 보아야 할 것이다. 또한 아시아의 줄 류도 잘 자라고 길고 큰 열매를 용이하게 수확할 수 있었지만 다년생인 까닭에 재배식물로서 개발되지 않고 끝나버렸다.

재배벼의 개발
－10억의 식량

아시아에 원산한 재배벼가 어떤 야생식물에서 어떤 경과를 거쳐 재배화되었는가 하는 문제는 현재 최종적으로 분명해졌다고는 말할 수 없는 상태이다. 그러므로 이 문제에 대해서 좀 구체적으로 이야기해 보자.

재배벼는 모두 1년생 식물로 재배되며 1년생 식물이라 불리는 성질로 되어있다. 1년생 식물이란 식물의 생활형을 나타내는 말로서, 1년 이내에 발아, 서장, 개하, 결실을 보고 식물체가 고사하는 것으로 Raunkiaer의 생활형분류에서 하생 1년생 식물(*therophyte*)이라고 한다.

야생종으로 인도에서 타이완에 이르는 지대에 1년생의 야생형 벼가 있다. 이 식물의 학명은 여러 가지 동의명이 있으나 여기서는 오리자 파투어(*Oryza fatua*)로 부르기로 하자. 재배종은 물론 오리자 사티바(*Oryza sativa*)인데 이 두 종은 매우 비슷하다.

파투어는 줄기 높이나 줄기와 잎의 상태가 재배종인 사티바와 동일하지만 줄기가 곧게 서기보다는 약간 비스듬히 옆으로 벋는 성질이 재배종과 구별되는 기준이 될 정도이다. 이삭의 모양도 재배종과 같고 볍씨에 붉은 긴 까끄라기가 있는 것이 특징이면 특징이라 할 수 있으나, 이런 형질은 재배벼의 품종에서 흔히 볼 수 있다. 볍씨의 크기도 사티바의 잔 알(영과) 보다 크고, 사티바의 큰 알 보다는 작다. 다시 말해 파투어의 볍씨는 크기로는 재배벼와 구별할 수 없다.

야생형의 벼와 재배벼를 결정적으로 구별할 수 있는 점은 볍씨가 익으면 이삭축에서 뿔뿔이 흩어져 떨어지는 점에 있다. 또 하나의 차이는 야생형의 벼는 농민에 의해 재배되지 않고 논 가장자리나 도랑이나 못가 등에 자생하며 때로는 재배벼 속에 잡초로서 자란다. 즉, 다른 야생형과 동일한 식물이며 야생적 성질이 있다.

예를 들어, 씨를 뿌리면 발아가 일정하지 않고 완만하게 개화의 차이가 있으며 이삭이 패는 기간도 길고 불규칙적으로 느긋느긋하므로 일제히 이삭 패었다 일제히 성숙하는 재배벼와는 크게 다르다.

그러나 이러한 오리자 파투어는 재배벼와 자유롭게 교잡할 수 있으며 그 자손도 정상으로 생육한다.

이러한 점들을 전부 종합하면 의외로 간단한 결론을 얻게 된다. 인간은 처음에 야생의 오리자 파투어의 씨(열매)를 채집하고(지금도 인도의 일부에서 이루어지고 있다), 그것으로부터 재배벼를 개발하였다고 볼 수 있다. 이 설명은 양방의 유전성으로 보아도 전혀 무리가 없어 벼의 시작(기원)문제는 해결되었다고 해도 무방할 것 같다.

그러나 이러한 사고에도 다른 어려운 문제가 남아 있다. 그것은 오리자 파투어라는 식물이 진정으로 야생식물인지의 여부이다. 동일종의 식물로서는 가령 원산지가 아주 멀리 떨어져 있다 해도 가늠하기 어려울 정도의 차이가 있기 때문이다.

이 차이의 원인은 오리자 파투어는 생육지 주변에 있는 재배벼와 자연 교잡하여 야생적으로 생육하여도 그 중의 유전자는 재배벼에서 받아들인 것이 있다. 즉 오리자 파투어란 순전한 야생식물이 아니라 재배벼와의 '혼혈아'인 점이다. 그렇다면 순혈의 오리자 파투어가 예전에는 있었으며 지금도 어디엔가 남아 있다고 추정할 수는 있으나, 현재로서는 벼 연구자의 어느 누구도 '순혈종은 이것이다.'라고 명확하게 단정짓지는 못한다.

인도, 동남아시아에는 또 하나의 재배벼의 근연종이며 의심할 바 없이 야생식물인 오리자 페레니스(*Oryza perennis*)라는 식물이 있다. 이것은 다년생 식물로서 재배종과는 매우 다른 성질의 것이다. 오리자 페레니스는 부도성(浮稻性)이란 성질이 있어 몬슨 우기에 깊게 물이 고인 장소에서 잘 자라고, 우기에 이르러 물이 증가하여 깊어지면 마디 사이가 길게 늘어나 못 흙 속에서 3m나 수면위로 생육한다. 물론 뿌리는 흙 속에 있으나 물속의 마디에서도 뿌리가 돋아있다. 이 식물의 잎은 재배벼보다 약간 가늘고 줄기도 가늘며 분지도 적고 열매(영과)도 느슨하게 달린다. 그러나 열매의 크기는 재배벼와 거의 같다.

이 군락을 보면 일반 사람들도 재배벼와 다르다는 것을 쉽게 알 수 있다. 이 오리자 페레니스는 재배벼와 자유롭게 교잡하며 그 자손은 생활력이 있다. 유전학적으로 서로는 매우 비슷한 것으로 순수한 야생식물인 오리자 페레니스에서 재배벼가 유도되었다 하여도 무리가 없다. 이러한 사고에 기초하면 오리자 파투어는 재배벼(*O. sativa*)가

페레니스에서 유도된 다음에 재배종과 페레니스와의 교잡한 자손에서 생겼다는 것이다. 이것은 실험적으로도 증명되어 있다.

벼과 이야기

벼과는 많은 민족에 의해 주식으로서 먼 옛적부터 이용해온 식물군이다. 벼과는 약 500속 8000여종 정도가 속하는 식물군이며 범세계적으로 분포한다. 열대지방과 계절적인 적절한 강우량으로 초지가 형성된 북반구 온대지방에 특히 다수의 종이 분화되어 있다. 실제로 벼과식물을 볼 수 없는 장소란 지상에는 없다.

메귀리 *Avena fatusa*

주요작물이 벼과라면 주요잡초도 벼과이다. 분포역이 넓을 뿐만 아니라 개체수도 많은 가장 번성한 식물군이기도 하며, 유사 이전부터 인간의 중요한 식량과 가축의 사료가 되었을 뿐만 아니라 문명의 발달과 더불어 다양한 종류의 가공품이나 현대 산업의 기초적인 식물재료를 제공하는 과이다.

벼와 보리, 밀, 메귀리, 호밀과 옥수수 등은 가장 중요한 주식류이다. 흔히 잡곡이라 불리는 조, 기장, 참피, 수수 등도 한 때는 중요한 주식이었으며 지금도 주식으로 하는 민족은 적지 않다. 사탕수수를 주식이라고 말할 수는 없으나 세계에서 가장 대량 재배되는 식물군의 하나인 것은 틀림없다.

벼과식물의 가장 많은 종류를 식용으로 하고 있는 지역은 아프리카의 사바나 지방이라 한다.

쇠풀속(*Andropogon*), 개솔새속(*Cymbopogon*), 기장속(*Panicum*), 수크령속(*Pennisetum*), 강아지풀속(*Setaria*), 바랭이속(*Digitaria*), 그령속(*Eragrotis*), 솔새속(*Themeda*), 쇄보리속(*Ischaemum*), 물뚝새풀속(*Sacciolepis*), 줄속(*Zizania*), 미꾸리꿰미속(*Glyceria*) 등 잡초라고 여기는 것들이 아프리카나 인도에서는 식용으로 사용하고 있다.

수수 Sorghum bicolor

벼, 밀, 옥수수 등은 그 중에서 선택되어진 인류의 진보와 밀착해 온 식물이다. 이처럼, 벼과는 가장 인류와 관계가 깊은 식물군으로 여러 분야의 연구에서 엄청난 양의 정보가 이 군에 대해서 집적되어 있다.

이렇게 볼때 벼과의 잔 꽃이나 꽃차례, 열매(영과)의 형태,

해부학적 기능이나 해석에 있어 지견의 차이가 많고 분류범주에도 다양한 이견이 있다. 염색체수, 핵형, 미세구조의 해부 및 생화학적 연구, 퇴화기관에 대한 진화계통학적 해석, 영과의 해부학, 특기 배분화 양식 등, 광범위하게 신구 연구결과를 종합 분석해야 할 분류군이다. 1, 2년생의 초본이 많고 꽤 넓은 범위에서 교잡이 이루어지고 있으며 종분화에 중요한 역할을 하고 있어 유전학 방법에 의해 가장 상세하게 또한 정확하게 계통관계가 파악되어 있는 무리도 있다.

벼과의 특징

예로부터 재배되어 온 인류에게 있어 가장 중요한 작물이 많은 것도 벼과식물의 특징 중의 하나이다. 여기서는 식물의 자연군으로서 벼과는 어떤 특징을 갖는 식물군인가를 알아보자.

벼과는 더없이 잘 통합된 자연군이다. 벼과의 종류를 식별하는 것을 귀찮고 어렵게 생각하는 사람이 많으나 어떤 식물이 벼과에 속하는지는 다소나마 식물을 이해하고 있는 사람이라면 누구든지 알 수 있다. 그 정도로 벼과란 뚜렷한 특징을 지니고 있다.

벼과는 잎과 줄기만으로도 우선 결정적인 인상을 준다. 잎은 가늘고 길며 끝이 뾰족하고 뚜렷한 평행맥이다. 억새 등이 자라는 풀밭을 헤매면 잎에 손이나 발이 베인다. 이것은 잎 가장자리에 가느다란 톱니가 있어 딱딱하며 식물체가 규산을 함유하고 있기 때문이다.

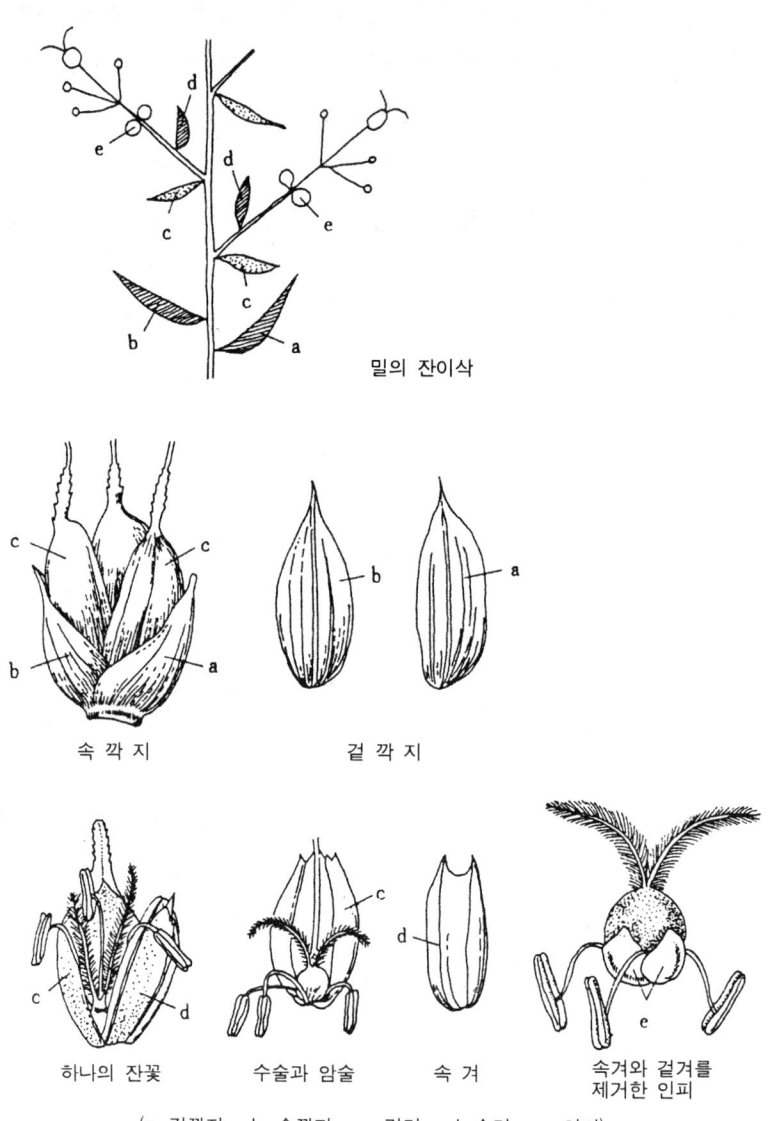

밀의 잔이삭

속 깍 지   겉 깍 지

하나의 잔꽃   수술과 암술   속 겨   속겨와 겉겨를 제거한 인피

(a. 겉깍지 b. 속깍지 c. 겉겨 d. 속겨 e. 인피)

벼과식물의 잔이삭 모식도

잎의 아랫부분은 보통 줄기를 싸서 잎집을 이루고, 잎집 부분과 잎몸의 경계에는 잎혀라고 불리는 작은 조각이 있는 것이 많다.

줄기는 뚜렷한 마디가 있다. 벼과만큼 줄기의 마디가 뚜렷한 종자식물은 없다. 줄기는 대부분 속이 비어 있으며 간(桿)이라 부르기도 한다. 보리류의 간은 스트로우라 하여 음료를 마실 때 사용하는 것은 누구나 알고 있을 것이다.

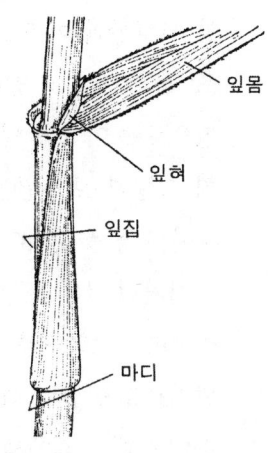

벼과식물의 잎 기부와 잎혀

잎은 두 줄로 줄기에 붙어있는 경우가 많다. 줄기의 밑부분은 다소 옆으로 기고 있으며 마디에서 뿌리가 돋는다. 쉽게 구부러지나 바로 다시 곧게 선다. 줄기가 바로 다시 서는 것은 대부분의 식물에서 성장하고 있는 줄기 선단부의 쓰러진 아래 부분이 위쪽보다 성장이 활발하기 때문이지만, 벼과에서는 이미 신장을 끝낸 오래된 부분에서도 다시 분열능력을 회복한다. 따라서 신장하는데 따라 끝에서 일어서는 것이 아니라 도중에 일어설 수가 있다. 이러한 것도 벼과의 특징 중의 하나라고 말할 수 있다.

벼과에서는 얼핏 보아 꽃처럼 보이는 것이 모여서 꽃차례를 이루는데, 이 꽃차례를 이루고 있는 것이 잔 이삭이라 하는 꽃의 모임이다. 이런 점에서 벼과는 국화과와 매우 비슷하다. 국화꽃은 실은 하나의 꽃이 아니고 잔꽃이 여럿 모여 있는 것임을 중학교에서 배운다. 국화과의 경우는 머리모양꽃(두화)이라 하는데 머리모양꽃이 여러 모양의 꽃차례로 모이는 것이다.

머리모양꽃의 겉쪽에는 꽃부리(화관)가 꽃잎모양으로 자란 혀모양꽃(설상화)이 있고, 안쪽에 대롱모양꽃(관상화)이 있어, 그것을 총포(總苞)가 덮고 있다. 얼핏 보아 혀모양꽃은 꽃잎으로, 총포는 꽃받침으로 보이고 꽃의 모임 전체가 하나의 꽃같이 보인다. 이것은 단순히 그렇게 보일뿐만 아니라 기능적으로도 하나의 꽃에 해당한다고 보아도 좋을 것이다.

이처럼 꽃의 모임이 하나의 꽃으로서 기능하는 것을 헛꽃(위화)이라 한다. 머리모양꽃은 전형적인 헛꽃의 일종이다. 국화과의 꽃은 일반적으로 곤충이 화분을 매개하는 충매화이며, 머리모양꽃의 형성은 충매에 대한 적응의 결과라고 여겨진다.

벼과의 잔 이삭도 헛꽃의 일종이다. 그러나 벼과는 충매가 아니고 바람에 의해 화분을 날리는 풍매이다. 잔 이삭은 풍매에 적응하여 특수화한 구조일지도 모른다.

벼과의 잔 이삭 구조는 매우 변화가 많아 벼과를 분류하는데 있어 중요한 형질이다. 기본적으로는 축에 포와 겨드랑이꽃(액화)이 달린 것으로 통상 최하위에 있는 한 쌍의 포에는 겨드랑이꽃이 달리지 않고 포영이라 한다. 겨드랑이꽃이 달리는 포를 외화영이라 한다. 위쪽으로 올라가면 퇴화하여 겨드랑이꽃이 달리지 않는 경우도 있다. 겨드랑이꽃의 축, 즉 잔축(소경, 小梗)에 부착된 소포를 내화영이라 한다. 그 위쪽에 한 쌍의 인편이 있는데 이것을 인피(鱗被)라 하며 보편적인 꽃의 화피(꽃덮이)에 해당된다. 그 위에 보통 3개의 수술이 있고 끝에는 암술머리와 암술대가 2개 있는 암술이 하나 달린다.

벼과는 식물학, 농학, 기타 여러 방면에서 많은 사람에 의하여 다루어졌기 때문에 꽃의 각부의 명칭은 위에서 말한 것이 반드시 결정적인 것이 아니다. 예를 들어, 포영을 피영, 또는 단순히 겨 또는 영이라고도 하며, 외화영은 겉겨, 외영, 호영, 내화영은 속겨, 내영, 내호영, 인피는 인영(鱗穎) 등으로 부르는 연구자도 있다.

잔 이삭을 구성하고 있는 꽃이나 영은 진화에 수반하여 단순화되어 각 부분의 수가 감소하고 꽃은 양성에서 단성으로 되었다. 잔 이삭의 부착방법이나 여러 가지 영의 성질, 수, 꽃의 수나 양성성, 단성의 구별 등은 벼과를 분류하는 중요한 특징이다.

벼과의 화분은 바람에 의해 운반된다. 하나의 꽃은 외영과 내영이 각각 1개씩 있고 열매는 통상 그것에 싸여 이른바 영과(과실)를 이룬다. 이러한 영과에 흔히 바늘 모양의 돌기물, 즉 까끄라기가 붙어 있다. 영과는 1개의 종자가 있고 갈라지지 않으므로 벼과의 과실로 다루어진다. 배유는 다량으로 존재하며 낟알의 전분질은 인류가 주식으로 이용한 부분이다.

배는 종자의 한 쪽 부분에 위치하며 크고 여러 구조가 분화하여 복잡하다. 대형인 배반이라 불리는 것이 배유와 접하고 그 반대쪽에 흔히 에피플라스트라고 불리는 작은 조각이 있다. 싹은 자엽초라 부르는, 마치 그 모양이 연필 뚜껑 같은 것에 싸여있으며 배반의 부착점과 자엽초의 부착점 사이를 중배축(中胚軸)이라 한다. 유근은 근초(뿌리집)라는 조직에 덮여 있다. 이 부분은 도대체 보통식물의 배에서 어느 부분에 해당하는 것인가 하는 문제는 예로부터 여러 가지로 논의되었다.

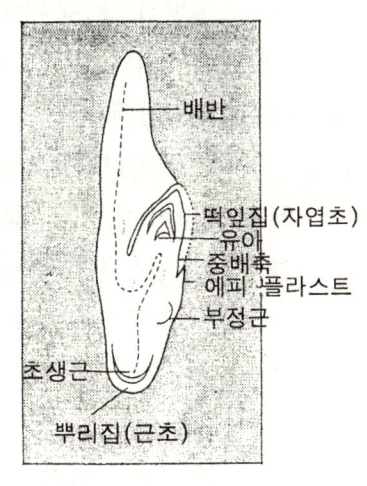

귀리속(Avena)의 배

지금까지 설명한 것과 같은 벼과의 구조도 배 자체가 분화하여 형성된 것이다. 이것이 어떠한 진화과정을 거쳤는지가 벼과의 계통을 고려하는데 있어 중요하다. 잔 이삭이건, 잎의 상태이건, 과실이나 배, 벼과의 여러 가지 특징은 보통의 피자식물에서는 거의 볼 수 없을 정도로 특수화하여 있다. 벼과는 지구상에서 가장 번영하고 있는 식물군이며 현재 진화의 선단에 있는 식물군이라 말할 수 있다.

피자식물에서의 벼과

벼과가 피자식물 분류계에서 자리 잡고 있는 위치는 어디일까. 여러 가지 논의가 있으나 계통에 따르면 단자엽식물강, 닭의장풀아강, 벼목으로 일반적으로 분류한다. 그 외에도 많은 분류체계가 있다.

앞에서 언급하였지만 벼과는 가장 진화한 식물군이다. 그렇다면 그보다 진화단계가 낮은 어떤 식물군에서 유래하였는지 알아보자.

우선 크게 쌍자엽식물과 단자엽식물의 차이부터 알아보자. 식물에 자엽(떡잎)이 한 개인 것과 두 개인 것이 있다는 것은 옛부터 알려져 있었다. 자엽의 수가 줄기의 해부학적 성질 등과 관련하여 식물계의 큰 자연군을 통합하는 중요한 특징이라는 것을 해명한 것은 17세기에 이르러 영국의 존 레이에 의해서였다.

제 2장의 테오플라토스에 대한 설명에서 그의 쌍자엽식물과 단자엽식물의 차이를 열거하였으나 전자는 엽맥이 망상, 후자는 평행맥

이라는 것은 죤 레이의 해부학적 지견과, 그 후에 여러 가지 증거가 추가되면서 현재 쌍자엽식물과 단자엽식물이 피자식물의 2대군이란 것은 의심할 여지가 없다.

그러나 단자엽식물에서 관다발은 줄기 속에 사재하며 체관부를 물관부가 포위한 것과 같이 되어있다. 만일, 물관부와 체관부의 경계에 부름켜가 생겼다 해도 이것으로는 규칙적인 비대성장이 될 까닭이 없다. 극히 예외적인 경우 이외는 단자엽식물의 줄기는 비대성장하지 않는다. 즉 단자엽식물은 풀로서 진화를 계속한 피자식물이라고 말할 수 있다.

쌍자엽식물에도 미나리아재비과나 매자나무과 등에서는 줄기에서의 관다발 배열이 불규칙적이고 물관부와 체관부의 경계면이 V자형으로 되어 물관부가 체관부를 안고 있는 것같이 되어 있는 것이 많다. 이것은 쌍자엽식물적 특징보다 단자엽식물적 특징으로의 이행단계에 있다고 볼 수 있다.

단자엽식물에는 잎이 크고, 발달한 지하경에서 뭉쳐 나거나 또는 줄기의 기부가 좁아지지 않고 칼집같이 줄기를 싸고 있는 것이 많다. 쌍자엽식물에서는 줄기에서 가지가 갈라지고, 작고 자루가 있는 잎이 많이 달리는 것이 많다. 즉, 줄기와 잎 하나하나의 비율을 비교하면, 쌍자엽식물은 줄기형이고, 단자엽식물은 잎형이라 말할 수 있다.

그리고 또한 지상부과 지하부의 비유를 비교하면 쌍자엽식물은 지상형, 단자엽식물은 지하형이라고도 말할 수 있을 것이다. 잎 하나하나가 크다는 것은 잎에서 줄기로 들어가는 관다발의 수가 많다는 것으로, 이것은 줄기 속에 관다발이 규칙적으로 일렬로 배열하는 것을 공간적으로 불가능하게 한다. 이러한 사실이 단자엽식물의 줄기에서 관다발의 배열을 불규칙하게 한 하나의 원인이라고 본다.

　개략적으로 말한다면 피자식물은 쌍자엽식물과 단자엽식물로 갈라져 지구의 서식장소를 갈라놓았다고 볼 수 있다. 즉, 쌍자엽식물은 2차 생장으로 줄기를 견고하게 하고 잎을 소형으로 하여 상하로의 공간을 점하고, 단자엽식물은 지하부를 확대하여 대형의 근출엽을 이루어 가는 듯이 지표를 덮어 나갔다.

　그 밖에 잎의 주맥이 평행하게 뻗어 상단에서 다시 합치는 점, 꽃 부분이 3 또는 그 배수인 경우가 많다는 것 등도 단자엽식물의 중요한 경향이다. 따라서 자엽을 보지 않더라도 해부, 엽맥, 엽초 등의 상태, 꽃의 수적 구성 등을 알아보면 문제의 식물이 쌍자엽식물인지 단자엽식물인지를 결정하는 것은 간단하다.

　벼과의 가장 특수화한 구조는 배이다. 배는 독특한 배기관으로 다음 그림에서와 같이 복잡하게 분화되어 있다. 일반적인 단자엽식물의 배하고 어떤 관계인가를 밝히는 것은 벼과의 위치를 생각할 때 중요하다.

　벼과의 배기관중 배엽은 관다발이 있고, 일반적으로 자엽 또는 자엽의 일부에 해당한다고 본다. 단자엽식물의 생활은 지표면과의 밀착 정도가 쌍자엽식물보다 강하고 종자가 발아할 때도 자엽이 지상으로 출현하지 않는 경우가 많다. 따라서 자엽은 광합성을 위한 기관이라기보다 선단을 종자 속에 남겨 배유에서 양분을 흡수하기 위한 기관인 셈이다.

　그러한 자엽은 백합과, 생강과, 닭의장풀과, 파인애플과, 기타 단자엽식물에는 극히 일반적이다. 그것이 다시 특수화한 것이 배반이란 견해에는 반론의 여지가 없는 것 같다.

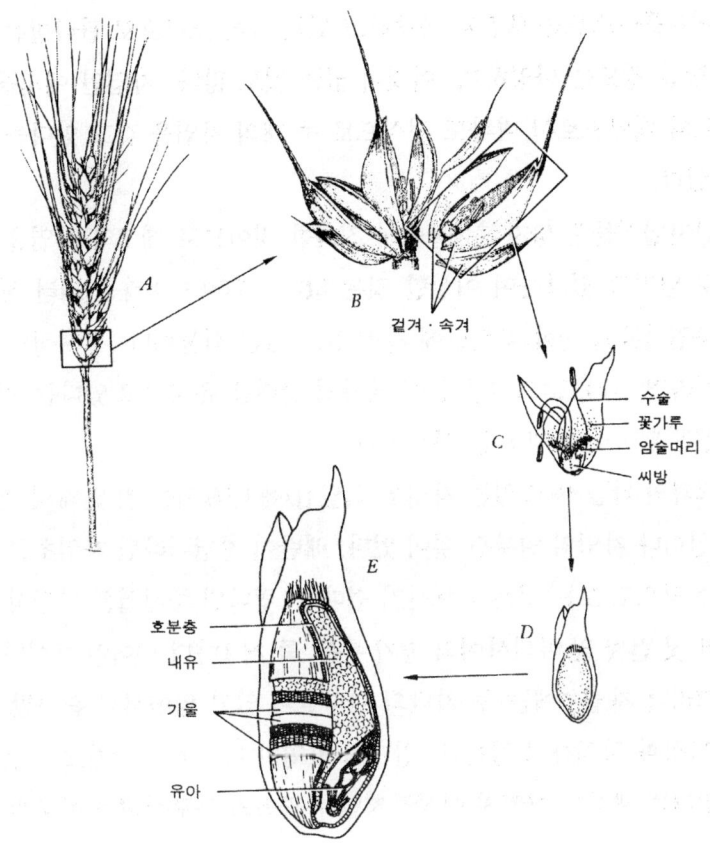

A 많은 잔이삭으로 이루어진 잔꽃차례.
B 3개의 꽃으로 이루어진 잔이삭
C 1개의 잔꽃과 각부의 명칭
D 성숙한 씨방 또는 어린 열매
E 여러 측면에서 절단하여 겨에 둘러싸인 성숙한 열매나 곡류의 각부를 나타냄.
　곡류의 외측과 기울에는 탄수화물, 비타민 B 및 각종 광물질을 함유한다.
　내유의 외측에 호분층이 있다. 호분층에는 단백질과 인이 함유되어 있다.
　내유에는 주로 탄수화물이 함유되어 있고 밀가루는 호분층으로 만들어진다.
　유아 또는 종자의 배에는 지방분, 단백질, 각종 비타민류가 풍부하며 일부
　광물질과 탄수화물도 존재한다.

(A~D : Byrd C.Curtis and David R.Johnston,1969, 'Hybrid Wheat',
　E : Wheat Flour Institute 에 의함.)

밀꽃과 열매

에피플라스트는 배반과 마주하고 있는 작은 조각으로 관다발은 없고 발달 정도는 다양하며, 이것이 없는 것도 많다. 자엽인 에피플라스트와 배반으로서 벼과도 정식으로 두 개의 자엽을 갖고 있다는 설도 있다.

단자엽식물은 쌍자엽식물에서 진화한 것이므로 제 2의 자엽을 자취로 남기고 있다하여 이상할 것은 없다. 그러나 벼과는 뭐라 해도 단자엽식물의 진화의 선단에 자리 잡고 있는 식물이다. 원시적인 식물이라면 몰라도, 그러한 군이 쌍자엽 상태를 유지하고 있다는 것은 어쨌든 납득이 가지 않는 사실이다.

벼과의 싹을 싸고 있는 자엽초(떡잎집)에 대해서는 첫 번째의 잎이란 설이나 자엽의 일부란 설이 있다. 배반이 자엽이라면 자엽초를 첫 번째 잎으로 보는 것은 이해하기 쉽다. 그렇다면 중배엽은 자엽의 마디와 첫 번째 잎 마디사이의 줄기 부분, 즉 제 1마디 사이인 셈이다.

그러나 자엽초에는 두 가닥의 관다발이 있고 잎에서의 관다발 분포 양상과 일치하지 않는다. 일개의 자엽이 자엽초와 배반으로 분화하였다는 해석은 어쩐지 이상하지만 유관속의 분포상태는 이로써 적절하게 설명할 수 있는 것 같다. 배반과 자엽초는 중배축의 신장으로 갈라지는데 이렇게 보면 양측 사이에 있는 중배축의 적어도 일부분은 자엽에 속하는 셈이다.

유근은 그것을 싸고 있는 근초를 뚫고 신장하는데 이 근초도 문제의 구조이며 근초가 미래의 유근이며 그것을 뚫고 나오는 것은 부정근이란 견해도 있다.

이처럼 벼과의 배를 결정하는 것은 어려운 문제이다. 어쨌든 극단적으로 특수화한 구조인 것만은 확실하며 또한 유근에서의 잎의 양상 등으로도 성장, 분화가 잘 진행한 상태라고 말할 수 있다. 벼과에는 잡초로서 자라는 식물이 많은 것을 보아도 알 수 있듯이 다른 단자엽식물과 비교하면 일반적으로 휴면후의 발아가 빠르다. 종자 중의 배가 그렇게 분화, 성장이 진행한 상태에 있다는 것도 하나의 원인으로 볼 수 있을 것이다. 이러한 데에 벼과의 배가 기묘한 구조를 하고 있는 원인이 있다고 보아진다.

얼핏 보아 벼과와 매우 유사한 것으로 사초나 방동사니의 무리, 즉 방동사니과가 있다. 실제로 이전에는 벼과와 방동사니과는 벼목, 또는 영화목(穎花目) 어느 하나로 통합하는 일이 많았다. 그러나 두과는 상세하게 조사한 결과 매우 달라서 근연의 계통관계에 있다고 볼 수 없는 의견이 점차로 강해, 현재는 오히려 벼과와 방동사니과는 각각 벼목, 방동사니목으로 다른 목으로 분류하는 일이 많아졌.

두과의 구별점으로서 흔히 방동사니과는 줄기의 속이 차고 잎은 3 열로 달리는데 벼과는 줄기의 속이 비고 잎은 2열로 달린다. 이것은 사실적인 면으로 계통 고려에는 그리 중요하지 않다. 벼과와 달리, 방동사니과의 종자는 과실에 유착하지 않고, 종자 중의 배는 특수화하지 않고, 발아하면 자엽이 지상으로 나온다. 즉, 외형은 비슷해도 방동사니과는 벼과 정도로 진화한 식물이 아니다.

그렇다면 벼과는 방동사니과에 유래한 것이라고 말할 수 있을까. 벼과에서는 배주가 곧고 씨방의 위에서 밑으로 드리우나, 방동사니과에서는 배주가 씨방의 기부에 붙고 구부러져 주공은 밑으로 향한다. 이러한 특징은 간단히 한 족에서 다른 족으로 직접적으로 유도할 수는 없고 각각 그러한 배주를 갖는 조상에서 유래하였다고 밖에 볼 수 없다. 이런 점에서 보았을 때, 방동사니과의 조상에 가장 근연한 군은 골풀과일 것이다. 골풀과는 닭의장아강에서는 비교적 원시적인 상태에 있다.

벼과의 분류 개요

최근에 이르러 단자엽식물을 크게 네 개의 무리로 구분하는 경향이 있다. 즉 백합무리, 자라풀무리, 야자무리, 닭의장풀무리이다.

이 중에서 백합무리가 가장 기본적이며, 꽃이 크고 꽃덮개의 겉쪽 3개와 안쪽 3개는 서로 매우 비슷하다. 배유에는 단백질이 많다.

자라풀무리는 수술과 암술의 수가 많고 꽃덮개가 꽃받침과 꽃부리로 분화하고 성숙한 종자에는 배유가 없다.

야자무리는 꽃이 백합무리와 같이 동질의 꽃덮개이나 소형이고, 큰 꽃차례를 이루며 배유는 전분질이다.

닭의장풀무리에서는 흔히 꽃받침과 꽃덮이가 분화하고 배유는 전분질이다. 또한 줄기에는 마디가 발달하고 잎은 좁고 기부에서 줄기를 싸는 것처럼 되는 것이 많다. 이러한 줄기나 잎의 상태 및 전분질의 배유 등에 의해 벼과는 닭의장풀무리에 속한다.

닭의장풀무리에서 풍매에 적응하는 것으로 하나하나의 꽃이 퇴화되어 모여 위화를 형성하는 방향으로 진화하여 그 정점에 이른 것이 벼과이다. 닭의장풀무리에는 곡정초과나 파인애플과 등꽃이 퇴화하여 집합하는 경향이 있는 것이 많다.

  벼과의 꽃은 보통 양성이고 단성으로 퇴화하여도 하나의 잔 이삭 속에 야성이 포함되는 것이 통상이다. 옥수수같이 암꽃 잔 이삭과 수꽃 잔 이삭이 따로 모여, 암꽃차례와 수꽃차례를 이루는 경우라도 그 모두는 같은 개체에 달린다.

  벼과를 분류하는데 이전부터 중요시되어 온 특징은 잔 이삭의 구조이다. 잔이삭은 앞에서도 언급한 바와 같이 많은 잔꽃의 모임, 즉 꽃차례가 퇴화하여 헛꽃(위화)처럼 통합된 것으로 벼과에는 여러 가지 유형의 잔이삭이 있다.

  벼과의 진화과정에 있어, 잔이삭이 형성될 때 진화방법의 차이에 따라 여러 가지 유형의 잔이삭이 방사적으로 출현하였다고 본다. 따라서 잔이삭의 유형에 따라 특징지어지는 무리는 일단 계통이 다른 무리로 보아 무방할 것이다.

  벼과의 잔 이삭은 크게 나누어 두 가지 형이 있다. 포영 밑에 관절이 있어 익으면 잔 이삭은 포영부터 이탈하는 것과, 포영 밑에 관절이 없고 포영은 이탈하지 않고 숙존하며 포영 위에 흔히 관절이 있어 익으면 관절에서 이탈하는 것이다.

  전자에서는 하나의 잔이삭은 대체로 두 개의 꽃으로 이루어지고, 위쪽의 꽃은 완전하나 아래쪽 꽃은 다소 퇴화적이다. 후자는 꽃이 한 개 또는 다수인 경우가 많다. 대표적인 속의 이름에 따라 전자를 기장형, 후자를 김의털형이라 부른다. 잔이삭의 이 두 가지의 구별은 일찍이 세포막이나 브라운 운동의 발견자로서 유명한 로버츠 브라운(R. Brown)에 의해 조목되었다고 한다.

벼과의 고저적 분류를 완성한 것은 벤덤이다. 그는 J.D. Hooker 와의 공저 '식물의 속, 1862-1883'에서 벼과를 우선 잔이삭의 유형에 따라 둘로 대별하고 다시 기자형 잔이삭인 것을 기장족(族), 옥수수족, 벼족, 트리스테기스족, 잔디족, 나도기름새족의 6 족으로, 김의털형 잔이삭인 것을 갈풀족, 겨이삭족, 메귀리족, 털잔디족, 김의털족, 보리족, 대족의 7족, 합해서 13족(族)으로 분류하였다.

이러한 족의 특징으로 적용한 형질은 잔 이삭을 이루는 꽃의 수, 꽃의 양성 또는 단성여부, 또한 단성화가 포함되었을 경우의 양성화, 수꽃, 암꽃의 잔 이삭에서의 배열, 포영, 내화영의 성질 등이다.

현재 더욱 많은 족이 추가되고 또한 이러한 족의 어떤 것은 아과로 승격되고 또한 몇 개는 한 아과로 통합되기도 하여 여러 가지로 보충 수정되고 있으나 그래도 대체로 자연군으로서 인정되는 데는 변함이 없다.

벤덤의 분류체계는 뛰어난 것이지만 진화 계통이란 발상은 보이지 않는다. '식물의 속'은 다윈의 '종의 기원' 이후에 출판된 것이지만, 이미 그 이전에 다윈의 친구이며 진화론자였던 J. D. 후커는 진화론의 노선에 따라 이 책의 계획을 변경하려 하였으나, 벤덤은 처음에는 진화론을 받아들이는 것을 거부, 계획변경을 승인하지 않았다고 한다.

전세기에 이르러 벼과도 진화, 계통학적 견지에서 비교 검토되어, 벼과의 꽃도 본래 다른 단자엽식물과 동일하게 3수성이고 2륜의 수술, 따라서 6개의 수술, 3개의 인피, 즉 화피, (9 꽃덮이), 3개의 암술대가 있는 것이 원시적이며, 또한 잔 이삭이 꽃차례이면 포나 소포에 해당하는 포영(겉겨), 외화영(겉각지), 내화영(속각지) 등은 엽상(葉

狀)의 것이 원시적 형질이란 견해가 확립되었다.

대족에는 이러한 원시적 특징을 많이 볼 수 있어 일반적으로 가장 원시적인 무리로 보고 있다. 벼족은 많은 포영과 6개의 수술이 있는 점에서는 원시적이나 잔 이삭은 통상 1개의 꽃으로 이루어지는 점에서는 매우 특수화되어 있고 벼과의 분화초기단계에서 샛길로 접어든 무리일 것이다.

그러나 여러 방면에서의 자료와 분류의 통합이 이루어져 여러 형질이 분류학적으로 검토된 결과, 종래의 잔이삭 등의 특징은 오히려 부차적인 것으로 보는 경향이 생기게 되었다. 그리고 대체되는 새로운 형질로서 염색체, 배의 해부, 전분립 등이 중요시되었다. 이러한 형질 중에서 염색체로 아과나 족과의 관계를 보면 벼과의 염색체에는 대형인 것과 소형인 것이 있고, 기본수는 7이 많으나 9,10,12 등인 것도 있다.

그 밖에도 벼과의 분류에는 여러 가지 형질이 적용되는데, 가장 중요한 것은 인피의 성질, 배의 관다발 주행, 잎의 엽록체를 포함한 유세포의 배열이나 관다발집(유관속초)의 특징, 표피에서의 규산세포와 털의 특징, 약제나 온도에 대한 반응, 핵형 등이다

벼과종자에서의 아미노산 조성의 패턴은 대체로 아과의 통합성이 있으며 그 차는 종자단백, 즉 알부민, 글로브린, 프로라민, 글루테민 등의 함유물과 각 단백질의 아미노산 조성차와 프로라민의 증가에 의해 특징적인 아미노산 조성으로 각 아과로 분화하였다는 것이 해명되었다.

벼과에서 부정근은 유식물 뿌리의 마디에서 신장하나 중배축이 신장하지 않는 것과 신장하는 것, 중배축에서 부정근이 생기는 것 등은

대체로 족(族)의 수준에서 일치하고 아과 수준에서는 거의 공통성이 있다는 것을 알게 되었다.

또한 발아시 온도 반응도 고려되는 형질의 하나이다. 발아, 성장의 한계 온도가 높은 고온형과 낮은 저온형은 고위도 지방에 주로 분포하며, 양형이 함께 분포하는 중위도 지방에서는 고온형은 여름에 자라 가을에 이삭이 돋고, 저온형은 봄에 성장하여 가을에 싹이 돋는 등, 계절적으로 분명하게 구분된다는 것도 해명되었다.

이처럼 많은 형질이 벼과의 분류나 유연, 계통 연구에 도입되므로 가장 깊이 있고, 가장 정밀하게 조사된 식물군이다.

밀 이야기

문명이 시작되기 오래전, 야생하는 벼과식물의 종자가 초기 원시인에 의해 채집되어 그들의 식량으로 중요한 일부를 차지하였다. 그 후 땅을 경작하기 시작하면서부터 곡류는 인류가 땅에서부터 얻은 첫 수확물이었다. 곡류는 저장이나 운반이 쉬운 점으로 식량으로는 으뜸이었다.

　초기 문명이 수메리아나 이집트에서 시작되었을 때, 이미 곡류는 '생명의 기둥' 이었다. 또한 수확이 매우 좋은 해는 풍요로운 살림을 했으나 기후가 나빠 수확이 적은 해는 기근의 해였다. 그러므로 곡물의 역사는 문명의 역사였으며 곡물을 얻기 위한 방랑은 인류 이동의 발자취였다.

　밀은 농경의 역사 속에서 가장 일찍이 재배된 곡류의 하나이다. 지금 알려져 있는 가장 오래된 밀 유물은 기원전 7000년의 선사시대 마을인 티그리스, 유프라테스 강 유역에서 출토된 탄화 종자이다.

선사시대 마을에서 탄화된 상태로 출토된 밀의 종자

이 탄화종자는 현존하는 3종의 밀종자와 같으며 근동지방에 자생하는 야생의 *Triticum boeoticum* 과 *T. dicoccoides*, 그리고 현재 재배형만 알려져 있는 엠마(Emmer)라는 이름의 *T. dicoccum* 이다. 신세계와 구세계의 식용작물을 구별한다면 밀 이야기부터 시작하는 것이 가장 타당할 것이다.

밀은 분명히 구세계 기원으로 세계에서 가장 널리 재배되고 있는 작물로 1년 중 어느 시기라도, 세계의 어디에서도 생육하고 성숙하고 있다. 남극대륙 이외의 모든 대륙, 유럽은 물론, 북미나 남미, 호주에도 퍼져 있으며 인도, 중국, 한국, 일본은 밀류가 극히 일부분만 들어와 있는 특수지역으로 되어 있다.

그러나 밀 생육에 적합한 기후조건이 어디에나 있는 것은 아니다. 연간 우량이 762mm이하의 '초원' 기후가 가장 적절하다. 또한 생육 기후조건에는 한차례의 냉한 계절이 있어야 한다. 그렇지 못하면 밀밭은 병이 만연하기 때문이다.

현재 이런 조건의 적지는 지중해 주변의 이른바 지중해 기후라고 불리는 지대이다. 지중해 기후란 겨울에 비가 많고 춥지 않으며, 여름은 건조한 고온의 기후이다. 밀뿐 아니라 보리, 호밀, 메귀리 등은 모두 이러한 기후에 가장 적합한 작물이다.

밀류는 가을에 종자에서 발아하여 겨울동안 적당한 습도 하에 뿌리를 내리고 봄에 이르러 온도 상승에 따라 급속히 생장하여 이삭이 팬다. 이삭이 성숙할 때쯤은 온도가 높고, 건조한 공기 속에서 '맥추'의 밭을 이룬다. 유럽 영화에서 보는 친숙한 장면인 건조한 대기 속에서 성숙한 밀이나 보리 이삭이 끝없이 황금색으로 아름답게 반짝이며 나부끼는 광경은 우리나라의 손바닥만한 보리밭하고는 비할 수 없는 멋진 색조를 이룬다.

밀의 기원에 대한 구명은 유럽이나 다른 지역 등에 비해 재배 종류도 적고 역사적으로나 지리적으로도 불리한 특수지역의 하나인 일본에서, 일본인 학자들에 의한 연구활동은 이 분야에 크게 공헌하였다.

1918년의 사까무라 데쯔는 밀 3군의 염색체수가 상이한 것을 밝힌 것이나, 특히 1927~28년 기하라 히도시의 게놈 개념과 그 분석법을 확립하여 밀속(Triticum)과 애길롭스속(Aegilops)의 게놈분석 완성, 빵밀(T. aestivum)의 조상 발견, 빵밀의 합성성공 등으로 밀과 그 근연 식물간의 유전학적 관계가 매우 분명해졌다.

문명의 역사는 곡류의 역사와 밀접하게 연결되어 있다. 밀은 빵을 만드는데 아주 좋은 곡류로서, 빵을 만드는 것은 인류의 문화상 비교적 최근에 발달한 것으로 밀재배보다 훨씬 새롭다. 빵을 만들기 이전에는 아마 종자를 불로 볶았을 것이다.

원시적인 밀은 종자가 겨(영, 穎)에 단단히 밀착되어 있으므로 열을 가하여 쉽게 겨를 비벼 떨어뜨려서 종자를 깨물어 가루로 만들거나 돌로 빻아 사용하였다.

문화발달의 2단계에서는 구운 종자를 맷돌질하여 물속에서 굵게 빻아 죽을 만들었다. 이러한 죽을 며칠동안 따뜻한 집안에 그대로 방치해 두면 공기 중의 효모균이 침입하

밀 *Triticum aestivum*

여 발효가 일어나, 그 자체가 유용한 알코올분을 함유하는 가벼운 마실 것이 된다. 이 과정은 발효한 생빵을 만들고 누룩을 넣은 빵을 만드는 방법을 알아내는데 큰 역할을 하였다.

밀속을 중심으로 한 유래의 해명 방법

■ 게놈 분석 ──

식물체를 이루고 있는 세포는 복상($2n$)이고 화분이나 배낭세포를 형성할 때 감수분열에 의해 단상(n)의 상태가 된다. 화분이 발아하여 화분관 속에 정(精)세포가 생기고 배낭 속에 난(卵)이 생기는데, 정세포나 난은 단상이며 두 세포가 합쳐져 수정란(受精卵)이 되었을 때 복상으로 복귀한다.

따라서 식물체내에 있는 2조의 염색체중 1조는 화분, 즉 부계에서, 다른 1조는 배낭, 즉 모계에서 유래한 것이며 감수 제 1분열시, 양친으로부터의 염색체는 1개씩 대합하는 것이 필요한 모든 염색체를 갖춘 정상적인 단상의 생식세포를 형성하는 기초이다. 이때, 서로 대합하는 1쌍의 염색체를 상동염색체, 단상의 세포 속에 있는 1쌍의 염색체를 게놈(genom)이라 한다.

상이한 종을 교잡시켜 가령 운좋게 자손이 생겼다 해도 그러한 종간잡종에는 생식능력이 없는 경우가 대부분이다. 즉, 체세포 속의 2

조의 염색체는 별종의 것이므로 감수분열시 적절하게 대합하지 못하고 그 과정에서 이상이 생겨 정상기능이 있는 생식세포가 형성되지 않기 때문이다.

잡종은 동물의 경우는 자손을 남길 수 없으나 — 말과 당나귀의 혼혈이 노새인 것처럼 — 식물의 경우는 사정이 다르다.

우선 식물은 땅속 줄기(지하경)나 싹눈(주아) 등에 의해 영양번식을 하므로 유성생식을 할 수 없어도 자손을 남길 수 있다. 그러한 식물로 석산, 말나리, 왕원추리, 마늘 등은 유성생식으로 종자형성을 할 수 없으나 흔히 볼 수 있는 식물이다.

또한 식물은 염색체가 배가하기 쉽다는 것이다. $2n$이 배가하여 $4n$으로 된 4배체는 꽃이나 열매가 큰 경우가 많다. 인공적으로 콜히친 등의 약품처리나 온도처리 등에 의해서도 배수화가 생기는 것도 드물지 않다.

잡종에 종자가 형성되지 않아도 배수화가 생기면, 바로 2종씩 대합할 수 있는 상동염색체를 갖게 되어 식물은 유성생식능력을 회복하게 된다. 이러한 것을 복 2배체라 한다. 예를 들어, 빵밀(*Triticum aestivum*)은 두알계밀과 *Triticum squarrosa*과의 복 2배체이며, 인위적으로 만들어진 *Tritecale*속은 밀속(*Triticum*)과 호밀속(*Secale*)의 복 2체이다.

복 2배체 형성은 식물의 진화 특히 재배식물의 발상에 중요한 역할을 하였다. 염색체의 대합관계를 비교하여 복 2배체의 게놈 유리를 구명하고 그 식물이 어떻게 해서 생겼는가를 해명하려는 것이 게놈분석이다.

게놈의 동이 여부를 판정하려면 2종을 교배하여 잡종을 만들고 화

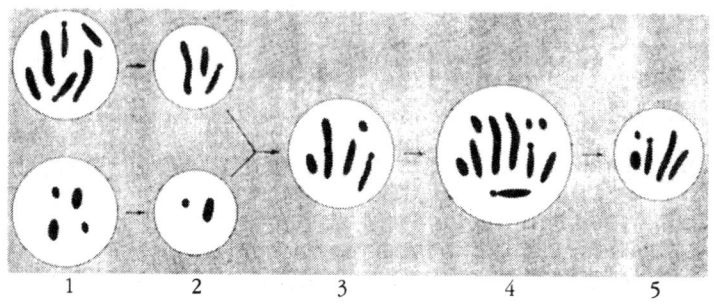

1. 양친(AA 및 BB)   2. 양친의 생식세포(A 및 B)   3. 2에서의 잡종(AB)
4. AB의 배수화에 의한 복2배체(AABB)   5. 복2배체의 생식세포(AB)

복 2배체 형식의 모식도

분형성시의 감수분열을 관찰한다. 만일, 밀속 및 그 근연 속과 같이 염색체의 기본수가 7이고, 그 2배체($2n=14$, $n=7$)의 감수분열 제 1분열 중기에 있어 2개씩의 상동염색체가 대합하면 7개의 II가 염색체(7 II로 나타낸다.)가 생긴다. 이러한 경우, 양 게놈은 상동이다. 만일 게놈이 서로 다르면 염색체는 대합할 상대가 없고 14개의 I가 염색체(14 I로 나타낸다.)를 볼 수 있다.

서로 다른 게놈을 갖는 2배체의 양친을 AA와 BB로 한다면 생식세포는 A와 B이고 그 사이에서 생긴 잡종은 AB이다. 이것이 감수분열에서는 14개의 I 염색체가 생겨 완정한 생식세포는 형성될 수 없으나 그 복 2배체는 AABB이며 감수분열시에는 14개의 II가 염색체(14 II)가 생긴다. AABB와 AA, 또는 BB를 비교한 잡종은 AA란 게놈을 갖는 생식세포와 A 또는 B라는 게놈을 갖는 생식세포가 합체하므로 AAB 또는 ABB이며, 감수분열에서는 7개의 II가 염색체와 7개의 I가 염색체(7 II+7 I)를 보게 되는 셈이다.

여기서 미지의 게놈을 갖는 4배체를 AA와 교배하여 7개의 III가 염색체(7III)가 생기면 그것은 AAAA이며, 7개의 II가 염색체와 7개의 I가 염색체(7II+7I)가 생기면 그중의 1조는 A게놈이고, 21개의 I가 염색체(21I)가 생기면 그것에는 A게놈이 포함되어 있지 않다는 것을 알게 된다.

밀속(屬)에는 한알계, 두알계, 보통계, 기타의 종군이 있는데 한알계는 $n=7$, 두알계는 $n=14$, 보통계는 $n=21$로서 배수관계가 있다.

한알계의 종끼리를 교배하면 감수분열에서 7II가 생기므로 그 게놈은 모두 상동이란 것을 알게 되며 그것을 AA로 나타낸다. 한알계의 종과 두알계 종과의 잡종 감수분열에서는 7II+7I이 되며, 두알계에는 한알계와 같은 A게놈 및 그것과 같은 다른 게놈이 포함되어 있다는 것을 알게 되며 그것을 AABB로 한다.

보통계와 한알계 및 두알계의 잡종에서는 각각 7II+14I, 14II+7I가 생기며 보통계는 AA, BB 외에 또다른 1조의 게놈이 포함되어 있다는 것을 알게 된다. 이것을 AA, BB, DD로 한다. 뺑밀은 보통계에 속하며 이 기원을 알기 위해서는 D게놈의 유래를 해명해야만 한다.

밀속에 근연한 식물 중, 애길롭스속(*Aegilops*)은 역시 7을 기본수로 하는 배수성을 볼 수 있는데 이 속의 *A. cylindrica*는 $n=14$이며, 밀속과 잘 교배되고 한알계, 두알계 보통계와의 잡종 감수분열에서 염색체의 대합상대는 각각 21I, 28II, 7II+21I가 되고, 보통계에는 있으나 한알계, 두알계에는 없는 D게놈은 이 종에 포함되어 있다는 것을 알 수 있다.

그러므로 D게놈을 찾기 위해서 보통계 밀과 애길롭스 실린드리카에 공통적이며 한알계 밀이나 두알계 밀에서는 볼 수 없는 성질을 기준으로 해야 한다. 특징으로 포영(苞穎)은 끝이 뾰족하지 않고, 절단된 모양이며 배면은 중륵(中肋)을 따라 융기부가 거의 없고, 까끄라기가 없고, 이삭축이 꺾이는 방법은 애길롭스 실린드리카형이라는 것이다.

이삭축이 꺾이는 데는 방금 이야기한 형과 쐐기모양 형의 두가지가 있는데 전자는 잔이삭이 붙어있는 마디 밑에서 꺾여 이삭축이 잔이삭에 접착하며, 후자는 마디의 위쪽에서 꺾이는 점이 다르다. 이러한 특징이 있는 식물로서 애길롭스 스쿠어로사(A. squarrosa)를 선정하여 이것이 DD종이란 것이 교잡결과 밝혀졌다.

빵밀(Triticum aestivum)의 게놈은 두알계밀과 T. squarrosa에서 유래한다는 것이 해결되었으므로 다음 절차는 당연히 두알계밀과 T. squarrosa로 빵밀을 합성하는 것이 문제가 된다. 이러한 시도는 미국의 E.S. Mcfadden과 E.R. sears, 일본의 H. Kihara에 의한 각각의 독립적인 연구로 동일한 결과를 얻었을 뿐 아니라 거의 동시에 이루어졌다는 점에서도 유명하다. 2차 대전 중 서로의 자료나 문헌 교환이 없었던 시대의 일이다.

그러면 실제로 지구의 어디에서 그러한 밀류의 교잡과 진화가 이루어졌을까. 그러한 1년생, 2년생의 밀류가 많은 곳은 지중해지방, 중근동부터 중앙아시아에 걸친 지역이다. 그 방면에는 재배식물로서는 원시적인 두알계의 밀류가 재배되고 있으며 그 밭 속에 잡초로서 애길롭스 스쿠어로사가 혼입되어있는 상태가 밝혀졌다. 여기서 그러한 종의 배수화와 교잡이 일어나 복2배체인 보통계밀이 생겼다고 추정된다. 이것으로 밀의 기원론은 일단 결론에 이른 듯하다. 그렇다고 해도 밭에 침입한 잡초가 보다 나은 재배식물을 만들어내는 원인이 되었다는 것은 흥미로운 사실이다.

■ DNA의 교잡 ──

생물의 유연관계를 알기 위한 분자생물학적인 방법으로 DNA교잡이란 것이 있다. DNA, 즉 데옥시리보핵산은 생물의 유전정보를 담당하고 있는 물질이란 것은 현재는 일반적인 상식이다. 세포가 분열하여 둘로 될 때, 양친의 유전적 성질은 2개의 딸세포에 동일하게 전달된다.

유구한 선조 대대로부터 자자손손에 이르는 연면한 유전적 성질의 계속은 이 DNA의 특성에 기인하는 부분이 많다고 보아지고 있다.

DNA에는 구아닌, 아데닌, 티민, 사이토신이란 4종류의 염기가 함유되어 있어 유저정보는 이러한 4종류의 염기분열에 의해 코드화 되어있다고 본다. 염기는 비록 4종류라 하여도 사슬의 길이가 충분하면 그 조합은 무한하다고 볼 수 있다. 따라서 그것으로 충분하게 방대한 유전정보의 근거가 될 수 있는 셈이다.

유전적 성질이 복제되는 열쇠는 이들 염기의 상보성에 있다. 즉 아데닌은 티민과 구아닌은 사이토신과 쌍을 이룬다. DNA분자를 이루는 두가닥 사슬에서의 염기배열은 상보적으로 되어있어 그것으로 결합되어있다.

따라서 두가닥의 사슬이 풀려서 한가닥이 되면 그 사슬을 이루고 있는 염기와 쌍이 되는 염기가 합성되어 원래의 두가닥 사슬과 동일한 염기배열인 2개의 두가닥 사슬이 복제되는 것이다. 그 결과 양친과 같은 유전정보를 2개의 딸세포가 이어받는 셈이 된다. 이어받을 때 무엇인가 잘못이 있으면 그것이 돌연변이이다.

박테리아와 남조를 제외한 모든 생물에서는 유전정보가 있는 DNA는 핵속에 있으며 그 유전정보는 메신저 RNA에 의해 복사된다. RNA도 DNA와 동일하게 4종류의 염기가 있으나, 티민 대신 우라실이 있다. 그러나 상보성의 관계는 변함없고 아데닌에는 티민 대신 우라실이 쌍을 이룰 뿐이다. 그러므로 RNA는 DNA의 유전정보를 RNA의 염기배열에 복사받을 수 있으며, 핵내 DNA의 유전정보를 복사한 메신저 RNA는 핵외로 나와, 단백합성의 장인 리보솜에 결합한다.

단백은 항원 항체반응의 원천이며, 종 특이성이 매우 뚜렷한 물질이지만 그럼에도 불구하고 모든 단백질에는 대략 20종류의 아미노산이 함유되어 있을 뿐이다. 20종류의 소재로 무수한 특성을 창출하는 원인은 DNA의 염기배열과 동일하게 역시 아미노산의 배열에 있다.

그리고 단백을 구성하는 아미노산의 배열은 리보솜에 결합한 메신저 RNA에서의 염기배열에 의해 결정된다. 즉, 예를 들어 아데닌 - 아데닌 - 아데닌의 경우라면 아미노산은 리신, 구아닌 - 우라실 - 사이토신의 경우라면 아미노산은 알기닌과 같은 식으로 대응하여 RNA의 염기배열에 따라 아미노산배열을 함유하는 무수한 특이성이 있는 단백질의 합성을 가능하게 하는 것이다.

그러므로 생물의 유전정보, 즉 DNA에 있어서의 염기배열은 직접적으로 비교하려는 것이 바로 DNA교잡법이다.

모든 형질의 발현 근원인 유전자의 이러한 정보는 DNA의 염기배열에 있다면 DNA를 직접 비교하려는 이 법은 생물의 유전관계를 결정하는 가장 근본적인 방법이라 할 수 있을 것이다.

그러나 이 방법이 뜻대로 이루어졌다 해서 계통이나 유연관계가 밝혀졌다고 할 수는 없다. 가령 A에 대해 B와 C를 비교했을 경우 염기배열에 있어 AB간에는 100개의 상이가 있고, AC 간에는 50개의 상이가 있으면 A는 B보다 C에 가깝다고 말할 수는 있으나 그것이 어떠한 순번으로 변했다는 과정을 제시하고 있지 않기 때문이다.

DNA는 앞에서도 말했듯이 두가닥 사슬로 되어 있는데 이 방법은 그 두가닥 사슬은 섭씨 95도 정도의 열탕 온도에서 풀리므로 한가닥이 된다는 성질을 이용한 것이다.

생물체에서 적출한 DNA를 한천과 함께 가열하고 급격히 냉각하여 한천을 굳힌다. 열에 의해 풀린 사슬은 온도가 낮아지는데 따라 붙어 원래의 두가닥 사슬로 재구성되지만, 그럴 틈도 없이 한천을 굳혀 한가닥 사슬의 상태로 고정시킨다.

한편, 생물에 C14, P32 등과 같은 방사선 동위원소를 부여하여 방사능에 의해 그 생물의 DNA에 표지를 한다. 표지된 DNA를 진동 등의 방법으로 짧게 자른다. 그것을 앞에서 말한 같은 방법으로 열처리하여 한가닥 사슬로 하고, 그것을 DNA와 한천을 함께 가열하여 급격히 냉각시켜 한가닥 사슬 채로 DNA를 굳힌 한천에 혼합한다.

결국, 먼저의 DNA 사슬은 길기 때문에 한천으로 견고하게 굳혀져 있으나 이번의 것은 짧으니 한천속을 확산하여 움직일 수 있다. 그리고 굳혀진 DNA의 한가닥 사슬에 대해 또한 염기에 상보성이 있으면 그것과 결합하여 부분적인 두가닥 사슬이 생긴다.

결합하지 않은 짧은 DNA를 씻어내고 온도를 높여 결합한 짧은 DNA를 다시 풀어 모여 방사능을 측정해서 그 양을 결정한다. 일정량의 DNA를 반응시켰을 경우, 많이 결합한 것일수록 염기배열에 동등한 부분이 많다. 즉, 유전자에서의 공통부분이 많다는 뜻이다.

DNA교잡은 동물의 유연결정에 흔히 사용되어 좋은 결과를 얻고 있다. 그러나 식물에서는 자주 사용하지 않는다. 그 까닭은 식물 세포에는 세포벽이 있으므로 DNA를 추출하는 것이 훨씬 어렵다는 것도 하나의 원인이 된다.

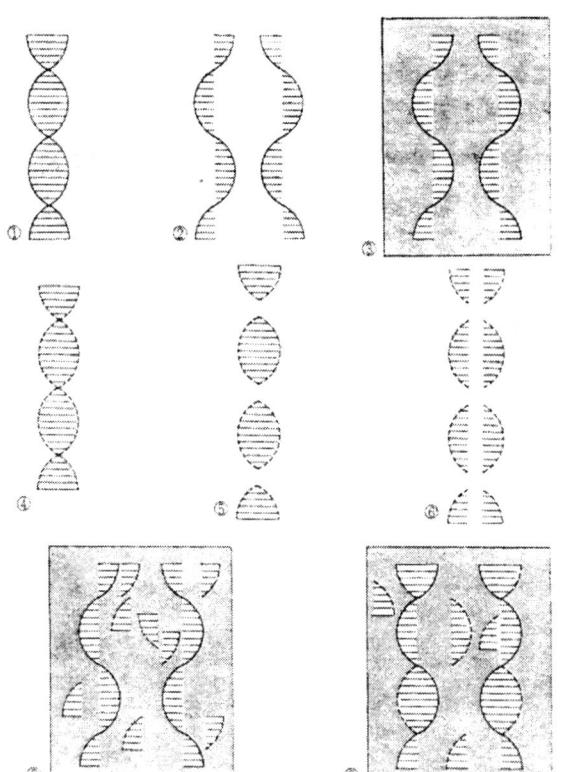

① 두 가닥 사슬의 DNA
② 가열하여 한 가닥으로 한다.
③ 겔 속에 고착시킨다.
④ 표지한 두 가닥 사슬의 DNA
⑤ 분단하는 한 가닥
⑥ 가열하여 한 가닥으로 한다.
⑦ 분단한 한 가닥 DNA를 겔 속에 고착시킨 DNA와 혼합한다.
⑧ 상보성이 있는 부분은 결합하여 두 가닥이 된다.

DNA의 교잡

그러나 최근에는 DNA추출법도 개량되어 식물에서도 이 방법이 자주 사용되고 있다. 그 중의 한 예로서 Bendich 와 McCarthy 에 의한 밀속과 근연속으로 이룩한 연구를 소개하기로 하자.

그들의 연구는 한천 대신 한가닥 사슬로 한 DNA를 니트로 셀룰로오즈의 필터에 고정하고 다른 한가닥 사슬의 방사능으로 표시한 DNA는 분단하지 않고, 우선 고정한 DNA와 교잡시킨다.

다음에 다시 온도를 섭씨 60도 정도로부터 서서히 상승시켜 한번 결합한 표시된 DNA를 씻어낸다. DNA의 두가닥 나선이 완전히 풀리면 대략 섭씨 95도 정도의 온도에서 방사능이 있는 모든 DNA는 씻어지나 이때 방사능이 절반이 되는 온도 Tm을 취하여 그것을 비교한다. Tm이 높을수록 교잡한 양 DNA는 이탈하기 어렵다. 즉 염기배열의 공통부분이 많다는 뜻이다.

니트로 셀룰로오즈의 필터에 AA게놈의 2배체, AABB게놈의 4배체 및 AABBDD게놈의 6배체밀의 DNA를 결합시켜, 그것에 수소동위원소인 중수소로 표시한 AA게놈의 2배체밀의 DNA 및 DD게놈을 갖는 애길롭스 스쿠어로사의 DNA를 교배시켜 그 각각의 Tm을 비교하였다.

그 결과 애길롭스 스쿠어로사의 DNA는 6배체 밀과 가장 친화성이 강하고 4배체, 2배체의 순으로 약해진다. 2배체밀의 DNA는 2배체간이 가장 친화성이 강한 것은 당연하지만, 4배체와 6배체에서는 거의 차이가 없다.

그들은 실험조건을 개량하여 DNA가 결합하기 쉬운 조건, 즉 상동 DNA의 95%가 재결합할 수 있는 방법으로 교잡실험을 하였더니 먼저의 결과는 더욱 확대되어 각 DNA간의 관계는 더욱 정확해졌다.

2배체, 야생 2배체, 4배체, 6배체의 밀 및 애길롭스 스쿠어로사의 DNA를 중수소로 표시하고, 그것과 2배체의 표시하지 않은 DNA를 교잡시켜 조사한 결과, 2배체 DNA와의 친화력의 순서는 야생2배체, 2배체, 6배체, 4배체, 애길롭스 스쿠어로사의 순이었다.

이 결과에서 AA게놈과 DD게놈에서는 DNA 염기배열의 공통도가 가장 낮다는 것이 분명하다. 그러한 D게놈을 함유하고 있는 6배체 쪽이 그것을 함유하지 않은 4배체보다도 결합력이 강하다는 등, 문제는 잔존하지만 개략적으로는 게놈 분석의 결과와 일치한다고 말할 수 있다.

DNA 교잡법은 아직 기술적으로 불완전하여 현재로는 유연관계가 해명된 생물에 적용하여 적합여부를 검토하고 있는 단계이나 가까운 장래에는 생물의 유연을 결정하는 중요한 방법으로 보급될 것으로 기대된다.

■아이소자임의 분리

단백은 생물에 있어 가장 중요한 물질이다. 원형질의 주성분도 단백이라면 효소도 단백이다. 식물의 여러 가지 특징은 이 물질의 특성에 기인하는 것이 많다. 앞에서도 이야기 했듯이 단백에서의 아미노산 배열은 DNA에서의 염기 배열에 의해 결정되는 것이므로 종에 의한 특이성이 강하게 출현한다. 첨가하여 각 생물의 단백 유사도를 조사하고 그들간의 유연관계를 정하려는 방법이 여러 가지로 인출되어있다.

초기 단계에서는 추출한 단백 그 자체에서는 유사도가 문제로 되었다. 그러한 단백 총체는 많은 조성 단백을 함유하고 있으나 그 모두에 대한 총괄적인 비교였다. 단백의 분리, 정체기술의 진보와 더불어 각 조성 단백이 분리되고 각각의 조성 단백에 대한 비교가 이루어지게 되어 단백의 차이에 의한 계통탐구도 점차로 정확해졌다.

현재도 과(科) 수준의 고차 분류군의 유연관계를 구명하는데는 단백 총체로서의 러프한 비교가 바람직하다. 과간의 관계라면 그 사이에 개재하는 속이나 종의 차이는 무시해야만 한다. 지나치게 정밀하면 틀린 것만 눈에 띄어, 이른바 나무를 보고 산을 못 본다는 격이 되기 쉽다. 그러므로 배유면 배유 속에 함유되어 있는 단백을 조성별로 구분하여 상세하게 비교하려는 시도가 방법론상 타당하다.

밀속(*Triticum*)의 종과 그 기원에 관계되는 근연속의 종이 갖는 게놈의 상동관계가 단백 조성면에서 어떻게 파악되고 있는가를 싱세하게 알아보자.

미세한 단백 분리에 유력한 것은 전기 영동법이다. 이것은 단백의 하전 차에 의해 각 단백을 분리하려는 것으로 결국은 하전의 차는 아미노산의 배열차에 귀착하므로 엄밀하게 실시하면 단백 분자중의 1개 아미노산의 대체도 간파할 수 있다고 한다. 단백은 20 종류의 아미노산으로 되어 있으나 단백질 분자 중 각각의 아미노산 잔기에는 플러스(예를 들어 리신) 또는 마이너스를 하전(예를 들어 글루타민산)한 것이나 전기적으로 중성인 것이 있다.

또한 하나의 아미노산 잔기와 그 주변의 아미노산 잔기의 상호작용으로 하전의 변화가 생기고 있다. 이처럼 단백질에는 다양한 정도의 하전의 차가 있다. 따라서 한천이나 아크릴아미드와 같은 겔 판상에 단백의 선을 긋고, 겔의 양단에 전극을 설치, 전류를 통하게 하면 겔에 함유된 조성 단백 중 ⊖를 하전한 것은 +극 쪽으로, ⊕를 하전한 것은 -극 쪽으로 이동한다.

그리고 그 이동하는 속도는 하전량에 비례하므로 일정 시간을 통하게 하면 하전한 차에 의해 여러 가지 거리를 이동하는 셈이 된다. 실제로 겔은 하전되어 있으므로 전류가 통하면 겔 대신 겔에 포함되어 있는 물이 이동한다. 따라서 단백질이 이동하는 거리는 물의 이동을 공제한 것이 된다. 그러므로 아미드블랙과 같은 것으로 염색하면 단백의 부분은 물들므로 여러 가지 격자 무늬가 겔 판상에 생긴다.

다양한 조단백에 대해 같은 조건으로 전기 영동을 일으켜 격자 무늬를 비교하면 무늬의 같은 부분은 상동의 조성 단백을 볼 수 있으므로 어느 정도 일치한 무늬를 볼 수 있는가에 따라 조단백간의 질적인 유연을 알 수 있다. 무늬 부분에 빛을 쪼여 투과하는 빛의 양을 측정하면 각 무늬의 부분, 즉 조성 단백의 비교량을 구할 수 있다.

죤슨과 홀이 한알계 밀에서 AA게놈을 갖는 재배종인 밀(*Triticum monococcum*), 두알계에서 AABB게놈을 갖는 재배종밀, 즉 엠마밀(*T. dicoccum*)과 보통계에서 AABBDD게놈을 갖는 밀, 즉 빵밀(*T. aestivum*)을 비교한 결과 A게놈과 B게놈은 상이하고 또한 A게놈끼리라도 *T. dicoccum* 중의 A와 *T. monococcum*중의 A와는 차이가 있고 어느 정도의 게놈 분화를 일으키고 있다는 것, *T. aestivum* 중에는 *T. dicoccum*(엠마밀)의 A 및 B게놈에 해당하는 부분이 존재한다는 것을 명시했다.

또한 *T. monococcum* 과 EE게놈을 갖는 호밀(Secale cereale)에는 상동한 부분이 거의 없으나, 공히 AABB게놈이 있는 *T. dicoccum* 과 *T. durum* (마카로니밀) 사이에는 15의 조성 단백 중, 10은 상동, 5는 어느 정도 상동하였다. 나아가서 *T. riticum* 의 *estivum* 와 *Secale*와 *S. cerale* 의 복2배체인 인위적인 속 *Triticale*(AABBCCDDEE)의 조성 단백은 *T. aestivum*와 *S. cerale* 양종의 조성단백으로 되어 있는 것을 해명하였다.

이 결과도 앞에서 이야기한 DNA의 교잡결과와 동일하게 게놈분석에 의해 결정된 유연관계와 잘 일치하고 있다.

생물이 갖고 있는 방대한 종류의 효소는 모두 단백이다. 그리고 하나의 효소는 하나의 유전자에 대응한다면 각각의 효소 수준으로까지 세밀한 단백의 비교는 유전자 비료와 접근하여 분석적 방법과 유전학적 방법은 연계되는 셈이다. 최근에 전기영동법에 이어 아이소자임을 분리하여 그 패턴을 비교하는 연구가 활발하다.

아이소자임이란 효소활성이 길고 다른 성질과 구별되는 효소군, 즉 개체 내에서의 같은 화학반응을 촉매하는 효소군이다. 이러한 효소군은 동일 방법으로 모든 것을 함께 검출하기 때문에 미세 분리형의 비교에 적합하다. 판상에 띠 모양으로 시료를 긋고 전기영동 등에 의해 분리한 것에 대해 전분당화효소나 파옥시다아제 등의 합성을 검출하면 아이소자임의 수에 상응하는 선이 나타난다.

방대한 수의 조성단백 전체란 것은 착잡하므로 도저히 하나하나의 선을 구별하기란 불가능하므로 이처럼 아이소자임만을 검출하면 출현하는 선의 수도 통상 몇 개 정도이므로 우선 수로서도 다루기 쉽다.

아이소자임 분리에는 전기 영동과 동일하게 등전점 전기영동(等電點 電氣泳動)이란 조성단백의 분리법이 흔히 쓰인다. 등전점을 갖는 양성 전해질의 혼합물에 전류를 통하게 하므로 수소 이온 농도에 기울기(구배)가 생기게 하여 조단백중의 각 조성 단백을 각각의 등전점에 상응하는 수소 이온 농도의 곳에 모이게 하려는 것이다.

그 결과는 역시 분리한 조성 단백은 판상에 선으로 나타난다. 이 방법을 응용하여 전분당화 효소의 아이소자임을 분리, 비교하는 연구가 자주 이루어지고 있다.

전분당화효소는 전분을 맥아당으로 변화시키는 효소로, 배가 영양을 필요로 하는 발아시에 이르러 종류, 양이 모두 가장 많아진다.

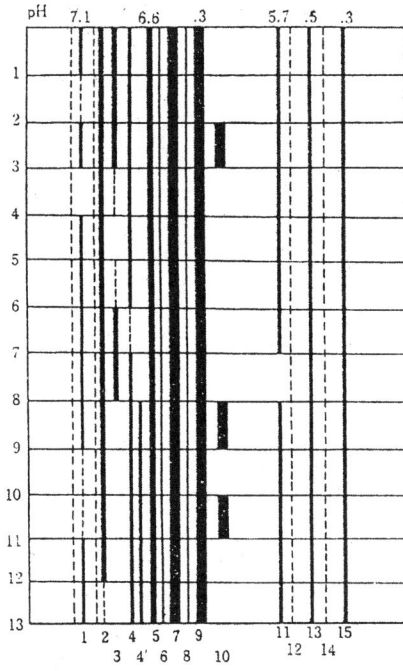

등전점 전기영동에 의해 분리된 6배체 밀 13품종에서의 전분당화 효소의 아이소자임을 나타내는 선

발아 중 종자의 배유를 으깨어 그 속에 포함되는 조성단백을 등전점 전기영동법으로 겔의 봉상에 분리한다. 이것을 전분을 함유한 겔의 얇은 막상에 놓은 다음 전분막에 요오드를 함유하는 시약을 친다. 그러면 전분당화효소의 선부분에서는 막의 전분이 분해되어 있으므로 요오드에 대해 반응하지 않으므로 보라색의 막에 무색선이 출현한다.

보통계 6배체밀의 한 품종에 대해 하나의 게놈을 구성하고 있는 7개의 염색체중, 어느 부분이 결여된 염색체를 포함하고 있는 몇 가지 계통에 대하여 염색체와 전분 당화 효소 아이소자임의 분리형을 비교하여, 그러한 아이소자임은 어느 염색체의 어느 부분에 존재하는가를 조사하였다.

결여된 부분을 알고 있으므로 어떤 계통에서 특정한 선이 출현하지 않는다면, 그 선 부분에 있는 유전자는 그 계통에서는 결여된 부분에 존재한다는 것을 알게 된다.

그리고 제 1신, 2신, 3신, 11선, 13선, 15선은 각각 D게놈 제 6염색체, A게놈 제 6염색체, B게놈 제 6염색체, D게놈 제 7염색체, A게놈 제 7염색체, B게놈 제 7염색체에 존재하는 유전자에 의해 제어된다는 것을 알았다.

4배체밀에는 D게놈 제 6염색체에 의한 제 1선, D게놈 제 7염색체에 의한 제 11선이 없다. 따라서 4배체밀에는 D게놈이 함유되어 있지 않다는 사실과 일치한다. 동일한 4배체라도 여러 가지 성질에 의해 보통의 4배체와 구별되는 품종 중(예 : *Triticum timopheevi*)의 A게놈은 가령 엠마계와 같은 다른 4배체의 A게놈 및 6배체에 함유되는 A게놈과는 상이하다는 것도 해명되었다.

또한 D 게놈에 의해 제어되고 있는 전분당화 효소의 아이소자임은 전체가 알칼리성 측에 있고, B게놈에 의한 것은 산성 측에 있으며, A 게놈에 의한 것은 중간에 있다.

이처럼 게놈이나 염색체에서의 차이가 아이소자임의 비교로서 확인되며 근연종간에서의 실제적인 종분화 과정을 해명하는 방법으로 기대할 수 있을 것 같다.

밀 3군의 기원과 재배밀의 미래

옥수수와 달리 밀속(*Triticum*)은 구대륙 기원의 몇 종의 재배종과 야생종을 포함한다. 러시아의 식물학자 니콜라이 바빌로프는 14종의 밀을 인정하였으며 다른 학자도 거의 그 정도의 종을 인정하고 있다.

이러한 종은 해부학, 형태학, 화학적 성질을 기준으로 3개의 무리로 구분된다. 화학적 성질은 밀가루의 제빵상 성질에 특히 관계되는 것이다. 첫째 군은 14개의 염색체(즉, 7이 2조), 둘째 군은 28(4×7), 셋째 군은 42(6×7)이다.

염색체는 세대에서 세대로 전달되는 유전정보의 담체이므로 밀 3군이 일련의 염색체수로 성립되어 있다는 것은 매우 중요한 일이다. 14개의 염색체를 갖는 (2배체) 밀이 3군의 기본이다. 28의 염색체를 갖는 군(4배체)은 2배체의 밀과 다른 2배체의 벼과식물이 교잡하여 염색체수가 배가한 것이다. 이러한 방법으로 새로운 종이 돌연히 진화한 것이다. 42의 염색체수를 갖는 6배성 밀은 4배체의 밀과 다시 다른 2배체의 벼과식물이 교잡하여 잡종의 염색체수 배가에 의해 생긴 것이다.

2종의 상이한 야생의 벼과식물이 밀의 진화에 관계하고 있으므로, 그 결과 생긴 종은 염색체만이 아니라 또한 염색체의 유전적 구성도 다르다.

일반 독자를 위해 가능한 어려운 단어나 유전학의 전문적 표현법을 피하면서 이 책의 목적에 맞게 밀의 세 가지 군을 간략하게 이야기해 보자.

우선 염색체수가 14인 2배체 밀이 아마도 가장 오래된 것이다. 여기서는 2종이 있는데, 야생 한알계 밀인 *T. boeoticum* 과 재배 한알계 밀인 *T. monococcum* 이다. 한알계(Einkern)란 말은 두 종 모두가 각각의 잔 이삭에 '하나의 종자(알)'만이 결실하기 때문이다. 야생 한알계 밀이 아마도 모든 다른 재배밀의 동일한 조상형이다. 두 종은 모두 깍지(영)는 종자에 밀착되어 있으나 이삭은 꺾이지기 쉽다.

이삭이 꺾어지기 쉬운 것은 종자의 자연분포를 위한 메카니즘이지만 수확을 통해 이 특징은 상실된다. 그러므로 고대에서는 밀을 수확하기 위해 손으로 줄기 단을 잡고 상부의 이삭이 꺾이는 약간 밑 부분을 베었다. 이 방법은 이집트의 벽화에 특히 잘 표현되어 있다.(28쪽 그림 참조) 이 수확방법으로 이삭은 조금밖에 흔들리지 않아 움직이지 않으므로 약간의 종자만을 상실할 뿐이다.

그러나 한알계 밀의 깍지는 종자에 밀착되어 있어 2배성 밀을 인간의 식료로 사용하기는 어렵다. 재배 한알계 밀은 야생 한알계밀의 재배형에 불과하고 종자가 약간 크고 쉽게 흩어지지 않을 뿐이다.

야생 한알계 밀은 중동과 유럽 동남부에 토착한 것이며, 재배 한알계 밀은 중동에서 야생하는 것으로부터 기원하였다고 본다. 그리고 이 종은 석기시대에는 잉글랜드까지 퍼졌다. 한알계 밀의 재배화 연대는 잘 모르며, 티그리스, 유프라테스 강 유역의 유물에서는 볼 수 없으나 기원전 6000년의 다른 유적에서는 발굴되어 있다.

한알계 밀은 현재 아직도 유럽 남부와 중근동의 구릉지대에서 약간 재배되고 있다. 이 밀로 흑빵이 만들어지거나 껍질을 제거하기 어려워 보통은 껍질이 있는 그대로 소나 말의 사료로서 사용하고 있다.

두 번째 군은 28의 염색체가 있는 4배성의 두알계 밀로서 바빌로브는 7종을 인정하였으나, 이것은 분명히 야생 한알계 밀과, 많은 분류학자에 의해 *Aegilops* 란 다른 속으로 분류되는 벼과식물과의 교잡에 유래한다. 이것에 관여한 식물은 아마도 애길롭스 스펠토이데스(*A. speltoides*)라는 2배체의 야생식물로, 야생 한알계 밀과의 교잡으로 염색체수가 어떤 원인으로 배가 되면 임성(稔性)이 있는 4배체가 생긴다.

바빌로브가 인정한 7종의 4배체 밀 중, 1종은 야생식물이다. 이것이 '야생 엠마밀'(*Triticum dicoccoides*)로 중동에 분포하는 종이다. 야생 엠마밀에 아주 근연한 것이 엠마밀(*T. dicoccum*)이며 재배종으로 알려져 있다. 야생 및 재배 엠마밀은 모두 티그리스, 유프라테스 유물에서 발견되었다. 엠마밀이 지금부터 8000년 이상의 옛적에 야생 엠마밀에서 재배화되었다는 것을 시사한다. 실제로 4배체인 엠마밀은 2배체인 한알계 밀보다 일찍이 재배화되어 한 때 모든 밀 중에서 가장 널리 유럽 전체를 거의 휩쓸었다. 잘 보존된 잔이삭이 기원전 2500년의 이집트 제 5왕조 시대의 묘에서 발굴되어 있다.

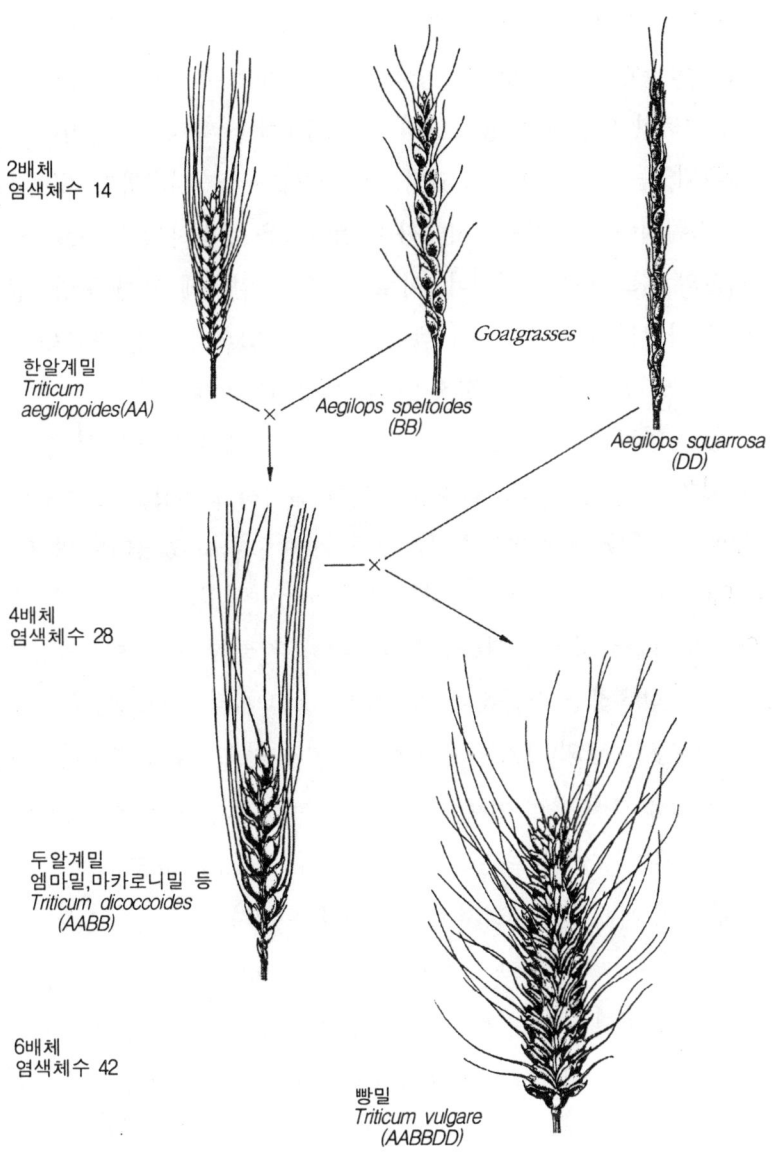

재배밀의 진화
(Paul C. Mangelsdorf 'Wheat' 1953. 에 의함. 일부개조)

이것은 그리스, 로마시대까지 지중해지역의 주요 양식이었다. 그리고 한알계밀과 동일하게 영국 신석기시대의 유적에서 발견되어 있다. 이러한 사실은 이 종이 고대에 유럽대륙을 횡단하여 얼마나 널리 재배되었는가를 보여주고 있다. 독일에서는 석기시대까지, 이탈리아와 스웨덴에서는 청동기시대까지 엠마밀을 경작하였다. 프랑스, 스페인의 바스크인과 러시아, 아르메니아의 일부에 사는 문명수준이 낮은 사람들은 오늘날까지 엠마밀을 심고 있으나 대량 수확을 얻을 수 있는 다른 밀에 점차 경지면적을 빼앗기고 있다.

좋은 빵과 상질의 밀가루가 엠마밀에서 만들어지지만 이 종도 또한 이삭이 꺾이기 쉽고 깍지가 종자에 밀착하고 있으므로 현재 아직 재배하고 있는 지역에서는 주로 가축 사료로 하고 있는데도 많다.

다른 4배체 밀로 마카로니밀(*T. durum*)이 있다. 이탈리아, 스페인, 미국에서 널리 재배하고 있다. 이 종은 글루텐 함량이 높으므로 수분을 함유하면 끈끈하여 마카로니, 스파게티를 만드는데 유용하다. 마카로니밀의 깍지는 종자에 밀착하지 않으므로 탈곡하기 쉽다.

세 번째 군인 42의 염색체수를 갖는 6배성의 보통계 밀은 5종이 있다. 이 무리는 가장 최근에 진화한 빵밀(*T. aestivum*)로서 현재 가장 유용하며 재배종만 알려져 있고 야생종은 없다.

또한 28의 염색체수를 갖는 4배성 밀에 유전적 구성이 2배체인 야생종이 교잡하여 염색체수의 배가로 생겼다. 이 교잡에 관여한 야생의 벼과식물은 *Aegilops*속의 *A. squarrosa*로 동정되어 있다. 이 종은 밀밭에서 자라는 잡초로 발칸 반도에서 아프가니스탄까지 분포한다. 소아시아의 4배체 밀의 밭에 자라고 있어 재배밀과 교잡하는 기회가 되어 새로운 종류의 밀이 생겨나 재배식물로서 선별되어 6배성 밀이 만들어졌다.

지금까지 설명한 밀의 진화과정은 인간에 의해 이루어진 것이 아님은 거의 명백하다. 오직 인간은 밀의 어미와 잡초의 어미를 우연히 결합시키는 역할을 했을 뿐이다. 그리고 자연교잡이 일어나고 최종적으로는 인간이 그 산물을 선택한 것이다.

가장 주요한 6배성 밀은 빵밀(*T. aestivum* 또는 *T. vulgare*)이다. 빵밀의 경우는 많은 분류학자에 의해 엠마밀(*T. dicoccum*)의 한 변종으로 보는 페르샤밀이 4배체의 어미이며, *A. squarrosa*와 교잡하여 염색체가 배가하였다고 볼 수 있다. 그 결과, 빵밀은 아마도 페르샤밀이 재배되고 있는 어느 지역에 기원하였다고 보는데, 특히 터키 동북부나 그 곳에 근접하는 트랜스코카서스 지방으로 보고 있다.

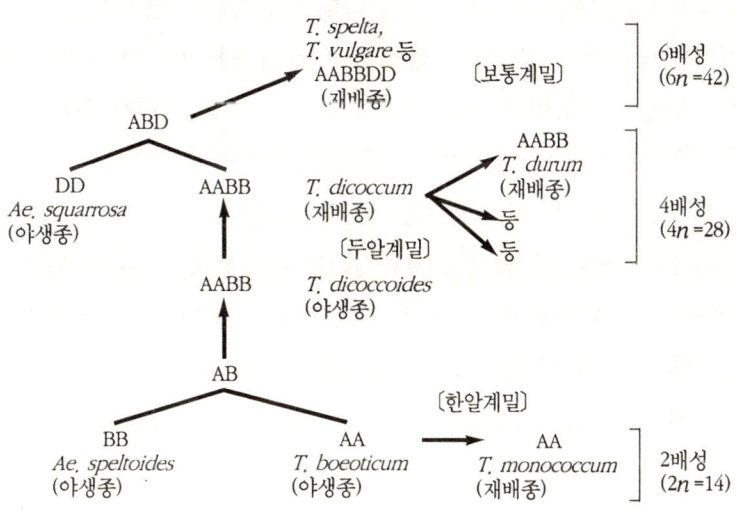

한알계(2배체), 두알계(4배체), 보통계(6배체) 재배밀의 기원

엠마밀은 한알계 밀과는 달리, 이삭축이 꺾이지 않으므로 수확 시 탈락하는 일이 없지만 깍지가 쉽게 열리므로 종자는 탈곡과정에서 잘 떨어진다.

빵밀은 인도에서 기원전 2500년 경 재배되었다. 또한 거의 같은 시기에 유럽 중앙부의 호상생활자 유적에서 발견되어 있다. 그러니 이 밀은 더욱 그 이전에 재배화되었을 것이다. 그러나 재삼 말하지만 야생식물로서 어디에서도 알려져 있지 않다. 6배성 밀은 현재 열대에서 아한대까지의 세계의 모든 지역에서 재배되며, 특히 온대의 초원 기후지대, 이른바 지중해 기후라고 불리는 지대에 가장 집중되어 있다.

이 밀의 가치는 생산량이 높은 것, 탈곡이 쉬운 것과 누룩이 들어간 부풀어 있는 빵을 만드는 단백질인 글루텐의 질이 좋은 데 있다. 별로 가치 없는 밀을 티그리스, 유프라테스강 상류의 산악지대에 심기 시작하여 그것을 그들의 식량으로 또한 가축을 기르며 부지런히 끝없이 삶을 영위하면서 오늘날의 빵밀 같은 것을 선택하기까지의 기나긴 과정은 오늘에 이른 인류의 문명 속에 투영되어 있다.

일반적으로 빵밀의 재배품종은 봄밀과 겨울밀의 2군으로 구분된다. 봄밀은 적어도 100일간의 생육기간을 필요로 한다. 통상 3월에 파종하여 가을에 수확하는 것으로 세계의 냉랭한 지역에 적합하다. 미국과 캐나다의 북부 밀지대는 주로 봄밀의 재배지역이다.

한편, 생육이 늦은 겨울밀은 가을에 비가 많고 겨울에 심하게 춥지 않은 지역에 재배된다. 미국의 남부 밀지대는 겨울밀의 재배지역이다. 여기서는 9월에 파종하여 다음 해의 7월에 수확한다. 이 작물은 긴 생육기간을 필요로 하는 대신 봄밀보다 수확량이 높다.

인간은 곡류로서 6배성 밀을 확립하는 과정에서 선택자로서의 역할을 다한데 불과하다. 그렇지만 전세기의 초두부터 밀은 새로운 품종육성에 활발한 역할을 다하고 있는 유전학자의 주목을 받게 되었다. 유럽이나 미국에서 초기의 육종계획은 인위교잡에 의해 지금까지의 품종에서 볼 수 있는 가장 바람직한 형질을 병합적으로 가지는 것을 예를 들어, 가루질이 양호하고, 튼튼한 줄기(간, 秆)를 갖고, 수확량이 높은 계통을 선출하는 것이었다. 그로 인해 밀의 수량은 높아지고, 품질이 양호해지니, 다음은 병저항성의 품종을 만들어 내는 것이었다.

이러한 육종계획의 가치는 록펠러 재단과 멕시코정부의 후원에 의한 멕시코 밀생산량의 증가에 대한 노력으로 결과는 성공적으로 나타나 있다. 1943년 계획이 시작될 때 멕시코는 밀 국내소비량의 절반을 수입하고 있었다. 그러나 현재는 1인당, 이전에 비해 평균 약 2배의 밀을 소비하고 있고 인구도 1500만명으로 증가하였는데도 불구하고 멕시코에서는 밀을 수출하고 있다.

농가가 가장 수량이 많은 새로운 품종을 적절하게 재배하기 위해 록펠러 재단과 멕시코의 밀육종학자는 또한 토양관리처치나 농가교육계획도 실행하였다. 이러한 여러 면에서의 국제적 협력 결과, 밀 생산에 실질상의 혁명을 초래하였다. 그리고 이 재료와 방법은 현재 다른 지역에서도 적용되고 있다.

최근에 있어서의 밀육종의 또 하나의 발전은 밀속과 그것에 근연인 여러해살이인 벼과식물의 개밀속(*Agropyron*)의 속간교잡에서 여러해살이 밀을 만드는 것이다. 여러해살이 밀은 보통의 한해살이 밀에 비해 매년 파종하지 않아도 좋은 하나의 이점이 있다.

이로써 유식물의 단계에서 불량한 조건으로 작물이 해를 입는 것을 줄일 수 있다. 그러나 약제 산포를 별로 하고 있지 않은 지역에서는 병해를 막는 것과 여러해살이 밀을 잡초로부터 보호한다는 중대한 문제가 있다. 화학비료의 사용이 증가하여 윤작은 농업관습상 점점 적어졌으나 여러해살이 밀을 재배하면 콩과식물에 의해 토양의 비옥도를 제고하는 것 같은 윤작을 할 수 없다.

세계에서 가장 중요한 작물의 하나인 밀의 진화는 수천년 사이에 일어난 것이지만 최종 도달점은 모른다. 밀의 병에 대한 저항성을 더욱 높이는 일이나 재배지역을 더욱 넓히는 일, 불량한 기후조건에서 넓은 지역에 걸쳐 수확량이 완전히 없어지지 않게 하려는 노력은 계속할 필요가 있다.

현대에 있어서는 식물 육종면에서 해야 할 문제는 수확량이 높은 품종을 육성하는 것보다 기후가 불순한 해라도 상당한 양의 수량을 획득할 수 있는 작물을 육종하는데 있다. 이른바 전천후 작물의 필요이다. 이것으로 인해 불작과 기근이란 필연적인 원인과 결과가 인간의 체험에서 사라질지도 모른다.

6

잡초와 약용식물

> 모든 육체는 풀이다.
> - 이사야 제40장 제6절 -

민들레와 질경이에 붙여

농촌에서 자란 사람이라면 누구나 어릴 때, 봄날 길가에서 본 민들레나 질경이, 냉이 같은 식물을 기억할 것이다. 이름은 생소할지 모르지만 꽃다지, 벼룩나물, 개미자리 등등은 모두 잡초이다.

   지금까지 우리가 다룬 식물은 극지나 고산의 식물이건, 온대림이나 열대우림의 식물이건, 사막의 식물이건 모두가 환경요인의 변동

리듬에 식물의 생활환, 생활의 계절적 전개와 율동이 잘 조화를 이루어 일치한 식물군이었다. 그러므로 이러한 식물은 가령, 빛 조건, 낮 길이의 주기, 온도의 계절적 변동주기 등이 어떤 요인으로, 그것이 인위적이건 자연적이건 돌연히 변화하면 사멸하진 않아도 큰 영향을 받는 것이 보통이다.

그런데 식물 중에는 계속적으로 외적인 간섭이나 생육지의 파괴가 가해지지 않으면 오히려 생활이 성립, 존속할 수 없는 기이한 일군의 식물이 있다. 이런 것이 이른바 잡초라고 불리는 식물이다. 잡초는 길가, 논, 밭 주변, 뜰이나 운동장, 빈터 등 인간이 집약적으로 관리하고 있는 장소라면 어디이건 자란다. 인간생활 때문에 자연파괴된 환경에 적응한 것으로 순전한 야생의 생태계에 적응한 것은 아니다.

아무리 잡초를 뽑아내고 경작을 해도 잡초를 근절할 수는 없다. 잡초를 완전히 없애는 일은 과연 불가능한 것일까. 답은 오직 한가지이다. 듣기에 따라서는 실정과는 동떨어진 이론으로만 들릴지 모르나, 그것은 잡초를 뽑지 않는 것, 논이나 밭을 갈지 않는 것, 다시 말해 일체의 관리를 하지 않는 것이다. 그리고 20~30년쯤 방치하면 거기에는 천이가 일어나 초원이 되고, 관목림이 되고, 멀지 않아 울창한 숲으로 변하고, 지금 자라고 있는 잡초는 거의 볼 수 없게 될 것이다.

그러니 제초하거나 땅을 가는 인간의 노력은 역으로 잡초에게 있어서는 가장 생활하기 쉬운 환경을 만들어 주는 셈이 된다. 잡초를 생물학적으로 정의하면 '경작지 등을 포함하여 인간에 의해 이루어진 입지나 불규칙하게 변화하기 쉬운 불안정한 입지에 생활하는 특수한 일군의 식물'이라 말할 수 있다.

우리나라에는 농촌진흥청의 조사(1990년)에 의하면 46과 216종의 잡초가 자란다. 이러한 잡초 중에는 인간의 매개에 의해 우연히 또는 유사이전에 벼농사에 수반하여 동남아시아 열대지방에서 벼와 기타 재배식물과 더불어 반입되어 새로운 토지에 생활, 번식을 계속하는 귀화식물로서의 잡초도 있다. 이 중에는 세계의 어느 경작지에도 공통적으로 있는 세계의 짚신인 코스모폴리탄도 꽤 있다.

 잡초는 일반적으로 호질소성의 한해살이풀이 많으며 여러 가지 토양조건에도 잘 자라고, 또한 건조에 대해서도 강하고, 다양한 수분조건에도 잘 견디어 생활한다. 누가 말했는지 고된 서민생활의 일면을 '잡초 같은 인생' 이라 하였는데 수긍이 가는 점도 있다. 또한 저온에 대해서도 매우 강한 저항성을 보인다. 빛 환경에 대한 적응은 일반적으로 양지성이다. 수많은 잡초 중에서 농촌에 살던 어릴 때의 추억을 더듬어 질경이와 민들레를 골라, 잡초 이야기를 계속하자.

질경이

포장되어 있지 않은 시골 길을 걸으면 수레가 지나간 바퀴 자국을 따라 풀이 두 줄로 행렬을 이루고 있는데, 여기에 자라는 식물은 대개는 잎이 넓고 꽃대가 길게 위로 뻗은 질경이이다.

 길은 자연을 분단하는 좁고 긴 환경이다. 갓길의 풀은 주위 환경에 따라 나타나는 종류가 좌우되나, 가장 세게 밟히는 길 위에는 언제나 같은 풀로 구성되어 있다.

그러한 풀의 특징은 섬유질이 딱딱하여 강인한 줄기나 잎을 갖고 있어 아무리 밟혀도 생장점--식물의 새로운 싹이나 잎이 만들어지는 줄기의 끝부분--만은 파괴되지 않고 살아남아 생명력을 유지한다. 줄기나 잎이 연약한 식물이 밟혀 죽는데 반해, 그들만은 줄기차게 살아남아 주변 환경과는 독특하게 다른 길 위에서, 사람의 영향이 가해진 좁고 긴 2차 자연을 만든 것이다.

이런 식물의 전형적인 것이 질경이다. 질경이속은 원래 건조지역에 적응하여서인지 지중해 연안에는 반관목화한 것 등 많은 종류가 있다. 그 중의 몇 종류가 온대의 잡초로서 분화하여 있다.

질경이는 여러해살이풀이면서 한해살이풀로서도 생활할 수 있는 생장속도, 밟혀도 튼튼한 잎과 생장점, 습해지면 끈끈한 젤리모양의 물질을 분비하여 신발에 묻어 운반되는 종자 등이 다행스럽게도 인간이 생활하는 공간에는 어디서든지 자란다. 특히 운동장이나 포장되어 있지 않은 길은 질경이 천하로, 산길을 따라 끝없이 이어져 높은 산정의 숙박소 주변에 이르기까지 널리 분포되어 있다.

질경이 *Plantage asiatica*

민들레

잎은 땅위에 거의 붙어 있다시피 자라고, 노란 꽃이 눈이 부시도록 선명하고, 누구나 한번은 꽃줄기를 꺾어 입으로 불어 날려 보낸 경험이 있는 민들레의 종자, 파라슈트는 질경이보다 더욱 친숙한 추억의 식물이다. 민들레류는 노랑꽃도 있고 흰 꽃이 피는 것도 있다.

우리나라에는 대략 10여 종류의 민들레가 자란다. 민들레류 종류의 성쇠만큼 한국 식물상의 변동을 보여주는 식물도 없을 것이다. 재래의 한국의 민들레류가 외래의 서양민들레나 붉은씨 민들레에 밀려 쫓겨나고 있다. 서양민들레는 질소질로 오염된 도시의 빈터나 도로의 보도블럭 틈 사이에서도 자라고 있다. 그만큼 적응력의 강자이다.

한국 재래의 민들레인 흰 민들레, 노랑민들레 등은 농촌 주변의 산기슭 풀밭이나 강가에서 겨우 볼 수 있을 정도가 현실이다. 이러한 곳은 쉽게 서양민들레의 침입을 허용하지 않는다. 원래의 초지감소와 도시황폐역의 증대가 승패의 근원이다.

민들레속의 대선조는 서아시아의 건조하고

민들레 *Taraxacum platycarpum*

한랭성인 비옥한 풀밭을 고향으로 한다. 굵고 긴 주근을 땅속 깊이 벋고, 다른 풀과의 경쟁 없이 햇빛을 잘 받아 줄기는 자라지 않고, 잎은 지표면에 퍼지고, 꽃(정확히 머리모양 꽃차례)만 꽃줄기 끝에 한 개씩 피는 모양이다. 꽃이 서쪽으로(혹, 씨가 편서풍을 타고) 전파하여 목장의 환경에 적절하게 적응한 것이 서양민들레가 되었을 것이다.

또한 빙하시대에는 고산식물의 하나로서 동아시아까지 전파하여 제주도에 자라는 한라산민들레, 탐라민들레, 또는 북녘민들레 등과 같은 산지성 민들레로 분화하였다고 생각할 수도 있다. 인가 주변의 민들레류는 산지성 민들레류와는 직접 관계가 없다고 볼 수 있다.

평지의 민들레류는 민들레속 중에서 온대기후에 적응한 일군에 속하는 계보에 들어간다. 온대의 대부분은 삼림대이므로 그런 민들레는 삼림대로 들어가 삼림속이 햇빛이 잘 드는 드문 장소를 국지적으로 생활의 장으로 하였다고 보아진다. 숲이 없어지고, 사람이 살기 좋은 양지가 형성되면 민들레는 그 환경에 이주하여 유전적으로도 변해 생태형을 바꾸어, 순연한 인간 환경에 자라는 잡초로 진화하여 오늘의 민들레류가 되었을 것이다.

목장이나 길가에 봄에 피는 꽃의 대부분은 민들레의 예같이 순전한 야생식물에서 인간 활동이 이룩한 새로운 인위환

서양민들레 *Taraxacum officinale*

경에 적응하여 생태형을 바꾸는 진화를 이룬 식물인 셈이다. 원래는 여러해살이던 것이 한해살이로 변한 것도 있다. 또한 야생식물일 때는 다른 그루와의 교잡수분(交雜受粉)으로 결실하였는데 잡초가 되어 자가수정으로 결실하도록 변한 것도 많다.

잡초의 고향

뽑아도 뽑아도 매년 자라나는 잡초에도 그럴만한 이유는 있다. 전혀 잡초가 없는 순수배양의 경작지보다 적당히 잡초가 섞여 있는 경작지가 작물도 건강하고 수확이 많았다는 보고도 있다. 또한 지역의 잡초조성을 조사하면 그 지역에 어느 나라로부터의 문화영향이 심했는지를 추정할 수 있다. 잡초는 문화의 반영물이라고도 할 수 있을 정도로 문화와 함께 흘러 들어온다.

 중국의 영향이 심했던 우리나라는 중국에서 유래한 잡초가 압도적으로 많았다. 이처럼 잡초는 인간의 생활과 매우 밀접한 관계를 갖고 존속하고 있다는 것을 알 수 있다. 즉, 인간이 정주하여 농업을 영위하게 되면서부터 급속히 그 생활권이 확대된 셈이다.

 그렇다면 인류에 의한 농경문명이 확립되기 이전에 잡초는 어디에 생육하고 있었을까. 그 대답은 홍수로 하천이 범람하여 바닥이 드러난 강변이나 메마른 건조지가 바로 잡초의 고향이란 것을 알 수 있다. 자주 닥치는 돌연한 홍수나 태풍으로 거기서 자라고 있는 식물이

뿌리채 휩쓸려가거나 바람에 의해 이동한 모래에 묻혀 버려 없어진다. 인간에 의한 경작지의 제초나 기타 수단에 의한 자연의 파괴는 기본적으로는 이러한 식물사회의 우발적인 파괴와 전적으로 동일한 효과를 초래한다고 말할 수 있다.

실제로 이러한 잡초라 불리는 식물의 무리가 인간 주변에 생육하였다는 기록은 매우 오래전이며, 유럽에서는 신석기 시대의 유적에서 토기, 기타의 출토품과 함께 마디풀, 쇠비름, 강아지풀 등의 종자가 발굴되고 있다. 이러한 '잡초' 란 식물의 생활내용과 그 기원을 상세하게 연구함으로써 그것에 대비하여 자연군락 구성원인 다양한 식물종의 생활을 알고 이해하는 것이 가능해진다.

잡초의 생장
— 특히 종자의 메카니즘

잡초는 종자에서 발아 후 유식물은 일반적으로 현저하게 빠른 생장 속도를 보여 그 입지에 신속하게 생활을 확립한다. 이것은 잡초 종자의 특별한 성질과도 관련이 있는 듯하다. 잡초의 종자는 통상 광발아 종자가 많고 소형이며 저장양분이 적으므로 우거진 수풀 속에서 발아하여도 유식물이 빛이 닿는 높이까지 생장하는 것은 매우 어렵다.

앞에서도 잠시 언급했지만 잡초의 생활이 유지되기 위해서는 연속적인 인위적 또는 자연에 의한 생육지 기질에 대한 간섭이나 파괴가 요구되는 이유도 바로 이 때문이다. 수풀 밑은 단순히 빛이 약할 뿐만 아니라 상층부 식물의 잎 엽록소에 의해 적색광의 에너지는 흡수되어 버리고, 발아, 성장을 억제하는 근적외광(近赤外光)이 풍부한 광합성에 작용하지 않는 빛이 많기 때문이기도 하다. 잡초의 종자발아기능이 이러한 장소에서는 억제되고 다른 식물에 의해 빛이 차단되지 않는 낮이나 그 상층에 다른 식물의 잎이 무성하지 않을 때만 발아하는 것은 빛에 대한 실로 놀랄만할 미묘한 적응의 하나로 본다.

또 하나의 생장 특색은 극히 짧은 영양생장기간이 지나면 바로 생식생장으로 전환하여 개화, 종자의 생산을 시작한다. 이것은 장기간에 걸쳐 영양생장을 하며, 환경조건의 다양한 요인변동에 동조하여 생식생장을 하는 자연입지에 자생하는 식물들의 생활관과 비교하면 매우 대조적이다.

이처럼 잡초의 종자는 일반적으로 아주 미소한 것이 많고 어미식물로부터의 탈락성도 매우 강하므로 산포에도 유리하다. 또한 종자의 휴면기간이 매우 길고 토양 깊숙이 매몰한 경우는 지표가 어떤 힘에 의해 파헤쳐질 때까지 휴면상태로 멈추고 있는 것이 많다.

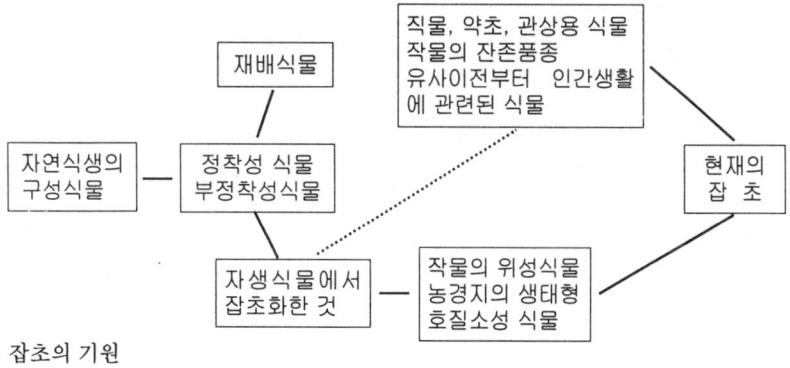

잡초의 기원

생식시스템에 있어서도 자가수분형이 많고 자가화합성이 높다. 국화과의 잡초 등에는 무배생식에 의해 종자형성하는 것도 많다. 서양민들레가 그 예이다.

또한 여러해살이 잡초에는 식물체의 단편이 강한 재생력이 있고 줄기의 기부, 뿌리줄기 등도 무르고 부러지기 쉬운 것이 많아, 뿌리줄기의 여러 군데에서 재생하는 능력이 있다. 다산성, 조산성은 이처럼 잡초의 특질이나 이러한 특질을 유리하게 이용하여 흔히 빈터 등을 단시간 내에 점거하여 거대한 집단을 이루기도 한다.

망초, 실망초, 봄망초, 큰망초 등의 국화과 잡초는 그 장소 토양의 유효질소성분 등을 민감하게 반영하여 키가 낮은 개체를 느슨하게 산생하는 집단을 형성하거나, 경작포기지 같은 비옥한 장소에서는 높이 1m이상에 이르는 개체를 발 들여 놓을 수 없도록 밀생한 군락을 형성하기도 한다. 또한 과밀상태가 되면 생육형을 변화시켜 개체 간에 간섭을 적게 하여 생활을 확립한다.

쇠비름

쇠비름에 대해 설명하고 잡초 이야기를 마치려 한다. 쇠비름은 코스모폴리탄이다. 따뜻한 환경을 선호하는 전형적인 호질소성 잡초이다. 햇빛이 강하게 쪼이는 길가, 논둑, 밭둑 또는 퇴비장 주변에서 왕성하게 자란다.

열대 아시아 기원인 것으로 여겨지고 있으나 현재는 온 세계에 퍼져 있다. 유럽에서는 로마시대부터 알려져 있고 우리나라에 도입된 것은 유사이전으로 보고 있다.

옛날에는 먹기 위해 재배하였다. 한자명으로 마치견(馬齒筧)이라 한다. 식물 전체는 육질로 털이 없으며 줄기는 밑둥에서부터 여러 개의 가지가 갈라져 땅을 기며 사방으로 퍼져 있다. 잎은 긴 타원형으로 기부는 쐐기모양이고 2개씩 마주 난다.

다육질인 줄기나 잎은 내건성이 강해 여름 가뭄에 뽑아 두어도 며칠은 살아남을 정도이다. 여름날 가지 끝 잎겨드랑이에 작은 노랑꽃이 몇 개씩 오전 중에만 피며 그늘지거나 비오는 날에는 피지 않는다. 열매는 익으면 뚜껑같은 상반부가 떨어져 작고 많은 종자를 뿌린다.

지금도 훌륭한 야채로서 식탁에 오르며 프랑스 유명 식당에서 서비스하는 곳이 많다. 필자도 먹은 경험이 있다. 어린 줄기나 잎을 물에 씻어 된장찌개에 넣거나, 적당히 양념하여 무침으로, 특히 야채샐러드 재료로 식용한다. 초간장에 절여 먹기도 하는데 너무 많이 먹으면 설사를 한다. 약간 신맛과 끈기가 있으며 살짝 데쳐 말려서 저장하기도 한다.

요즘처럼 인스턴트식품의 홍수 속에서 이런 잡초를 샐러드 재료에 섞어 마요네즈를 듬뿍 쳐서 먹

쇠비름 *Portulaca olerace*

어보는 것으로 색다른 뜻밖의 기쁨을 느낄 수도 있을 것이다. 한방에서는 잎을 달여 이뇨, 해독제로 쓰며 줄기, 잎을 비벼서 독충에 찔렸을 때 피부에 바른다고 한다.

기원전의 약용식물
- 잡초로부터 시작된

신화의 시대부터 또한 인간역사의 오랜 초기시대부터 인간은 효용이 있건 없건 다목적으로 이용가능한 모든 것을 사용하였다. 그 중 병을 치유하는 수단으로서 식물은 어느 무엇보다도 광범위하게 오래전부터 이용되었다.

  인류학자 칼튼 쿤에 의하면 종교적인 의사, 즉 샤먼은 가장 오래된 최초의 직업을 가진 인간이었다고 한다. 샤먼은 의학적으로만 아니라 종교적 역할도 다했다고 한다. 까닭인즉, 원시적인 사람들 사이에서는 질병이란 보통 악령이 신체에 침입하였다고 믿었으므로 종교적인 주술과 의식이 약을 쓰는 것에 부수하는 것으로서 필요하였다.

  샤먼들은 구석기시대 후기에는 의심할 바 없이 존재하였다. 그들은 '마술'적인 수단에 의해 많은 병을 치유하였으나, 약초를 저장하여 복용약도 만들었다. 현재에도 순박한 사람들 사이에서는 의사와 기도사가 같은 역할로 존재하고 있다.

  이집트, 그리스, 로마, 거의 동시대의 중국을 제외한 각 시대의 약용식물학과 암흑시대의 이 학문분야의 침체에 대해서는 이미 제 2장에서 약간 언급하였다. 중세에서의 '본초서' 작성과 그것이 거의 개정되지 않고 19세기까지 이어졌다는 것도 함께 이야기하였다.

초기의 유명한 약용식물이 그 시대와 동일하게 계속 이어져 쓰이는 것은 비교적 적다. 가령 실제로 약효가 있는 식물조차, 다른 더욱 강력한 약용식물, 또는 합성된 것에 의해 자주 대체되는 운명을 겪어 왔다. 그럼에도 식물체의 각 부분이 새로운 약의 원료로서 주목을 받아 왔고, 그 효력이 있는 성분의 화학식이 결정되어 경제적인 합성법이 발견되기까지 이러한 식물이 이용되어 왔다.

그러나 천연의 것보다 훨씬 강력한 화학적 대용품의 합성약품이 제조되는 것이 반드시 목적의 최종 단계는 아니다.

가장 잘 알려져 있는 약용식물의 하나는 양귀비(opium poppy, *Papaver somniferum*)로 기원전 2000년부터 사용되었다. 그 과실에서 취하는 유액이 응고한 아편에는 30종의 알칼로이드가 발견되어 있다. 알칼로이드는 화학직으로 탄소, 수소, 산소, 질소의 염기성 반응에 의해 생긴 화합물로서 모르핀(morphine)은 아편에 함유된 알칼로이드의 일종이다. 이 진통제는 아직 합성되어 있지 않으나 인공적인 유도체인 헤로인은 의약으로서 자리매김되어 있다.

동일하게 코카(coca, *Erythroxylon coca*)잎에서 추출하는 코카인은 치과수술에서 국부마취제로서 사용하였으나 프로카인이나 노보카인과 같은 유사 합성약품에 의해 대체되고 말았다. 페루의 밀림에서 얻어지는 '키나의 껍질'에 함유된 알칼로이드인 키니네는 항말라리아 작용약제이나 현재, 합성화학약품에 의해 대체되고 있다. 그래도 이처럼 뛰어난 천연약제는 아직 세계적 규모로 계속 생산, 이용되고 있다.

　식물에서 유래된 다른 몇 종의 약은 당에 다른 생리적 활성이 있는 유기화합물이 결합된 배당체로 유럽산 디기탈리스잎(foxglove, *Digitalis purpurea*)에서 추출하는 심장흥분제 디기탈린(digitalin)이 있다.

　구세계에서 대마초(hashiash)로 알려진 삼(*Cannabis sativa*)의 암그루의 상부에 생기는 수지모(樹脂毛)에서 채취, 도취감을 주는 마리화나(marihuana)의 유효성분은 일련의 알코올 복합체이며 현재에도 합성되고 있다.

　다음의 각 절에서는 가장 중요한 약용식물의 몇 종을 골라 식물과 문명과 사이의 발달에서 볼 수 있는 여러 이야기를 하기로 하자.

온대 기원의 약용식물

　제 2장에서 이야기한 맨드레이크 외에 가지과의 여러 식물은 강력한 약의 생산자로 알려져 있다.

　벨라돈나(belladonna, *Atropa bellakonna*)는 알모양의 잎과 보라색꽃과 광택이 있는 검은 장과가 달리는 다년생 초본이다. 주성분인 아트로핀이란 알칼로이드는 이 식물의 모든 부분에 함유되어 있어, 교감신경계를 자극하는 것으로서 아주 중요한 의학적 용도를 갖고 있다. 눈 동공을 확장시키는 작용이 있고, 눈을 반짝이게 하므로 한

때 스페인의 귀부인 사이에서 극히 보편적으로 사용하기도 하였으나, 곧 외과용 첨가제로 사용되었다. 이것이 '예쁜 부인'을 의미하는 벨라돈나라는 식물이름의 유래이다.

인삼은 동양 여러 나라에서 거의 모든 종류의 병을 고치는 것으로 그 가치가 인정되어 있다. 인삼의 다른 종은 북미 동부의 삼림에 자생하는 미국인삼이라 불리는 것도 있으나, 약효에 있어 단연 한국의 인삼을 따르지 못한다. 드릅나무과에 속하는 인삼 또는 고려인삼(Panax ginseng)이라고도 불리는 이 다년초의 자생종은 약용을 위한 난획으로 거의 자연에서는 볼 수 없고 주로 우리나라에서 산업으로서 재배생산하고 있다. 중국을 비롯하여 일본, 미국 등으로의 중요한 수출무역 품목의 하나이다.

사포닌을 주성분으로 하는 인삼은 뿌리가 인체의 모양과 비슷하여 그 형상에 따라 약효의 가치를 논하기도 한다. 동양에서는 전통적으로 인삼을 신진대사 기능촉진, 강심, 이뇨작용 등의 약효보다는 외형으로 평가되는 습관이 있고, 특히 뿌리의 분기상태가 인체모양인 것을 최상품으로 다루고 있다.

알칼로이드의 일종인 에페드린(ephedrine)은 건조지역에 분포하는 잎이 없는 마황속(*Ephedra*)식물에서 채취한다. 중국종인 마황(*E. sinica*)이 특히 잘 이용되어 왔다. 에페드린은 점막에 작용하여 수축시키는 역할을 하므로 코 카타르나 고초열에 시달리는 사람의 코점안약이나 흡입제의 성분으로 귀중한 것이다. 또한 흥분제로서도 작용한다.

열대 기원의 약용식물

키나의 껍질에서 추출하는 키니네(quinine)와 같은 알카이드에 관련된 이야기는 많은 점에서 고무나무와 비슷하다. 현재는 인도네시아에서 가장 잘 재배되고 있으나, 꼭두서니과의 키나나무속(Cinchona)은 열대아메리카 원산으로, 특히 페루나 볼리비아의 2500m 이상 고지에 자라고 있다. 이 속에는 1종 이상이 포함되는데 모두 상록이고 보통 타가수분의 식물로 자연교잡이 형질을 혼합하는데 공헌하고 있다.

나무껍질의 항말라리아성은 1638년에 발견되어 페루 총독의 친콘(Chinchon)백작부인의 열병을 차유할 수 있었다는 전설이 있다. 그 소문이 퍼져 스페인에 도입되었으나 다른 국가에서 말라리아를 치유한다는 평판이 확립되기까지 시간이 걸렸다. 영국의 찰스 2세, 프랑스나 스페인의 황족들을 치유하는데 사용되어 '열병용 나무껍질'로 인정받게 되었다. 18세기에 이르러 린네가 이 식물에 백작부인의 이름을 따라(비록 철자는 잘못되었으나) 학명으로 *Cinchona*란 속의 이름을 부여하였다.

수피는 19세기 중엽까지 야생의 나무를 베여 벗겼다. 그 후 네덜란드와 영국 양 정부는 동남아시아에 키나농장을 설립하기 위해 남미의 밀림에 종자를 수집할 탐험대를 보냈다. 영국의 탐험대는 이른바 '적수피'라 불리는 *Cinchona succirubra*에서 종자를 모았는데 후에 이것이 인도에 도입되었다. 현재 인도에서는 이 종을 다른 종에 접목하는 대목으로서 이용하고 있다.

볼리비아에 살고 있던 영국인 찰스 레드거는 키나 종자를 유럽에 보내 그 절반은 어떤 농장주에 의해 세일론에 보내지고 나머지 절반은 네덜란드 정부가 당시의 500불을 약간 웃도는 돈을 지불하고 매입하였다. 레드거가 보낸 종자에서 자바의 키나농장이 개설되고, 현재 키니네 세계수출시장의 90%를 여기서 생산하고 있다. 여기에는 레드거의 이름을 붙인 *C. ledgeriana*가 포함되어 있다. 이 종의 키니네 수확량이 가장 높고, 어떤 선택된 계통에서는 수피 중에 6%이상이나 함유되어 있다.

2차대전 중, 동인도의 키니네 공급이 중단되어 남미 토착의 키나 수피 획득이 매우 중요한 문제가 되었다. 많은 유명한 식물학자가 약의 원료획득 할 수 있는 장소를 찾아 탐험을 하였다. 전쟁은 다시 키니네의 합성대용품을 생산하는 연구를 자극하였다. 이 연구분야는 키니네 농장에서 키니네가 다시 세계시장에 출현하게 된 이후에도 계속되고 빌전되있다. 말라리아는 죄후에는 주로 합성약품에 의해 치료될 것으로 여겨진다.

비교적 최근에 이르러 인간에게 매우 중요하게 인식되고 있는 일군의 화학물질이 스테로이드류로 17개의 탄소고리 구조를 기본적으로 갖고 있다. 그리고 자연상태로는 식물이나 동물의 조직 중에서 볼 수 있다. 인간의 것도 포함하는 많은 동물성 호르몬은 이 군에 속한다.

코티손(cortisone)은 아미노산이 탄수화물로 전환하는 것을 자극하여 혈당량을 높이므로 많은 의학적 용도를 갖고 있으며 몇 종의 성호르몬과 같은 군에 속한다. 각종 중병, 특히 류마티즘성 관절염을 치료하는데 사용되고 있다. 코티손은 부신피질에서 분비되는데 1935년에 단리되어 1944년에 소의 담즙산에서 합성되었다.

그러나 인체의 1일분 공급량을 위해서 40마리의 소가 필요하므로 코티손으로 전환할 수 있는 물질을 다량으로 함유하고 더욱 염가로 얻을 수 있는 원료를 찾아야만 했다. 결국 단자엽식물의 마과와 용설란과에 관심이 집중되었다. 이러한 과에 속하는 식물은 사포게닌과 결합한 당으로 된 사포닌을 함유하고 있다. 화학적으로는 스테로이드류와 매우 비슷한 것이다.

미국의 화학자 R. E. 마커는 스테로이드류를 대량으로 생산하는 멕시코산 마속(*Dioscorea*)의 지하경을 이용하는 방법을 도출하였다. 이 지하경 세포의 세포질에는 사포게닌의 일종인 디오스게닌을 함유하는데 이것은 코티손, 남성호르몬의 테스토스테론, 피임용으로 쓰이는 여성호르몬의 에스트로겐과 프로게스테론으로 전환할 수 있다. 이러한 식물생산물에 유래하는 물질의 수요는 급속히 증가하여 멕시코에 야생하는 마의 지하경 공급은 그 나라에 막대한 수익을 초래하였다.

전 세기에 걸쳐 약용원으로서 식물을 사용하는 가장 극적인 것이 항생물질의 발달이다. 항생물질이란 어떤 생물의 물질대사 과정에서 형성되어 분비된 물질이 다른 생물을 죽이는 작용을 하는 것이다. 인간이 이용하고 있는 항생물질을 생산하는 생물의 거의가 곰팡이류, 방선균류, 박테리아(특히 토양 박테리아)이다. 항생물질은 병의 원인이 되는 박테리아에 대한 무기로 사용되어 왔으나 바이러스에 효과가 있는 것은 거의 발견되지 않는다.

1928년, 알렉산더 플레밍경은 박테리아의 포도상구균을 배양 중에 푸른곰팡이 *Penicillium notatum*에 의해 오염되어 항균성 작용이 일어난 것을 처음으로 관찰하였다. 플레밍은 이 작용이 곰팡이의 생육 중에 분비된 어떤 화학물질에 의해 일어난 것을 발견하고 그것을 페니실린이라 불렀다. 그리고 이 물질은 동물에는 유해하지 않다는 것을 증명하였다.

한천배지에 생육시킨 *Penicillium chrysogenum*. 이 곰팡이가 세계 페니실린의 수요를 충족시키고 있다.

그러나 페니실린의 추출과 농축에는 더욱 많은 세월이 필요하였다. 전쟁발발이 페니실린 화학의 연구를 추진하고 그것을 대량 생산하는 노력에 박차를 가했다. 처음에는 곰팡이를 생육시킨 액체배지의 여과물을 페니실린으로써 사용하였으나, 2차대전 중에 페니실린의 추출과 순수화 방법이 완성되어 안정한 결정물로서 얻을 수 있게 되었다. 지금은 페니실린도 합성되고 있다.

역사적으로 1877년에 파스퇴르와 쇼벨이 탄저균의 생장속도가 다른 생물의 존재 하에서는 저하하는 것을 관찰하였으며, 1889년에 엔메르리히와 레브가 녹농균이란 박테리아에서 이 작용이 있는 물질을 단리한 것은 주목할 가치가 있다. 그들은 이 항생물질에 대해 피오티아노제란 이름을 부여하였다.

항생물질은 광범위하게 이용되어 현재는 여러 종류의 미생물에서 얻고 있다. 이러한 항생물질은 주어진 유해한 박테리아의 대사과정을 저해하는 유효한 작용을 하지만 이것은 박테리아에 한한 특이적인 대사과정이어야 한다. 왜냐하면 만일 동일한 과정이 인체 내에서 일어나면 항생물질은 인간에게 있어 박테리아와 같이 유해하여 의학상 사용할 수 없기 때문이다.

   전세기 후반 이래 페니실린이나 다른 항생물질이 인간의 생명이나 건강에 대해 공헌한 정도는 이루 말할 수 없다. 모든 병은 아니라도 대부분의 병에서 구제된다는 것은 큰 혜택이다. 그러나 이 경우 항생물질에 저항성이 있고 독성이 강한 병원균계통이 선택에 의해 퍼져 나가는 것과 같은 여러 가지 문제점이 있다. 병에 대한 인간의 싸움에 있어 이러한 새로운 요인에 대해서는 많은 문제가 제기되어 있다.

7

옥 수 수

> 신대륙의 곡류 중
> 옥수수는 너무나도 뛰어나고 위대했기에
> 다른 곡류는 눈에 띄지도 않았다.
>
> 알퐁스 드 칸돌 「재배식물의 기원」

옥수수의 역사
—신대륙으로부터의 선물

밀이 구대륙의 대표적 곡물이라면 신대륙에서 이에 대응하는 것이 옥수수(maize)*로 달리 이 이상 중요한 곡류는 없다. 신대륙의 발견 직후 옥수수는 구대륙에 도입되어 신구 양세계의 온대, 아열대, 열대 지방의 농업에 없어서는 안될 중요한 작물이 되었다.

---

* 옥수수는 영어로 maize 혹은 corn 인데, 영국에서는 밀도 corn 이라 불리어 혼돈할 염려가 있어 일반적으로는 maize가 사용된다.

밀의 수확량이 1에이커 당 200말 정도인데 옥수수는 1에이커 당 600말을 수확하여 다른 어느 것과도 비교할 수 없을 정도로 뛰어난 작물이다.

옥수수는 현재 재배종만 알려져 있다. 멕시코시에서 고층빌딩을 건설하기 위해 지하 약 60m깊이로 시추하였는데, 그 주상시료(柱狀試料)에서 6만년전의 꽃가루가 발견되어 그것이 옥수수 꽃가루로 동정되었다.

실제로 옥수수는 현재의 형태로는 야생하는 것이 거의 불가능하다. 암이삭은 큰 외피상의 잎인 포엽으로 싸여 있으므로 종자산포를 할 수 없다. 또한 만일 이삭축(속대)이 지면에 떨어졌다 해도 종자는 속대에 붙어 있으므로 모든 종자가 함께 발아하여 많은 묘종의 덩이가 되어 서로 경쟁하여, 아마도 끝까지 자라는 것은 없으리라 여겨진다.

재배식물의 기원을 결정할 때 보통 상용되는 수단은 그 재배식물에 가장 가까운 야생종의 분포를 조사하는 것이다. 옥수수는 테오신트(*teosinte* --아즈테크인의 호칭 teocintl에 유래한다)라 불리는 멕시코 및 중앙아메리카에 원산하며 수수와 비슷하게 키가 큰 1년생 풀에 다대한 관심이 경주되었다.

이 식물의 학명은 *Euchlaena mexicana* --옥수수와 같은 속으로 분류할 때는 *Zea mexicana* -- 이다. 테오신트는 옥수수의 근연종으로서 유망한 식물이라 생각된다. 그 이유는 양종이 모두 10쌍의 염색체를 가지므로 옥수수와 테오신트의 인위잡종은 높은 임성을 나타내기 때문이다. 또한 테오신트는 옥수수같이 꽃가루를 생산하는 수이삭과 종자를 형성하는 암이삭이 구별되어 있다. 그러나 암수에는 종자가 겨우 5~6 알 정도만 달리고 각각 종자는 딱딱한 영(穎)에 싸여 있다.
 테오신트는 분포지에서 야생식물 또는 잡초로서 자생하며 거기에는 옥수수의 다양한 변이성이 나타난다. 그러므로 이것은 Vavilov가 재배식물의 기원중심이라 보는 지역에 해당한다(제 3장 참조). 이유인즉 여기에는 재배식물의 조상종이라 추정되는 야생근연종이 존재하고 재배식물도 높은 변이성을 보이기 때문이다.
 그러나 옥수수가 중앙아메리카에서 테오신트(*Teosinte*)의 재배화에 의해 생겼다는 가설을 인정하기에는 몇 가지 어려움이 있다. 예를 들어 옥수수는 별로 잘 관리되지 않는 옥수수 밭에 주로 잡초로서 자라는 식물에서 유래했다고 생각할 수도 있다. 또한 중앙아메리카에서 큰 변이를 나타내지만 그 정도의 변이는 페루나 볼리비아의 안데스산맥 동사면에 재배되는 것에서도 볼 수 있다는 것을 알게 되었다.

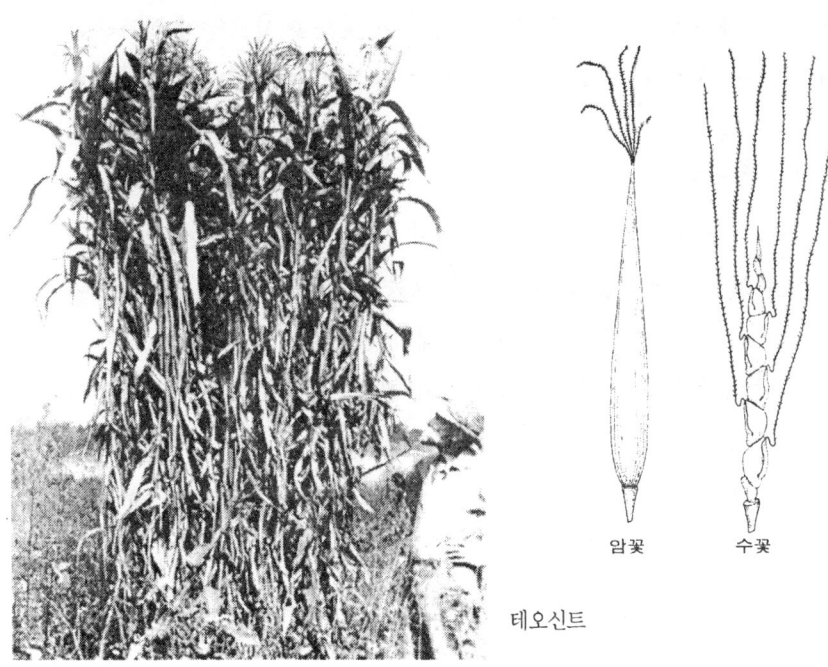

암꽃   수꽃

테오신트

아주 오래전에 앤더슨(E. Anderson)은 옥수수와 관계가 깊은 식물의 형태를 비교하여 테오신트는 옥수수와 근연인 또 하나의 속인 *Tripsacum*의 어떤 종과의 교잡결과로 생겼다는 설을 발표하였다. 분명히 *Tripsacum*에 속하는 종은 옥수수에 대해 테오신트 보다 혈연이 먼 식물이지만, 이 식물은 북아메리카, 중앙아메리카, 남아메리카에 야생으로 분포하며 때로는 옥수수 밭 가까이에도 자생하고 있다.

Anderson의 시사를 유전적인 실험에 의해 해석하기 위해 맨겔스도르프(P. C. Mangelsdorf) 등은 1930년경부터 Texas에서 옥수수와 테오신트 또한 옥수수와 *Tripsacum*의 교잡실험을 하였다.

*Tripsacum*에 속하는 종은 18쌍의 염색체를 갖고 있으며 그 염색체는 옥수수와 두드러지게 다르다. 또한 *Tripsacum*은 외부형태도 달라, 기부에 암꽃이 달리고 상부에 수꽃이 피는 이삭모양의 꽃차례이다. 이처럼 서로 다른 식물의 잡종은 부분적 임성이기는 하나 자손을 만들 수 있다. 이러한 잡종후대에서 많은 형질이 테오신트와 비슷한 식물이 얻어진다.

만일 테오신트가 중앙아메리카에서 이런 식으로 기원한 것이라면 이것은 어떤 재배식물과 그 근처에 생육하는 잡초가 교잡하여 또 다른 하나의 잡초가 만들어졌다는 한 예가 된다.

이 설은 옥수수에 비해 테오신트가 한정된 분포역(과테말라와 멕시코)을 갖는다는 설명이 되기도 한다. 그리고 두 지역에서 왜 다양한 변이를 볼 수 있는가도 설명된다. 실제로 기원지역을 두 군데로 볼 수 있다. 그 하나는 남아메리카의 서북부, 또 다른 지역은 멕시코와 중앙아메리카인데, 여기서 테오신트를 형성하고 이어서 테오신트와 옥수수의 여교배를 통해 변이가 집적되었다. 또한 남아메리카 품종군의 일부가 중앙아메리카로 초기에 전파하여 그곳에서 토착인 것과 교잡하여 품종형성의 새로운 물결을 일으킨 증거가 몇 가지 있다.

어떤 야생식물이 재배화되어 어떤 재배식물이 생겼을 경우, 양자 간에는 근소한 유전인자만으로도 달라지는 것이 기대된다. 그리고 Mangelsdrof 등에 의한 옥수수와 테오신트의 잡종분석 결과는 양자가 많은 유전적 형질에서 다르다는 것을 해명하였다. 이러한 형질은 하나의 세트로 유전하여, 현재의 옥수수가 테오신트가 아니라 분명히 다른 계통에서 기원했으리라는 것을 말해 주고 있다.

그러면 어디를 조사해야 좋을까. 옥수수는 보통 타가수분에 의해 종자를 형성하며 자가수분은 드물다. Mangelsdrof는 현재의 유영종(有穎種)을 자가수분으로 계속적으로 세대를 진행시켜 현재의 옥수수와는 점점 외형이 다른 식물을 얻을 수 있었다.

예를 들어, 측생하는 암이삭이 없어지고 종자가 생기는 임꽃이 수이삭 기부에 나타난다. 계속 자가수분 세대에서 선택을 하니 수이삭에서 수꽃의 영길이가 증대하고 최종적으로는 수이삭에 달린 암꽃이 결실하면, 보통의 벼과식물과 같이 종자가 영에 싸인 것처럼 된다. 수이삭은 부러지기 쉬우므로 종자가 생기면 산포수단을 갖게 되는 셈이다.

그러므로 보통 볼 수 있는 것처럼

암꽃이 아래, 수꽃이 위에 달린 옥수수의 비정상적인 수이삭

딱딱한 이삭축 위에 종자가 달리지 않고 꽃차례에 종자가 생겨 여물면 꽃차례가 꺾여 종자는 여러 곳으로 산포된다. Mangelsdrof는 원시적인 옥수수가 이러한 외관이었다고 믿었다. 이러한 '순수한' 형의 유영종이 생육하여 종자가 생긴다면 야생상태에서도 살아남을 수 있다. 또한 염색체수는 다르지만 형태적으로 *Tripsacum* 속과 닮았다.

　실제 이 유영종과 현재의 재배옥수수는 모든 점에서 다르지만 앞에서 말한 주요한 변화는 약간의 변형이 다른 유전자에 의해 일어나지만, 어떤 염색체상에 있는 특정한 한 유전인자에 의한다는 것이다.

　다른 연구결과도 고려하여 그는 조상형의 유영종은 작고, 딱딱하고 끝이 뾰족한 종자라고 주장하고 있다. 종자의 이러한 세 가지 특징 중 특히 처음의 두 가지는 현재 여러 종류의 폭립종(爆粒種)에서 볼 수 있어 조상인 야생옥수수는 폭발종이며 유영종이었다는 학설을 주장한다. 또한 유영종과 폭발종을 교잡하여 추측하고 있는 원시적인 특징을 많이 갖는 임성이 있는 잡종을 만드는데 성공하였다.

　Mangelsdrof는 그의 가설에 유리한 고고학적 증거를 들어 옥수수가 안데스지방에 기원하였다고 본다. 페루에서 발굴된 선사시대의 유물에 흔히 폭발종이 출토되며, 나아가서 옥수수를 튕기거나 누르는데 쓰이는 토기류도 발견되어 있다.

　원시적인 인간들이 우연히 옥수수를 열위에 놓았을 때, 식용식물로서 유용함을 발견했을 것이다. 즉 영에 싸여 식용으로 부적당한 딱딱한 곡류를 부드럽고 맛있게 영양이 풍부한 식료로 만드는 것을 불을 사용하여 가능하게 한 셈이다. 한줌의 폭립종 중에 한 알의 비폭립성 종자가 포함되어 있을 때, 그 차이도 틀림없이 스스로 알아내었을 것이다.

그러나 폭립종-유영종 옥수수의 기원을 최초로 직접적으로 나타낸 고고학적 증거는 박쥐동굴로 알려져 있는 뉴멕시코의 버려진 인디언의 바위굴에서 거의 반세기전에 발견되었다. 거기에는 기원전 3500년부터 기원후 1000년까지 바닥의 연속적인 인간의 유체, 인간이 만든 도구나 일용잡품이 있었다. 퇴적물에 있었던 옥수수의 가장 오랜 암이삭은 종자가 아주 작고, 붙어있어도 불규칙적이었다. 이삭에 붙어 남아 있는 작은 종자는 폭립종이며 유영종이었다. 여기에서 우리는 초기의 옥수수가 어떤 것이었는가를 알았으나 물론 그것이 야생종의 조상이라는 것은 제시하고 있지 않다.

더욱이 매크네이쉬(R. S. MacNeish)에 의해 멕시코시 남쪽 약 240 km의 데와칸 계곡에 있는 동굴 바닥층에서 발굴된 것이 기원전 약 5000년의 완전한 야생옥수수로 여겨진다. 동굴바닥의 이 층에는 재배식물이 아무것도 없었고, 이 옥수수는 야생의 상태에서 채집된 것이라 보는 것이 옳았다. 그보다 상부의 층은 옥수수재배와 선택이 그 후 500년 이내에 진행하였음을 보이고 야생의 옥수수는 기원후 200 내지 700년 사이에 점차 소실하였다는 것을 말해주고 있다.

이러한 결과에서 옥수수의 안데스 기원설은 아마도 중앙아메리카 문화가 발달한 어느 한 곳과 바뀌어야 할 것이다. 또한 고고학적 유물에서 옥수수에 테오신트가 여교잡하는 것이 옥수수의 진화에 공헌하였다는 증거를 볼 수 있다.

옥수수는 세계적으로 가장 중요한 식량원의 하나로 벼와 더불어 그 유전학은 다른 어느 식물보다 잘 알려져 있음에도 불구하고 그 조상에 대해서는 많은 신비에 싸여 있다. 그러나 이것은 경제상 가장 유용한 식물의 특징적 사실이다. 즉 가장 중요한 식물이란 최초에 재배화되어 긴 역사 속에서 가장 강한 선택을 받아왔으며, 그 결과 틀림없이 심하게 변화했을 것이다. 그럼에도 불구하고 인간은 소멸 직전의 식물을 찾아내 중요한 식물로서 세계에 널리 전파할 수 있는 재배를 가능하게 하여 그 종의 운명을 구제할 수 있게 되었다는 것은 불가사의한 일이다.

옥수수의 형태

옥수수는 매우 특징적 구조를 갖는 식물이다. 1년생이며 몇 개의 분얼(分蘖)이 있으므로 꽃줄기(화경)가 여러 개 형성된다. 줄기는 밑부분의 몇 마디에 발달한 지지근(부정근의 일종)이 돋아 기부를 받치고 있다. 잎은 기부가 엽초를 이루는데 줄기를 따라 세로로 넓어진다. 성숙한 줄기 끝에 수이삭(tassel)이 달린다. 암꽃은 암이삭(ear)이 되어 줄기 옆쪽에 달린다.

이처럼 꽃가루를 만드는 꽃과 종자를 형성하는 꽃이 분리한 단성화를 이루는 것은 벼과식물에서는 드물게 보는 경우이므로 옥수수는 아주 특이한 식물이란 인상을 준다.

옥수수의 암이삭 자체가 매우 색다른 구조이므로 이것에 대비할만한 것은 식물계에서 찾아 볼 수 없다. 이것은 식물형태학이나 해부학적으로 볼 때, 마디사이(절간)가 지극히 짧은 측지(側枝)이며 1개의 잎으로 싸여있다.

A. 뿌리와 식물체의 기부
B. 식물체의 주 부분
C. 꽃차례를 이루는 수꽃 가지
D. 열매를 맺은 암꽃차례. 기부는 포엽에 싸여 있다..

옥수수 *Zea mays*

통상, 암이삭은 암꽃 밑의 짧고 튼튼한 줄기에 대략 7개의 포엽(苞葉)*이 있다. 암꽃은 이삭축(cob,--옥수수의 속대)의 둘레에 빽빽하게 열을 이루어 모이고, 각각의 꽃마다 1개의 종자가 달린다. 꽃이 필 때는 각각의 암꽃에는 암술머리와 암수대가 있는 1개의 긴 '털(silk)'을 형성한다.(193쪽 그림 테오신트 참조)

옥수수 종자의 내유는 귀중한 전분원이며 단백질, 유질, 비타민류가 호분층이나 배에 함유되어 있다. 그러므로 옥수수의 종자는 인간의 식량으로서 혹은 가축의 사료로서 매우 중요하다. 효모를 넣지 않은 빵이나 케이크가 옥수수가루로 만들어진다. 그러나 글루텐 함량이 부적당하므로 효모를 넣은 빵은 만들 수 없다.

내유를 가루로 부수어 콘스타치를 만들어서 식용으로 하거나 혹은 가수분해하여 콘시럽을 만든다. 이 시럽은 포도당이 풍부하여 유아용 식품을 제조하는데 필수적이다. 종자의 배에는 종자 중량의 6%나 되는 기름이 함유되어 있어 마가린, 도료, 비누의 제조에 쓰인다.

잎은 종자와 같이 가축의 사료로 사용된다. 여름이 서늘하여 종자가 여물지 않는 나라에서도 당함유량이 높은 잎이나 줄기로 사일로용의 목초를 만들기 위해 옥수수를 재배한다. 만일 수꽃이 달리는 수이삭을 이 가축용 사료에 포함시키면 비타민류가 풍부하므로 더욱 좋다. 줄기의 수(속)는 폭약의 도화선에 사용되고 균일하게 연소하는 양질의 목탄으로도 쓴다. 콘위스키는 종자로 제조되나 발효에 의해 전분을 당으로 분해하고 증류하여 알코올분을 농축한다.

---

* 포(苞) 또는 포엽이라고도 하며 꽃차례나 꽃 주변에 꽃을 보호하기 위해 형성되는 고도로 변태한 잎. 벼과식물의 외영(겉깍지)이나 내영(속깍지)은 극도로 퇴행한 포엽의 일종이다.

옥수수의 유형별 특징

옥수수는 1492년 쿠바의 오지를 탐험하기 위해 콜럼버스에 의해 파견된 두 사람의 스페인인에 발견되어 처음으로 구세계에 알려지게 되었다. 신대륙에서는 이미 오랫동안 재배되어 있어 작물로서 확립되어 있었다. 지금부터 5000년 전에 이미 멕시코에 옥수수가 있었다는 증거가 있다. 사실, 오늘날 인정되고 있는 옥수수의 주요 종류(형)의 모두가 이미 콜럼버스시대 이전에 존재한 것이며 이들 형의 각각은 같은 종, 즉 *Zea mays*에 포함된다.

옥수수의 종자에는 몇 가지 일반적인 형이 있다.

첫째형이 **폭립종**〈*pop corn* - 그림上(a)·下(a)〉으로 열을 가하면 종자 중심부의 세포 속 습기가 팽창하거나 혹은 수증기로 변하여 압력이 높아져 폭발하여 내용물이 겉으로 튀어나온다. 이때 '펑' 하고 튕기는 것은 내유의 중심부가 함수량이 이상적으로 높은 세포로 되어 있기 때문이며 이 부분이 딱딱하고 건조한 조직으로 둘러싸여 있다.

둘째형이 **연립종**〈*flour corn* - 그림上(b)·下(b)〉이다. 이것은 내유 세포속의 '부드러운 전분'이 물과 함께 혼합되면 쉽게 풀어져 풀처럼 된다. 연립종의 종자내용물은 백색을 띠고 있으나, 멕시코, 중앙아메리카, 남아메리카의 품종에는 부수적인 색소를 함유하고 있어 붉은 끼가 있거나 다른 빛이 도는 것도 있다. 연립종은 단시간 불에서 가열하여 '태우면' 더욱 씹기가 쉬워진다.

(a) 끝이 뾰족한 종자
(b) 멕시코산으로 다양한 색상의 종자가 달린 연립종
(c) 경립종
(d) 감미성에서 볼 수 있는 사탕성 내유(건조하면 주름이 생긴다)가 있는 종자와 마치종의 종자가 있는 이삭
(e) 유영종

옥수수의 이삭

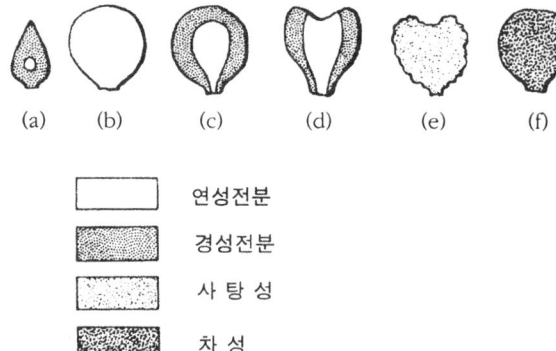

	연성전분
	경성전분
	사 탕 성
	차 성

(a) 폭립종
(b) 연립종
(c) 경립종
(d) 마치종
(e) 감미종
(f) 차 종

옥수수씨(종자)의 몇가지 단면도

셋째형은 **경립종**〈*flint corn* - 그림上(c)·下(c)〉이다. 종자의 겉쪽 전체가 '딱딱한' 전분으로 이루어져, 물과 혼합하여도 쉽게 풀어지지 않는다. 이러한 전분구성 때문에 종자표면에는 광택이 있다. 경립종은 다른 어느 형보다도 더욱 북쪽으로도 재배할 수 있다. 미국 동북부의 인디언은 유럽 이주민이 왔을 때, 종자가 가늘고 긴 경립종을 재배하였다고 알려져 있다.

넷째형은 **마치종**〈*dent corn* - 그림上(d)·下(d)〉인데 그림에서 보는 바와 같이 '딱딱한' 전분이 종자 측면에만 있다. '부드러운' 전분은 중심부와 머리 부분을 차지하고 있으며, 종자가 건조하면 수축하여 종자의 정단부가 '말의 이빨'과 같은 모양이 된다. 종자의 '이빨'의 특징은 보통 높은 수익률과 밀접한 관계가 있으며 미국의 '옥수수 지대'에 재배되는 것은 현재 대부분이 마치종이다. 버지니아와 남·북 캐롤라이나주는 콜럼버스 전시대에도 마치종을 재배하고 있었다.

다섯째형은 **감미종**〈*sweet corn* - 그림c(d)·下(e)〉으로 내유의 세포는 전분 대신 고농도의 설탕을 함유하고 있으며 보통, 종자가 여물기전에 수확된다. 그때 내유는 아직 액상이며 식탁용 요리에 사용된다. 감미종은 종자를 건조시키면 특징적인 짙은 색이 되고 표면에 주름이 생긴다.

여섯째형은 **차종**〈*waxy corn* - 그림下(f)〉으로 드문 품종이다. 보통 옥수수의 전분은 아밀로펙틴과 아밀라아제로 구성되어 있으나 차종은 아밀로펙틴 만으로 되어 있다.

그 원형상태는 없어졌지만 옥수수의 중요한 한 품종에 유영종〈有潁種, *pod corn* - 그림上(e)〉이 있다. 그 유전적 특성은 옥수수의 다른 품종 중에 현재 다시 나타나고 있으므로 인위적으로 유영종을 재현하는 것은 가능하다.

유영종의 각개 종자는 보편적으로 벼과식물의 종자에서 볼 수 있듯이 영(glume, 겨)이라 불리는 작은 잎 모양의 외피로 싸여 있다. 옥수수에서는 통상 이 영이 각개 종자의 기부에 흔적인 잎집 또는 초(鞘)와 같이 극도로 퇴화한 모양으로 붙어 있는데 불과하다.

잡종 옥수수

옥수수의 조상에 대해서는 아직 확실치 않으나 최근의 역사에 자세하게 기록되어 있다. 전세기 후반에 있어 식물 육종의 위대한 승리가 이루어진 것은 옥수수에서이다. 이 시기에 '잡종옥수수'의 발달이 미국 옥수수지대의 농업을 개혁하고 말았다. 이 혁명은 바야흐로 세계의 다른 지역에도 퍼져 나가고 있다.

옥수수는 보통 전부가 타가수분하기 때문에 잡종이라 말할 수 있으나 '잡종옥수수'는 계통적으로 육성된 특수한 잡종이다.

보통 타가수분하는 식물은 대부분의 경우 자가수분시킬 수 있다. 그러나 자가수분을 수세대하면 그 결과 생긴 식물은 '근교약세'를 면할 수 없다. 근교약세가 일어나면 그 후 생육이 불량한 상태에서 안정하게 된다. 이러한 계통을 자식계통(自殖系統)이라 부르는데 두 자식계통을 교잡하면 잡종은 원래의 자식계통의 양친보다도 왕성한 생육을 보인다. 이러한 잡종을 만들어 내는 것은 19세기의 중엽, 다윈에 의해 실험적으로 처음 연구되었다.

다윈은 이 결과를 발표하고 그것을 하버드 대학의 에이사 그레이(Asa Gray)에게 편지로 보냈다. Gray의 제자인 윌리엄 빌(William Bill)은 후에 시카고 대학의 교수가 되어 옥수수의 수확량을 높이기 위해 잡종강세를 이용하는 연구를 하였다.

그는 옥수수의 어떤 두 품종을 다른 품종하고 교잡하지 않도록 격리하여 재배하였다. 이어서 한 품종의 모든 개체에서 아직 개화하지 않은 수이삭을 잘라내고, 수이삭을 제거한 품종의 암꽃이 또 하나의 수이삭을 제거하지 않은 품종의 꽃가루를 타가수분에 의해 종자를 만들도록 하였다. 이렇게 해서 생긴 교잡종자를 수확하여 다음 계절에 재배한 결과, 생긴 잡종은 매우 왕성하게 생육하였다.

Bill은 선택되지 않은, 유전적으로 순수하지 않는 두 품종을 사용하였으므로 충분하게 반복 실험할 수는 없었다. 그러므로 그의 실험체계는 옥수수 종묘회사에 일반적으로 채용되지 않았다.

다음의 진보는 뉴욕 근교에 있는 골드스프링 허버 연구소의 샬(George. H. Shall)에 의해 이루어졌다. 그는 양친끼리의 순수한 것을 교잡시킨다는 필요조건을 부가하여 잡초생산의 균일성을 만드는데 성공하였다. 양친의 순수성은 수세대에 걸친 양친의 계통을 자가수분하는 것으로 이루어졌으며, 잡종 제 1대만이 실용적인 옥수수 생산에 사용할 수 있다는 것을 여실히 보여준다.

잡종옥수수의 양친에 실용적으로는 수확이 낮은 자식계통을 사용하면 왕성한 잡종을 간단하게 만들 수 있다는 샬의 생각은 불행하게도 실제 생산자인 농민들에게는 주목받지 못하고 오랫동안 이해되지 못했다.

  종자양친으로서 사용되는 자식계통은 작은 암이삭 밖에 달리지 않고 종자도 약간 밖에 획득되지 않으므로 이 방법--이른바 '단교잡종'-- 은 보통목적으로는 너무나 고가였다.

  나아가서 다음의 진보는 1918년 코네티컷주 농업시험장의 죤스(Donald Jonse)에 의해 이루어졌다. 죤스는 '복교잡법'을 도입하였다. 이 방법으로는 네 개의 자식계통이 조합된다. 이 방법은 두 번의 교류가 있어야 하며 최종적인 종자가 생산되기까지는 2년을 필요로 한다. 이 최종 종자가 옥수수의 작물로서 파종되는 것은 3년째부터이다. 목적을 위한 바람직한 잡종종자는 이 방법에 의해 다량으로 생산할 수 있다.

  최초의 교잡에서 생산되는 종자는 왜성의 자식식물에 착생한 작은 암이삭에 생기나, 제 2의 교잡에서 생긴 종자는 생육왕성한 '단교배' 식물에 착생하는 큰 암이삭에 생기기 때문이다.

  '복교잡'에서 형성되는 종자는 각각 '단교잡'으로 생기는 것에 비해 유전적으로 한결같이는 않으나 '비잡종'의 옥수수에 비하면 상당한 개량이며 다량생산이 가

북미 인디언이 재배하고 있는 '경립종'의 이삭(좌)과 잡종 옥수수의 이삭(우). 각 열의 수 및 각 열 종자(영과) 수의 증가에 주의. 종자는 '마치종'의 특징이 있다.

능한 것이다.

'복교잡법'은 기본적으로 현재 미국에서 옥수수 대부분의 생산에 쓰이고 있는 방법이다. 에이커 당 수확량이 대폭으로 증가한 외에도 질병저항성, 기후적응성, 기타의 우량형질을 조합할 수도 있다.

그러나 농가는 특정한 종묘회사에서 매년 새로운 잡종종자를 사야 하므로 대규모의 고도로 조직화된 회사에서 옥수수 재배지역의 기후, 토양, 병해조건 등에 맞도록 만들어진 잡종종자를 농가에 공급하고 있다.

잡종옥수수를 만들기 위해 발달한 기술은 현재, 다른 중요한 경제작물의 생산에도 적용된다. 그 기술로 캘리포니아에서는 많은 잡종수수, 잡종양파, 잡종사탕무가 현재 재배되고 있다. 또한 어떤 계통을 친교 교배하여 그것을 교잡시켜 아주 빠르게 또한 일시에 생장하는 닭이 우리들의 식탁에서 맛보여지고 있다.

현재, 옥수수, 수수, 양파, 사탕무의 잡종종자는 '웅성불임법'으로 만들어지고 있다*. 각각의 종에 있어 정상적인 꽃기루를 생산하지 않는(웅선불임) 원인이 되는 유전자가 있는 계통이 만들어졌다. 웅성불임을 일으키는 경우는 세가지가 있다.

첫째, 특정한 세포질과 특정한 유전자의 조합에 의한 경우로 양파, 사탕무, 아마 등에서 볼 수 있다. 둘째는 특정한 세포질에 의한 경우로 옥수수나, 밀 등에서, 셋째로 특정한 유전자에 의한 경우로 옥수수, 수수, 보리, 토마토 등에서 볼 수 있어 웅성불임의 연구와 이용이 이루어지고 있다.

---

* 잡종작물을 만드는 웅성불임법은 크게 성공을 거두었으므로 '잡종밀'의 생산이나 기타 많은 작물에서도 실험적으로 사용되고 있다.

만일 이 계통의 보통 꽃가루임성이 있는 계열과 함께 재배된다면 웅성불임계통에 생기는 종자는 모두 후자 계통의 타가수분에 의해서만 만들어진다.

수수나 옥수수는 다음 세대의 종자가 필요하므로 꽃가루임성이 있는 선대의 꽃가루는 '임성회복유전자'를 가지고 있어 잡종식물이 재배되었을 때는 그 자신이 종자를 만들기 위한 꽃가루가 형성되도록 되어있다.

8

콩류와 착유식물

> 인구는 기하학 급수의 비례로 증가하지만
> 식량은 등차급수로 밖에 증가하지 않는다.
> 그러므로 식량쟁탈이 일어나
> 강자는 이겨 살아남고, 약자는 패하여 멸망한다.
>
> 찰스 다윈 「종의 기원」

콩류--콩과식물
---문명을 이룩한 또 하나의 중요한 역군

And let them give us pulse to eat, and water to drink. (Daniel 1:12.)

성경 King James판에서 pulse는 채식 또는 채소로 해석되어있으나 콩 또는 콩류로, 오히려 이렇게 이해하는 것이 보편적이다. 콩과식물의 종자나 과실을 일반적으로 pulse라고 부른다.

인간이 먹는 것에는 탄수화물 이외에 지방과 단백질이 포함되어 있어야 한다. 그러나 단백질 공급은 흔히 부족하기 쉽다. 콩류를 먹는 것은 지금은 아주 쉽게 생각되지만, 원시인에게 있어서는 어려운 일이었다. 초기 원시인들은 수렵민으로서 동물에서 단백질을 취하고 있었으므로 따로 단백질의 공급이 그다지 필요한 문제는 아니었다. 그러나 인구가 증가하고 유목수렵생활에서 정착한 농경생활로 변화하는데 따라 단백질 섭취량의 대부분을 식물에서 공급받을 필요가 생겼다.

동남아시아의 정글에서 생겨난 근채농경문명은 근채류나 과실류를 재배화 하여 식용으로 하였는데 주변에 풍부하게 있는 콩류는 하나도 재배화 하지 않았다. 야생의 콩은 원시인에게 있어 그렇게도 먹기 어려운 것이었을까. 콩은 중국이 원산이고 그곳에서 약 5000년간이나 재배되어 왔다. 콩은 20%의 기름과 15%의 탄수화물, 40%의 단백질을 가지고 있다. 그러므로 우리의 식량에서 육류나 다른 동물성 단백질을 보충하거나 대체할 수 있는 것이다.

땅콩과는 달리, 콩의 가치를 유럽인들이 알게 된 것은 오랜 세월이 흐른 후였는데 현재에 있어서 콩의 용도는 일일이 열거할 수 없을 정도로 너무도 광범위하다. 채식주의자의 식사에는 콩류가 단백질의 풍부한 공급원이다. 그 중에서 특히 두부에 대해서는 콩 절을 끝맺기 전에 설명하겠다.

콩은 콩과에 속하며 콩과식물은 습지보다 건조지대에 원래 많은 종류가 야생하고 있다. 구조가 매우 특징적인 열매(꼬투리)가 생긴다. 식물학에서 협과라 불리는 이 열매는 익으면 두 선(봉합선)에 따라 갈라진다. 콩을 포함하여 이 과중에서 많고 경제적으로 중요한 식물은 또한 특징적인 나비모양의 꽃이 달린다.

콩과식물에 단백질이 풍부한 것은 일부 특수한 질소영양 섭취법에 의한 것이다. 보통 이 과의 식물 뿌리에는 근류(뿌리혹)가 붙어 있으며, 근류에는 *Rhizobium* 속으로 분류되는 박테리아가 포함되어 있다. 이 박테리아는 토양 중에는 독립생활 할 수 있으나 식물의 뿌리에 들어갔을 때는 대기 중의 질소를 단백질의 구성단위가 되는 유용한 아미노산으로 변화(고전)시키는 기능이 있으므로 매우 중요하다.

박테리아는 숙주식물로부터 탄수화물과 다른 영양물질을 받아들인다. 이것은 공생의 좋은 예로서 이 관계로 인해 콩과식물은 천연의 질산염이 결핍한 토양에서도 생육할 수 있다.

콩깍지(꼬투리)나 종자를 수확한 후 식물체를 땅속에 묻으면 토양이 매우 비옥해지고, 그 결과 콩과식물은 장기간에 걸친 윤작작물의 자리를 차지하고 있다.

단백질은 아미노산이 축합하여 생긴 것이다. 인간생활에 기본적인 단백질은 생성하는 데는 특수한 아미노산이 필요하다. 그 중 리신, 메디오닌, 트립트펀의 3종은 인체에서 다른 물질로부디는 합성되지 않으므로 식품 중에 함유되어 있어야만 한다.

그런데 많은 식물성 단백질원, 특히 곡류의 단백질에는 이러한 아미노산이 부족하다. 그렇지만 이러한 아미노산 음식물에 콩과식물을

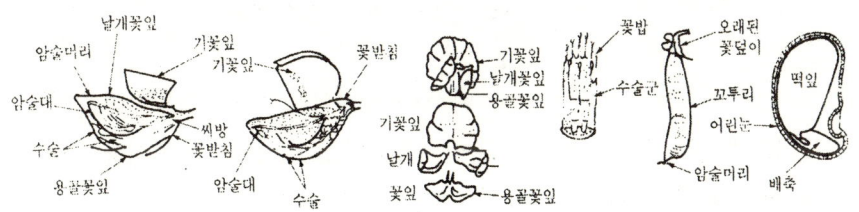

콩과 꽃의 각부

첨가함으로써 해결된다.

아메리카 열대지방과 아열대지방의 인디언이 옥수수와 콩이 주체인 균형 잡힌 식량을 확립한 것은 우연의 일치가 아니다. 또한 벼와 콩의 조합이 현재 매우 널리 사용되고 있는 것도 결코 놀라운 일이 아니다.

대부분의 콩과작물은 한해살이 식물이다. 여러해살이인 강낭콩조차 보통은 한해살이 식물로서 재배하고 있다. 콩과식물의 종자는 다른 식물의 그것과 비교할 수 없을 정도의 큰 종자가 많고 눈에 띄는 꼬투리 속에 생긴다. 배는 2개의 자엽으로 거의 충만되고 자엽사이에 작은 뿌리와 줄기(유근과 유아)가 끼어 있다. 거듭 말하지만, 콩류의 종자는 뛰어난 식량원으로 수분함유량이 적으므로 쉽게 저장할 수 있다. 그러므로 신구 양세계에서 일찍부터 그 가치가 인정되었다.

이야기가 약간 옆길로 새지만 콩과식물 중에는 이런 낭만적인 주인공도 있다.

紅豆生南國	붉은 콩은 남쪽 나라에 자라네
秋來發幾枝	가을에 이르러 많은 가지에 퍼진다.
贈公多採摘	그대에게 드리려고 한아름 꺾었다네
此物最相思	그대 생각 간절함에 더 적절한 것이 무엇이 있을런가

홍두(*Abrus precatorius*)란 아프리카 원산의 상록 덩굴로 붉은 종자를 맺는데 빛깔이 아름다워 장식용으로도 쓰이나, 그 열매를 선물하면 일종의 꽃말로서 사랑을 고백한다는 뜻이 있다. 당나라 왕유(王維)의 시다.

콩(대두)

재배식물 이야기 중에서 가장 흥미로운 것은 구대륙에 기원한 콩의 이야기이다. 콩(soy bean, *Glycine max*)은 콩속에 속하며 이 속에는 아시아에 분포하는 키가 낮은 덩굴성의 관목 또는 초본이 30~50종 포함되어 있다.

콩은 야생종으로는 알려져 있지 않으나 동아시아 야생의 돌콩(*G. ussuriensis*)은 콩과 아주 유사하며 콩의 조상형 또는 공통의 조상에서 생겨난 것으로 여겨지고 있다. 앞에서도 언급했지만 콩은 중국에서 몇 세기에 걸쳐 재배되었으나, 기록이 남아 있는 이전에도 이미 재배되었을 것이라는 견해도 있다.

유럽 동부나 남부로는 러시아를 통해 점차 퍼져나가고, 아프리카에서는 흔히 볼 수 있는 작물이 되어 20세기 동안 남미로 전파되었다. 북미에서 그 가치가 인정되기까지는 긴 세월이 필요하였다.

1924년까지는 경제적으로 재배되는 일이 없었으나 일단 그 가치가 인식된 후 이 식물은 매우 중요하게 여겨져, 지금은 세

돌콩 *Glycine ussuriensis*

계 콩 생산량의 40%를 생산하고 있다.

  재배의 역사가 길고 최근에 이르러 광범위하게 육종이 이루어졌으므로 현재 다수의 콩 품종이 알려져 있다. 이러한 품종은 각종 용도와 콩이 재배되는 지역의 다양한 풍토에 적응되어 있다. 특히 열대 및 극동지역에 사는 사람들은 콩을 '밭에서 나는 육류'란 인식하에 다용도로 사용하고 있다. 기름이 풍부하고 칼슘, 철분, 비타민류가 함유되어 있으나 콩의 가치는 무엇보다도 단백질의 함유량이 높다.

  콩은 생으로 샐러드에 사용되기도 하며 낙화생처럼 볶아 먹을 수도 있다. 국수나 콩나물도 먹는 방법의 한가지이다. 콩기름은 요리용 지방, 기타의 식품제조, 비누, 글리세린 리놀륨의 제조에 중요하다. 또한 다른 기름과 혼합하여 도료나 바니스 공업에서 각종 용도로 쓰이며 방수제, 활제, 무두질 마무리에도 유용하다.

  기름은 압력을 가하여 얻지만 용제를 사용하여 연속으로 추출할 수도 있다. 기름을 짠 찌꺼기는 대두박이라 하며 건조중량의 40~50%가 단백질로써 양질의 가축사료이며 또한 메마른 토양에 부식질과 질소를 부가하는 비료로 사용한다.

  대두박은 독특한 강한 냄새를 없앤 후, 합성식품의 구성성분으로서 더욱 중요해졌다. 대두박에는 인간의 소장 내에서 단백질을 분해하는 효소인 트립토신의 억제물질이 함유되어 있으므로 대량 사용을 위해서는 이 억제물질을 파괴하는 특별한 처리를 해야 한다.

  특히 흥미로운 것은 우유의 대용품으로 이용하는 것으로 물에서 일종의 유상액으로 변화시켜 우유에 대해 알러지가 있는 사람이나 우유를 싫어하는 사람들이 먹는다. 그러므로 콩은 다방면에 걸쳐 이용가치가 있는 현대의 유용식물 중에서 보기 드문 것이다.

콩을 가공한 식품 중의 백미는 장유와 두부이다. 물에 불린 콩을 맷돌에 갈아 자루에 넣어 짜낸 콩물을 끓여 간수로써 염이나 응고제를 가하여 응고시키고 분리되는 물을 나누어 압축하여 굳힌 것이 두부이다. 이 과정에서 눌러서 굳히지 않은 것을 순두부, 생두부 라고 하며 두부를 얇게 썰어 기름에 튀긴 유부 등, 그 외에도 여러 가지가 있다. 한때 주로 동양에서만 먹었던 두부는 현재 식품으로서 또는 영양가치가 세계적으로 인식되어 그야말로 세계인의 식품이다.

된 장

장(醬)의 일종으로 간장과 함께 예로부터 전해지는 한국 고유의 조미식품으로 음식의 간을 내는 기본이 된다.

선사시대에 부여는 콩의 명산지로 콩으로 간장과 된장이 섞인 걸쭉한 장을 담갔다. 고구려에서는 장양(醬釀)이라 하여 장담그기 등의 발효성 가공식품을 잘 하였다는 기록이 있고, 고려시대까지는 된장에 관한 구체적인 문헌이 없지만 콩으로 메주를 쑤는 법이 「증보산림경제(增補山林經濟)」에서 보이기 시작하여 오늘날 된장제조법의 근간이 되었다.

조선시대 「구황보유방(救荒補遺方)」을 보면 '콩 한 말을 무르게 삶고 밀 다섯 되를 볶아 함께 섞어서 메주를 쑤고 더운 온돌에서 띄워 황의(黃衣)가 입혀질 정도로 뜨면 말려서….'라고 씌어 있다.

즉 탄수화물이 강화된 메주의 재료개념이 그대로 일본으로 건너가서 일본메주로 정착하였음을 알 수 있다.

「증보산림경제」에는 '콩을 물에 씻어 하룻밤 물에 담갔다가 건져 익힌 것을 절구에 찧어 둥글게 메주 모양으로 만든다.'라고 기록되어있다.

된장에는 청국장, 막장, 담북장, 빠개장, 가루장 등이 있다. 청국장은 단기숙성으로 단시일 내에 먹을 수 있게 만든 것이다. 콩을 삶아 섭씨 60도 정도로 온도를 낮추어 나무상자나 소쿠리에 담아 볏짚을 덮고, 따뜻한 곳에 덮어 두어 섭씨 45도를 유지하여 2~3일간 띄워 점액질이 생기도록 한다. 잘 뜬 콩이 식기 전에 소금, 마늘, 고춧가루, 파를 넣고 찧어 항아리에 담는다. 막장은 날메주를 가루로 빻아 소금물로 질척하게 익힌다.

단백질이 38%, 리놀산, 리놀렌산 등 불포화지방산이 많이 함유된 지방이 10%인 콩으로 만든 된장은 100g당 열량이 128cal, 단백질 12g, 지방 4.1g, 탄수화물 14.5g, 회분 17.9g 으로 영양이 풍부한 식품이다.

콩과의 목초

많은 콩과식물은 콩처럼 다양한 이용성은 없으나 콩과식물이 없는 생활을 생각하기란 참으로 어렵다. 콩류는 직접 우리들의 식량이 될 뿐만 아니라 간접적으로도 크게 우리에게 공헌하고 있다.

각종 클로바류가 자라지 않는 가축 방목지는 생각할 수 없으며, 가축사료로서 가장 가치 있는 것은 자주개자리(alfalfa, *Medicago sativa*)를 원료로 한다.

자주개자리는 구세계의 꿀벌이 도입되기 이전이나, 밭 주변의 숲에 인공적으로 꿀통을 설치하여 신대륙 토착의 '알카리벌'을 증식하는 노력을 하기 이전까지는 신세계의 어떤 지역, 특히 아메리카 북부에서는 재배할 수 없었다. 그러나 이런 종류의 비교적 대형인 벌로 꽃을 수분할 수 있게 함으로써 성공적으로 결실시킬 수 있었다.

자주개자리는 줄기가 땅을 기지 않고 곧게 서며, 키가 50~100cm인 여러해살이풀이다. 턱잎이 여러 갈래로 갈라지고 꽃은 자주색이며, 10~30개의 술모양 꽃차례를 이루어 7~8월에 피고, 꼬투리에 가시가 없다.

좀개자리(*M. minima*)는 높이가 5~30cm인 한해 또는 두해살이풀이다. 줄기는 땅을 기거나 비스듬히 선다. 꽃은 담황색으로 길이 약 3mm, 10개 이내로 술모양 꽃차례를 이룬다. 꼬투리에 가시가 있다. 턱잎이 갈라지지 않고 털이 많다.

개자리(*M. hispida*)는 두해살이풀이다. 줄기 밑부분에서 많은 가지가 갈라져 비스듬히 서

개자리 *Medicago hispida*

거나 땅을 긴다. 꽃은 황색으로 10mm이내의 술모양 꽃차례를 잎겨드랑이에 이루어 5월에 핀다. 꼬투리는 2~3회 감기며 지름 5~6mm, 가장자리에 가시 같은 털이 있다.

주요한 콩과 목초의 대부분이 구세계 기원인 것은 신세계의 인디언이 초식성의 가축을 기르지 않았으므로 별로 놀랄 일이 아니다.

착유식물

기름 또는 지방을 얻기 위해 재배하는 식물의 대부분은 콩과는 달리 단일목적의 식물이다. 대사결과, 식물체의 일부 특히 종자에 기름 또는 지방의 형태로 저장물질이 축적되고, 특히 기름이나 지방은 종자 속에 함유되어 있으나 종자로 전류한 당류로 만들어진다.

지방과 기름은 화학적으로는 유사한 물질이지만 물리적 형태가 다르다. 상온에서 지방은 고체 또는 거의 고체상태이고, 기름은 액체로 양자 모두 지방산을 함유하는 글리세롤 화합물이다. 기름 분자 속에 함유하는 산소의 비율이 낮으므로 기름은 고도로 농축된 에너지원이며, 이것은 종자에 있어 특히 의의가 있다.

기름은 건성유, 반건성유, 불건성유 및 지방의 4군으로 분류된다. 건성유는 공기와 접촉하면 쉽게 산소를 흡수하여 얇은 탄력성의 막을 이루어 건조된다. 아마에서 추출하는 아마인유, 콩에서 짜내는 콩기름, 잇꽃에서 추출하는 잇꽃기름이 그 좋은 보기이다.

반건성유는 산소를 흡수하여 긴 시간에 걸쳐 연한 얇은 막이 생긴다. 많은 식용유, 등유, 비누제조에 중요한 유류가 이 군에 속한다. 면실유, 참깨에서 취하는 참기름, 멜론이나 해바라기종자에서 짜는 기름도 반건성유이다.

불건성유는 상온에서는 액상이고 공기에 노출되어도 얇은 막을 형성하지 않는다. 이것은 산소와 거의 반응하지 않기 때문이다. 기껏 반응해도 천천히 할 뿐이다. 많은 식용유나 윤활유, 올리브유, 낙화생유, 피마자유는 이 군에 속한다.

식물성 지방군은 식물성 기름 중에서도 특이하여 저온에서 고체가 되는 것으로 식용지방으로서 잘 알려진 것은 야자에서 취하는 야자유, 기름야자에서 추출하는 기름야자유와 카카오에서 짜는 카카오유이다.

현재 많은 착유식물은 열대, 아열대, 난대에서 재배되고 있다. 열대지방의 경제성장에 있어 그러한 지방이 식물성 기름이나 지방의 대공급지역이란 것은 매우 중요한 의미가 있다.

다음은 앞에서 설명한 여러 착유식물 중에서 기름야자와 잇꽃에 대해서 이야기해 보자.

기름야자

이 야자나무(oil palm, *Elaeis guineensis*)는 9m 정도까지 자라는데

기부에 가시 같은 깃모양의 잎이 달린다. 열매는 야자열매와 비슷하나 크기는 호두나 가래나무 열매의 절반 정도이다. 야생의 기름야자가 오랫동안 이용되어 왔으나 근래 수백년 사이에 농장에서 재배되게 되었다. 서아프리카의 나이지리아가 최대의 수출국으로 동남아시아나 열대아메리카에도 도입되었다.

기름야자는 다른 어느 착유식물보다 단위면적당 기름 생산량이 높다. 야자기름은 과실속 중과피의 과육에서 추출하나 기름야자의 기름은 종자부분에서 추출한다. 야자유는 황색-등색이며 온대의 온도 조건하에서는 고체이다. 그 결과 야자유는 식물성 지방으로 취급한다. 이 기름은 비누, 마아가린, 초 제조나 철, 생철판 공업에서 윤활유로 사용한다. 또한 서아프리카 주민의 식료로서도 중요하다. 기름의 색은 비타민 A의 소재인 카로틴 때문이다.

한편, 기름야자의 기름은 상온에서는 완전한 액체이며 무색이거나 연한 황색이다. 비누나 마아가린의 제조에 쓰인다.

잇 꽃

현재 식용유나 마아가린을 이른바 폴리 불포화유로 생산하는데 특히 관심을 기울이고 있다. 이런 종류는 거의가 식물성이며 혈관에 콜레스테롤을 별로 축적하지 않으므로 동맥경화증의 억제에 좋다.

기름이 '포화' 되어 있는 상태는 모든 탄소원자가 일가의 결합을 하였다는 것을 말하며 이중결합이 많으면 많을수록 보다 '불포화' 상태의 기름이 된다. 기름을 점점 포화시키면 융해점이 상승하는데 '수소첨가' 조작에 의해 할 수 있다. 예를 들어, 액상의 식물유로 마아가린을 만들 때 이 방법을 쓴다.

모든 식물유 중에서 가장 불포화인 것은 잇꽃 기름이다.

잇꽃(safflower, *Carthamus tinctorius*)은 국화과식물로 근동지역이 원산이라 여겨지며, 그 지방에는 약 20종이 분포한다. 잇꽃 과실은 3500년전 이집트의 묘에서 발견되었다. 인도, 중동, 동아프리카에서 수세기 동안에 걸쳐 대량으로 재배되었다.

잇꽃은 고대로부터 머리모양꽃(두상화)에서 대표적인 적등색 염료를 추출하기 위해 재배되었다. 이 천연색소는 현재 합성염료로 대체되었고, 종자에서 채취하는 기름이 더욱 중요해졌다.

두해살이 초본으로 두상화에 형성되는 열매마다 1개의 종자가 생

잇꽃 *Carthamus tinctorius*

기며 기름함유량은 종자중량의 24~36%에 해당한다. 기름은 식용 이외에 백색 또는 연한 색상의 도료제조에 쓰이는데, 이 목적에 주로 쓰이는 기름야자의 기름은 세월이 지나면 황색이 되나 잇꽃기름은 변색되지 않는다. 또한 많은 가축사료의 중요한 성분이 된다.

잇꽃의 대규모 생산에서 하나의 난점은 머리모양꽃에 총포가 있으므로 열매가 쉽게 떨어지지 않는 점이다. 이러한 문제는 농업에 있어 흔히 있는 일로서 밀의 경우는 선택에 의해 적절하게 해결하였으므로 잇꽃에서도 육종과 선택실험으로 이 문제는 해결되리라 본다. 이 실험에는 잇꽃속의 야생종과 잇꽃을 인위적으로 교잡할 필요가 있다.

착유식물은 미래에 더욱 유용한 작물이 될 가능성이 있다. 그리고 이러한 작물의 개량이 열대 신생국들에 대한 중요성을 증가시키고 있다. 이런 점에서 착유식물은 과거에 곡류가 온대지역에서 해온 것과 같은 역할을 다할지도 모른다.

9

사탕수수와 고무나무

> 과학과 사회는
> 인간이란 오직 하나의 종 때문에
> 생물권을 흐르는 에너지 중,
> 어느 정도를 돌려 써야 하느냐는
> 문제에 눈을 돌리게 될 것이다.
> W. 우드웰 「생물권의 에너지 사이클」

당 류

당류란 가장 간단한 종류의 탄수화물이다. 사탕류는 두 군으로 구분된다. 2조의 단당류로 분자식 $C_6H_{12}O_6$ 으로 나타내는 포도당이나 과당과 같은 육단류, 그리고 $C_5H_{10}O_5$ 로 표시되는 오당류와 서당이나 맥아당이 포함되며, $C_{12}H_{22}O_{11}$ 로 표시되는 두 종류이다.

자당은 1분자의 포도당과 1분자의 과당이 1분자의 물을 상실하는 축합으로 만들어진다. 맥아당은 2분자의 포도당과 동일한 축합으로 생긴다. 사탕분자끼리의 연속적인 축합은 분자적인 복잡성을 증가시켜 최종적으로는 덱스트린, 전분, 셀룰로오스 같은 다당류를 만든다.

당류는 광합성에 의한 탄수화물의 제 1차 생산물로서 중요하며, 동식물이 함께 호흡하는 것으로 에너지를 만들어 낼 수 있다. 또한 식물조직 내에서 다시 복잡한 구성물질의 기초로서 이용된다.

인간에게 있어 사탕류는 인체 내에서 분해되어 당류를 생성하는 것과 같이 보다 복잡하고 보다 밀도 높은 식품에 비하면 사치스러운 것이다. 전분질의 식량은 사탕류의 식품보다도 저장이 쉽다.

인간이 가장 오래전부터 소비한 사탕원은 벌꿀로 세계 어디서나 꿀벌을 볼 수 있는 모든 장소에서 현재도 채집되고 있다. 벌꿀은 꿀벌에 의해 꽃의 밀에서 만들어지는데 포도당, 과당, 서당을 함유한다.

18세기 초두까지 유럽의 서민은 벌꿀 이외의 단맛 나는 것은 아무 것도 갖고 있지 않았다. 로마시대부터 설탕은 아시아에서 유럽에 반입되었으나 매우 고가의 수입품이었다. 고대 로마인은 사탕이 '대와 비슷한 풀'에서 착출된 것임을 알고 있었다.

그러나 이 풀이 자라는데는 습기를 다량 필요로 하며 인도와 지중해지역 사이에 건조한 여러 나라가 존재하므로 아랍인이 이 식물을 유럽이나 중동지방에 수입할 수 없었다. 그 결과 사탕은 중세의 마지막까지 진귀한 품목으로 귀족만이 사용하고 있었다. 그리고 약품으로 약방에서 팔리고 있었다.

사탕수수

인도에서 설탕은 사탕수수(sugar cane, *Saccharum officinarum*)에서 추출되고 있었다. 사탕수수는 아마도 동남아시아에 토착한 것으로 야생식물로는 알려져 있지 않으나 같은 속에 속하는 12종의 다른 종이 열대아시아에 자생하고 있다. 그 중 적어도 5종은 인도원산이다.

재배사탕수수는 아마도 순수한 종이 아니고 적어도 2종의 교잡에 유래하는 것으로 그 역사의 후반에 다시 다른 야생종과 교잡된 것이라 여겨진다. 사탕수수는 수수와 함께 같은 벼과식물 중 쇠풀족(族, *Andropogoneae*)에 속하나 수수자체도 설탕함유량이 꽤 높으며 역시 설탕을 추출하는데 쓰이고 있다.

사탕수수는 키가 크고 딱딱한 줄기가 이어진 것과 같은 벼과식물이며 3~5m에 이르는 식물도 있다.

한 개체의 식물은 지상부에서 뭉쳐나 많은 줄기가 생기며 각각은 지지근에 의해 지지된다. 줄기 끝에 깃털모양의 흰 꽃차

사탕수수 *Saccharum officinarum*
잎을 벗겨 절간 사이의 연결된 줄기를 나타냄. 낭질의 침전물이 줄기를 부분적으로 싸고 있다.

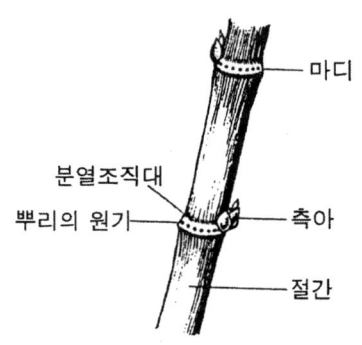

사탕수수 줄기의 일부

례가 달리고 꽃차례에는 종자가 소량 붙어 있고, 보통은 영양번식에 의해 증식시킨다. 드물게 결실하는 것은 잡초기원이란 것과 매우 많고 변이성이 높은 염색체수에 의한 것이다. 또한 꽃가루도, 종자도 아주 수명이 짧다.

사탕수수는 오래된 줄기의 상부를 잘라 '삽목'을 심어서 번식시킨다. '삽목'은 몇 마디가 있는 약 20~25m의 길이이며, '삽목'의 최상부의 겨드랑이싹에서 새로운 줄기가 싹트고 가장 하부의 마디에서 부정근이 돌려난다. 줄기는 정단의 싹이 꽃차례형식으로 전환할 때까지 생장하며, 그 후 줄기가 수확되지 않으면 말라 죽는다. 조건만 좋으면 하나의 '삽목'에서 약 20년간 지상경을 계속적으로 생장시킬 수 있지만 핍박한 토양에서는 식물의 수명이 훨씬 짧다.

줄기는 기부에서 잘라 수확되며 줄기를 롤러에 통과시켜 설탕을 다량으로 함유한 액을 짜내는데 줄기에 물을 가하여 여러 번 반복한다. 이렇게 액을 착출하는 것은 인간의 역사상 비교적 새로운 기술이었다. 옛날에는 보통 줄기채로 씹었으며 지금도 열대지방에서는 많은 사람이 이 방법으로 사탕수수의 단맛을 즐기고 있다.

액을 짜내어 수분을 증발시키면 설탕이 정제되는데 그 과정에서 많은 불순물이 제거된다. 불순물이 있는 것이 실제로는 완전한 식품으로 가치가 있으나 문명사회의 소비자는 그것을 이용하지 않게 되었다. 증발 후 설탕액은 원심분리기에 걸려져 거기서 얻어지는 고체

부분이 결정성의 흑설탕이며 나머지 액체가 당밀이다. 당밀은 다시 증발시키거나 혹은 가축의 사료로 사용한다. 서인도 제도에서는 당밀을 발효시켜 증류하여 럼주를 만든다.

사탕은 다시 정제되어 활성탄을 사용하여 탈색시켜 거의 완전한 자당으로 된 백설탕을 만든다.

사탕수수는 거의 적도의 남북 30도까지의 위도지역에서 재배되고 있다. 쿠바와 부근의 카리브해제도, 브라질, 필리핀, 하와이, 인도, 자바가 주산지이다. 그렇지만 설탕을 가장 다량으로 소비하는 곳은 온대지역에서이다.

그 결과, 생산지역과 소비지역간의 지리적인 격차가 매우 중요한 문제였으며, 유럽에서는 전쟁 중에 큰 문제가 되었다. 그리고 전시대를 통해 인간이 이용할 수 있는 설탕대용품을 찾는 노력이 이루어졌다 해도 결코 놀라운 일은 아니다.

사탕무

설탕을 얻는 대용품 중에서 가장 두드러지게 유용한 것이 사탕무(sugar beet, *Beta vulgaris*)의 부풀은 '주근(主根)'으로 이 뿌리의 상부는 식물학적으로는 배축이라 불리는 조직으로 되어 있다.

사탕무

현재 세계에서 설탕의 약 3분의 1은 사탕무에서 얻어지고 있다. 사탕무는 명아주과에 속하며 이 과 식물의 대부분은 해변이나 사구의 염분이 많은 토양에 생육하고 있다. 사탕무도 예외는 아니며 유럽 해안식물인 *Beta maritima*의 재배화에 유래한다. 이 식물은 처음, 채소로서 재배화되고 그 후 선택에 의해 식용의 근채로서 이용되었다.

사탕무는 18세기 말에 독일에서 작물로서 처음 등장하여 19세기의 초에 아크하르트란 이름의 식물 육종가에 의해 정력적인 선택이 이루어져 개량되었다. 유전의 법칙이 발표되기 이전에 선택의 기술이 식물에 적용된 멋진 예이며, 사탕무 흰 뿌리의 설탕함유량은 약 2%에서 약 20%로 증가하였다.

대부분의 발명이 어떤 선전이 있음으로써 성공되듯이 사탕무라는 새로운 작물은 나폴레옹 1세에 의해 장려되었다. 그는 당시 프랑스의 세력 하에 전쟁으로 분할된 유럽 여러 나라에 대해 국내에서 재배될 수 있는 설탕원료를 갖는 것이 유리하다고 생각했다. 100년이 지난 후세에 이르러 1차·2차 세계대전 중 사탕무는 유럽의 모든 나라에서 매우 고가치였던 것으로 입증되었다.

미국에서는 사탕무가 대략 1875년 이래, 경제적인 재배가 이루어져 지금은 북부 및 남부의 여러 주, 특히 캘리포니아에서는 매우 중요한 작물이다. 고온이 오래 계속되면 뿌리속의 설탕함유량이 감소하는데 이것이 사탕무의 재배지역을 한정하는 요인이 되고 있다.

우리나라에서는 사탕무가 일제시대에 평양부근에서 재배되고 가공하는 회사가 있었으나 그 후 기업으로서의 성장이 불가능하였고, 최근에 이르러 농촌진흥청, 일부 대학에서 신품종의 도입과 실습, 재배가 시도되고 있다.

*Beta vulgaris*는 2년생 식물로 봄에 파종하고 발아 후 기계적으로 솎아진다. 가을 중순쯤 되어 무게가 약 2.7kg로 된 흰 원통모양 또는 원뿔모양의 뿌리가 수확할 수 있는 상태이다. 종자가 필요한 식물은 캐내어 겨울동안 저장했다가 다음 해 봄에 다시 심어져 여름에 꽃이 핀다. 1~1.2m의 줄기에 녹색의 풍매화가 달린다.

뿌리를 깊숙이 칼집 내어 열탕 속에서 잘라 사탕을 추출한다. 이 과정은 생산지에 있는 큰 공장에서 보통 이루어지는데 사탕분의 거의가 분리된다. 젖은 잔 조각에 다시 압력을 가하여 남은 사탕을 분리한다. 이 과정에서 남은 펄프는 펙틴제조의 원료나 단백질은 비록 적으나 가축의 사료로 되고 혹은 비료로서 이용된다. 추출된 사탕액은 사탕수수의 경우와 동일하게 정제된다.

기타의 사탕원

기타의 사탕원은 수목에서 획득한다. 사탕이 야자의 액즙에서 얻어지는 것은 이미 설명한 대로이다. 그러나 온대성의 수목에서도 사탕원료가 얻어지는데 사탕 단풍나무(sugar malpe, *Acer saccharum*)로 단풍나무과에 속하는 수목이다. 단풍나무류는 거의 사탕수액이 생기나 사탕단풍나무만 충분한 양의 사탕함유량이 높아 개발할 가치가 있다. 사탕나무의 잎은 캐나다 국기에 붉은 색으로 상징되어 있다.

사탕단풍나무는 오래전부터 북아메리카 북동부의 인디언에 알려져 있어 수액 추출은 백인이 도래하기 이전부터 이루어지고 있었다.

이른 봄에 수액이 흐르기 시작할 때만 할 수 있다. 이 시기에 뿌리나 줄기의 재에 저장되어 있던 전분이 사탕으로 전환하여 수액 중에 녹아든다. 2월부터 4월 중에 나무의 검사를 시작하여 수액이 위로 흐른다는 것이 확인되면 약 5cm의 구멍을 뚫어 짧은 금속성의 관을 구멍에 박는다. 수액은 관을 통해 뚜껑이 있는 양동이 속에 뚝뚝 흘러 떨어진다. 사탕단풍나무는 북아메리카의 가장 풍부한 사탕원료로 수액 중에는 불과 5%밖에 자당(수크로오스)을 함유하지 않는다. 수액을 끓여서 maple syrup을 만들고, 다시 끓이면 끈끈한 풀 상태가 된다. 이것이 바로 maple sugar이다.

사탕은 또한 벼과의 곡류에서도 만들어진다. 미국에서는 수수의 한 품종이 사탕제조를 위해 재배되고 있다. 사탕수수 같은 줄기를 압축하여 액즙을 착출한다. 그러나 더욱 중요한 것은 옥수수의 종자전분을 가수분해하여 사탕을 제조하는 것이다. 희석한 산을 가하여 이루어지는 이 조작으로 corn syrup을 만든다. 다른 경제적으로 중요한 사탕제품은 거의 완전히 자당으로 되어 있으나 콘시럽은 포도당이 매우 풍부한 점에서 크게 다르다.

전분과 달리, 사탕은 인간에게 있어 사치스러운 것이다. 달다는 것은 인간의 식료로서 기본적으로 중요한 것은 아니다. 대부분의 사람들에게 단 것이 별로 공급되지 않는 것이 현실이다. 그렇지만 우리들의 식품에 사탕을 더하는 것은 식사를 단지 필요한 것에서 큰 즐거움으로 바꾸었다. 재배식물의 역사에서 흔히 보는 바와 같이 사탕의 감미기능은 사카린 등의 합성화학물질에 어느 정도는 대치되고 있다. 이러한 물질은 사탕보다는 훨씬 달지만 에너지원이 될 수 있는 물질은 아니다.

식물체내에 자연히 생성되는 화학물질의 일부로 사탕보다도 훨씬 단 것이 있다. 예를 들어 서아프리카의 마란타과(Marantaceae)에 속하는 *Thaumtococcu daniellii*의 장과나 남아메리카 국화과의 *Sevia rebaudiana* 잎에서 단 물질이 발견되어 있지만 그 경제성 등, 실제로 이용할 수 있을까 하는 문제는 앞으로의 연구에 달려있다.

분쟁과 평화의 고무나무

20세기에 있어 재배식물의 세계에서 일어난 가장 극적인 사건의 하나는 고무가 소중한 것으로 화려하게 등장한 일이다. 바로 파라고무나무(Para rubber, *Hevea brasiliensis*)의 역사이며 거기에는 탐험과 밀수와 식민지 건설의 이야기도 펼쳐져 있다.

화학적으로 보면 고무는 다양한 테레핀류를 함유하는 징유를 상기시키는 폴리테레핀이라는 무리에 속하는 비결정성의 탄화수소이다. 정유와 동일하게 고무는 탄수화물의 대사산물로서 특수한 세포 속에 생성되어 유액 구성성분의 형태를 취하고 있다. 유액은 백색 또는 황색인 약간의 점착성이 있는 액으로 보통은 줄기, 잎, 뿌리의 표면에 상처가 생기면 그 상처를 봉하기 위해 표면에 삼출하는 액이다.

유액중의 고무는 현미경으로 관찰하면 전분으로 지방소구체나 기타의 물질과 함께 콜로이드상의 액에 부유하는 입자로서 존재한다. 유액을 생성하는 식물은 극히 소수의 과의 식물이며 그 중에서도 쌍자엽식물의 근소한 것만이 고무를 함유하는 유액을 생성한다.

유액을 만드는 특수한 세포군이 유관이나 유액도관의 어느 것인가는 그 식물이 속하는 과에 따라 다르다. 이러한 세포군은 그 식물전체에 퍼져 있다. 유관은 배식물 속에서 생장하여 분지하는 단일세포에 유래하여 식물의 생장과 함께 유관도 생장을 계속한다. 유관에는 많은 핵이 생기나 절대로 격막이 생기지는 않고 식물전체를 통해 분지한 단일세포이다. 한편, 유액도관은 많은 세포로 마주하는 세포간의 벽은 붕괴하여 있어 목부도관과 전적으로 동일하게 형성된다.

고무는 약간의 예외를 제외하고는 열대작물로서 재배된다. 특히 신세계 열대의 미개인들에게 알려져 있었으며 19세기까지는 일반적으로 세계인들에게 충분히 평가되어 있지 않았다.

고무의 필요성은 비교적 최근에 생긴 것으로, 자동차, 비행기, 전기기구 등이 우리들의 생활을 점하게 된 것이 원인이다. 고무의 생산량은 최근 50년간 4배 이상이 되고 현재 천연고무는 합성대용품의 발견과 생산에도 불구하고 연간 200만톤 이상 생산되고 있다.

파라고무나무

현재 고무를 만드는 가장 주요한 식물은 대극과의 파라고무나무이다. 이 식물은 아마존 지방의 열대우림이 원산으로 이 지역의 야생이나 반재배된 나무에서는 고무가 근소한 양밖에 채취되지 않는다.

현재 생산되고 있는 고무의 92% 정도는 말레이시아와 인도네시아를 중심으로 하는 동남아시아에서, 나머지 근소량은 콩고와 서아프리카에서 생산되고 있다. 그러므로 파라고무나무도 재배식물의 대륙간 이식의 전형적인 한 예로 전파된 지역에서 매우 중요한 자리를 차지하고 있으나 원산지에서는 그다지 중요하지 않은 작물이다.

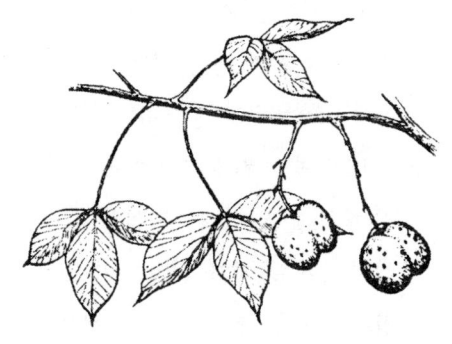

파라고무나무(Hevea brasiliensis)의 잎과 과실

파라고무나무는 나무의 높이가 18m나 되며 줄기 둘레도 1.8m까지 이른다. 삼소엽의 복엽이며, 작은 녹색의 달콤한 향기가 있는 꽃이 꽃차례를 이루는데 암꽃이 위쪽에, 수꽃은 밑에 달린다. 열매는 세 쪽으로 갈라지며 각각에 1개의 종자가 들어있다.

피마자 종자와 매우 비슷한 종자의 내유 속에 아마유와 유사한 기름을 함유하고 있는데 놀랍게도 이 기름은 실용이 되지 않는다.

고무는 멕시코에서 처음으로 유럽인의 눈에 띄었다. 원주민이 고무로 만든 공으로 놀이를 하고 있는 것을 코르테스가 본 것이다. 이 고무는 뽕나무과의 파나마고무나무(Castilla elastica)에서 채취한 것으로 Hevea 속에서 채취한 고무는 아마존 지역의 인디언에 의해 선사시대부터 방수용기, 공, 기타의 용구를 만드는데 사용되고 있었다. 스페인 정복자들은 나무에서 채취한 유액을 모자나 의복에 칠하여 방수하는 방법을 인디언으로부터 전수 받았다.

조제된 고무는 진기한 물품으로 유럽에 수출되었으나 그 유용성을 크게 느낄 수는 없었다. 1770년에 영국의 죠셉 프리스토리는 종이 위에 그린 연필자국을 고무로 지울 수 있다는 것을 발견하였다. 이것으로 고무는 '지울 수 있는 것(rubber)'라는 의미의 이름이 주어졌다. 그 이전에는 인디언의 사투리로 알려져 있고 유럽식 쓰기로 '카우쵸(cauotchouc)'라고 표현되어 있었다.

1823년 매킨토쉬라는 스코틀랜드인이 고무를 휘발유로 녹일 수 있다는 것을 밝혔다. 신선한 고무 유액이 없어도 의복 등에 고무액을 삼투시켜 용매가 휘발하면 고무입자가 의복 조직 속에 남아 의복이 방수기능을 할 수 있다는 것을 발견했다. 그 결과 영국에서는 레인코트를 '매킨토쉬(mackintoshes)'라고 부르고 있다.

그러나 고무에 있어 가장 의미있는 해는 1839년이다. 이 해에 미국의 굿이어가 고무의 경화법(가황법)을 발명하였다. 통상 고무는 가열하면 연해지고 냉각하면 무르게 된다. 굿이어는 고무를 섭씨 150도의 열과 압력 하에서 황과 화학결합시키면 고무의 두 가지 난점을 극복하여 탄력성과 마모에 대한 저항성을 부여할 수 있다는 것을 발견하였다.

이 발견 이후에 터무니없는 규모로 자동차나 자전거의 타이어 제조에 사용되는 원동력이 되고 결과적으로는 전쟁에 절대 필요한 군수품이 되었다. 일본이 고무의 필요성에 다급해졌고, 연합국이 일본의 이 요구를 거절한 것이 제 2차 대전에 있어 일본의 동남아시아 침략으로 몰고 간 셈이 되었다.

최초, 고무는 아마존강 유역 열대우림의 야생 파라고무나무를 발채하여 수집하였다. 19세기에 고무가격의 상승에 따라 브라질 정부는 종자수출을 금지하였다. 그럼에도 불구하고 종자는 1873년에 영국인 팰리스에 의해 수집되어 런던의 규 왕립 식물원에 송부되어 거기서 종자를 발아시켰다.

그 까닭인즉 많은 열대식물에서 보는 바와 같이 종자의 생존력은 불과 단기간 밖에 유지할 수 없으므로 새로운 산업을 발족시킬 동남아시아 열대지역에 멀리 고무 종자를 가지고 가는데 필요한 항해의 기간보다 종자의 수명이 짧았기 때문이다.

팰리스가 채집한 종자에서 자란 식물은 최종적으로 캘커타의 왕립식물원에 보내졌으나 거기서도 제대로 자라지 않아 결국 이 식물을 잃고 말았다.

1875년에 *Hevea*속의 종자를 모으는 다른 시도가 후에 기사의 작위를 수여받은 헨리 위컴에 의해 이루어졌다. 위컴은 파라고무나무의 종자 모으는 일을 영국 정부로부터 위임받고 아마존 강변을 따라 채집하였다. 작은 배를 고용하여 〈큐에 있는 빅토리아 여왕의 식물원에 바치는 미려한 식물표본〉이란 레이블을 붙여 고무 종자의 바구니를 갑판에 적재했다. 당시 브라질 정부의 세관이 통과시킨 것이 무엇인지를 알았는지의 여부는 지금도 여러 설이 분분하다.

위컴은 7만개의 종자를 깆고 1876년 6월 14일에 런던에 도착했다. 그는 기차와 택시를 세내어 급속으로 큐로 달려가 그날 밤 늦게 식물원장 죠셉 후커경을 방문했다고 기록되어 있다. 다음날 아침 식물원의 모든 온실을 비우고, 파라고무나무의 종자를 전부 그 속에 심고 고온다습한 조건을 유지하였다. 그 중에서 약 3000개의 종자가 발아하고 수개월 후에는 1900개의 잘 자란 묘목이 38의 소형 온실을 구비한 화물선으로 세일론을 향해 보내졌다.

항해 중에는 한 사람의 식물원 직원이 동반하여 식물을 돌보면서 약 1700의 묘목이 무사히 세일론에 상륙하였다. 이 묘목과 따로 싱가폴에 보내진 것에서 세일론, 말레이, 인도네시아에서의 광대한 고무 재배가 발달하였다. 젊은 묘목을 동남아시아에 도입하는데 쓰인 비용은 1500파운드(당시 약 6000달러)였다. 1968년에는 이 묘목에서 출발한 고무농원이나 그것에서 파생한 농원에서 연간 약 100만파운드의 고무가 생산되었다.

19세기말 전에 고무나무는 동남아시아에 도입되었으나 지역의 경제에 중요한 역할을 바로 이루어 낼 수는 없었다. 그 당시 주석 광업과 커피 재배가 이 지역의 주된 경제적 기초를 이루고 있었기 때문이다. 싱가폴 왕립 식물원장인 헨리 리드레이경은 인내 깊게 고무의 선전을 계속하며 그 지역 토지 소유자에 고무 재배를 받아들일 것을 납득시켰다. 그는 또한 나무를 발채하지 않고 유액을 채취하는 수피절상법(樹皮切傷法)을 고안했다.

미국의 지도에 의한 고무 농원은 서아프리카의 리베리아에서 성공하였다. 한편, 고무의 고향인 브라질에서도 농장 개설에 많은 시도를 하였으나 여러 사정으로 실패했다. 그 원인의 하나로 동남아시아나 서아프리카의 농원에서 볼 수 없는 토착병으로 그 중에서도 *Dothidella ulei* 란 곰팡이에 의해 생기는 고엽병은 가장 치명적이었다.

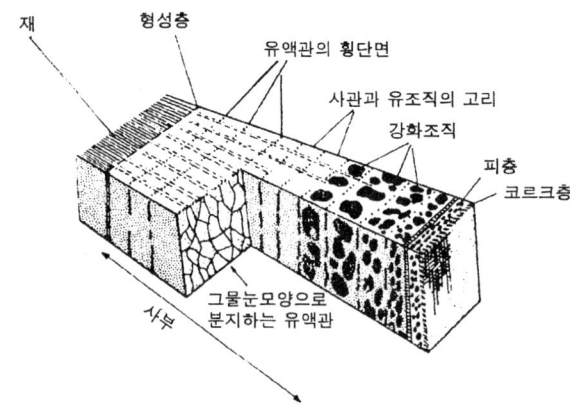

파라고무나무
(*Hevea brasiliensis*) 수간
의 외부측 구조.
사부의 유관배열상태를
나타냄.

심은 지 6년째 고무나무에서는 수피절상법으로 유액을 채취한다. 유관(乳管)은 사부조직에 고리모양으로 교착(交錯)한 동심원의 고리 속에 생긴다. 그러므로 수피절상법에서는 새로운 유관이나 사부(篩部)의 고리를 만드는 형성층이 손상을 입지 않을 정도로 얕게, 그러면서도 주연부의 유관 고리의 유액이 스며 나오도록 깊게 절개한다.

우선 처음에 수직으로 한 줄로 절개하고 이어서 나선상으로 절개하여 나무 둘레의 3분의 1주나 반주가 되게 절상한다.

세일론에서 이른 아침에 파라고무나무의 수간에서 수피절상법으로 고무액을 채취하는 모습.

즉 V자 모양의 절개를 줄기에 내는 것이다. 유액은 아침부터 점심 때까지 흘러 용기에 떨어진다. 그러므로 절상은 매일 아침, 적어도 하루 건너씩 새롭게 내며, 수개월 계속된다.

유액은 공장에 보내져 초산이나 개미산을 가하여 응고시켜 흰 해면덩어리를 만든다. 그것을 롤러 사이에 넣어 압축, 건조시켜 크레프 고무의 얇은 판을 만든다. 수시로 이 크레프 고무판을 다시 훈연실에서 그을린다. 원료를 섭씨 45도 정도로 가열하고, 타는 나무에서 나는 증기에 노출시킨다. 이 증기에는 '목초(木酢)'가 함유되어 있어 고무는 암색에서 반투명이 된다. 이렇게 이른바 '훈연판'을 만든다.

9. 사탕수수와 고무나무 —— 237

유럽이나 미국으로 수출되는 고무의 대부분은 이 형태이며 물론 거기에서 다시 조제된다. 여러 목적으로 유액 자체를 수출하는 것이 편리한 경우도 있어 유액을 원심기로 농축시켜 수용성의 암모니아를 첨가하여 응고를 방지하여 액상으로 외국에 수출하기도 한다.

유액을 처리하여 고무를 만드는 근대적인 방법은 아직도 아마존 지역의 인디언의 원시적인 방법에 비교하면 매우 대조적이다. 아마존 지역에서는 유액이 야생 또는 반야생의 나무에서 모아져 노(櫓)모양의 용기에 부어 타는 불의 연기 속에 놓아둔다. 여기에서도 나무를 태워 '목초'가 그 처리에 쓰이고 있다. 유액은 연기 속의 '목초'에 의해 유액이 응고하면 다시 그 위에 유액을 부어, 그 자체가 가압하는 셈이 된다. 그리고 약 50kg 무게의 혼연한 덩어리가 될 때까지 계속 회전시킨다. 이 덩이를 뗏목에 실어 아마존 강을 따라 수출한다.

연훈법에 의해 만들어지는 고무 생산품의 비율은 현재는 적지만, 옛날에는 반드시 그렇지만 않았고 19세기 말에는 고무 수요가 매우 높았으므로 아마존 강의 삼림지대는 마치 골드 러쉬에 가까운 양상을 띠고 있었다. 고무 가격도 1파운드(0.45kg)에 3달러 이상으로 뛰어 올랐다.

이러한 상태는 1910년경까지 계속되고 아마존 강의 한 지류인 리오네그로 강변의 마나라스 마을은 번창하였다. 염서의 아마존 밀림의 한 가운데에 있는 이 마을은 오페라좌나 호사한 호텔과 야성미 넘치는 생활이 자랑거리였다. 평온했던 고무 붐은 다시 한번 제 2차대전 중에 일어났으나 옛날에 비해 고무 1파운드의 가격이 겨우 3센트로 하락하여 처참한 실패로 끝났다.

고무대용품

열대지역에 나는 거의 대부분의 재배식물이 그렇듯이 그 공급이 온대의 문명제국에 대해 여러 가지 문제를 야기시키는 것은 전쟁 중에 가장 두드러지게 나타난다.

1·2차 세계대전 당시 고무의 결핍은 유럽이나 미국의 과학자에게 고무의 대용품을 찾는 일을 억지로 떠맡겼다. 온대지방의 식물 중에서 고무대용으로서 유액을 생산하는 식물을 장기간에 찾아내는 체제를 이루는 동시에 화학자는 합성고무를 만드는 연구에 종사하였다.

2차 대전 중에 사용된 가장 유명한 고무대용품은 미국 서남부와 멕시코 원산인 구아뉼 고무나무(guayule, *Parthenium argentatum*)이며 캘리포니아에서 많이 연구되었다. 이 식물은 국화과에 속하는 관목으로 사막지대에 생육한다. 같은 과의 식물인 고무민들레(Russian dandelion, *Taraxacum kok-saghyz*)는 러시아에서 같은 목적으로 사용되었다.

유액은 뿌리에서 얻을 수 있으므로 양쪽 경우 모두 유액을 추출하기 위해서는 식물체를 희생시켜야만 한다. 파라고무나무와 같은 열대산이 다시 이용될 수 있게 되어, 이러한 식물로부터 고무를 계속 추출하는 것은 유리하지 않다는 것을 알았다.

한편, 합성고무의 생산은 처음에는 고가였을 뿐만 아니라 천연고무보다 내구성이 적어 끊임없는 진보가 시도되었다. 현재는 질이 매우 향상되어 거의 모든 자동차 타이어는 천연고무와 합성고무의 혼합물로 되어 있다. 그러나 천연고무가 완전히 없어지기에는 아직도 긴 기간을 필요로 할 것이다.

발라타고무

발라타고무(balata)도 역시 응고한 유액으로 만들어지나 이 경우는 열대원산의 사포타과(Sapotaceae)에 속하는 여러 종의 수목에서 얻어진다. 발라타고무는 고무와 달리 가압하면 굽어지지만 탄력성은 없어 어떤 특정한 형태를 만들 수가 없고 그대로 굳어버린다.

발라타고무가 경제적으로 중요한 것은 말레이산의 *Palaquium gutta*에서 얻어지는 굿타페르카와 츄잉검이다. 독자 여러분들도 만일 츄잉검이 고무처럼 탄력성이 있다면 적당하지 않다는 것을 잘 이해할 수 있으리라 본다.

원래 츄잉검은 치클(chicle)이란 유액에서 만들었다. 그 대부분은 열대 아메리카 원산의 사포딜라(sapodilla, *Achras zapota*)란 나무의 껍질에서 채취한 것으로 이 지방에서는 이 나무의 열매를 상미하고 있다. 그러나 치클의 수요가 높아져 공급이 한계에 이르러 사포타과의 다른 종이나 뽕나무과나 대극과의 식물이 동원되었다.

그러나 농원에서 재배할 수 있을 만한 식물은 전혀 찾아 볼 수 없다. 아마도 합성고무가 천연고무를 대체한 것처럼 합성플라스틱이 천연 츄잉검의 대용이 될지도 모른다.

10

문명에 대한 수목의 공헌

나무도 크게 자라야 소를 맬 수 있다.
- 한국 속담 -

삼림과 목재

지금 이 시대를 강철, 철기, 플라스틱의 시대라 해도 나무는 원시 문명에 있어서 중요한 역할을 했다. 삼림의 수목 및 그 생산물이 어떻게 인간에 역할 하였는지 그 전체에 대해 개설(概說)하는 것은 거의 불가능하다.

앞에서 말한 것처럼 철이나 플라스틱이 목재의 이용을 시대에 뒤떨어진 것처럼 보이게 하는 오늘날에도 수목이나 그 생산물의 새로운 이용법이 지금까지의 낡은 이용법에 대체되어 가고 있는 것 같다.

사실 목재에서 만드는 종이만큼, 우리들의 현재의 문명발전과 유지에 밀접하게 관련되어 있는 것은 없다. 목재로 만든 종이는 책이나 신문으로서 우리의 지견과 경험 등을 기록하므로 지식과 기술은 보급, 발전되어 가고 있다.

매년 보다 많은 사람이 다양한 목적을 위해 종이를 사용하고 있으나 세계의 삼림 사정은 결코 밝지 않다. 종이를 사용하지 않았던 시대에서 조차, 삼림은 주로 농경을 위해 개척되어 사라져 가고 있었다. 사람이 집을 만들기 시작하면서, 유인원들이 나무를 꺾어서가지를 엮어 집을 만든 시대로부터 나무의 생산량은 우리의 수요를 충족시킬 수 있는 대상이 아니었다.

열대우림의 거의 전부가 다음 세대에는 소멸하고 말지도 모른다. 그럼에도 불구하고 이 삼림의 90% 이상의 식물에 대한 경제적 용도로의 가능성은 아직 미지의 상태이다. 삼림이 보호되어 있는 곳에서 조차, 가장 유용한 목재용의 수목은 흔히 사라지고 없다.

사실 삼림개간이나 보호가 결코 새로운 현상은 아니다. 영국에서는 청동기시대부터 삼림관리를 위해 잡목림의 어린 나무를 보호하기 위한 조치를 취하였다. 한 예로 곧게 자란 개암나무는 그 둘레의 모든 잔 나무들을 지면에서부터 잘라내도록 하였다. 그리고 잘라 낸 나무에서 새로운 싹이 돋게 하여 다시 20년 정도 키웠다.

그러나 유럽인이 신세계에 도래하였을 때 삼림벌채는 유럽 방식을 되풀이하였다. 우선 뉴잉글랜드에 온 사람들은 배의 마스트로 이용할 수 있는 교목을 자르고, 건축을 위해 벌채하고 나머지는 땔감으로 이용하기 위해 잘라내었다. 그리고 농사를 짓기 위해 삼림을 개간하여 최근까지 삼림의 재생을 저해하고 있었다.

목재의 상세한 구조는 생물학이나 식물학의 어떤 교과서에도 실려 있는데, 이 장에서는 우리의 관심을 중요한 두 종류의 재의 차이를 알아보는 것으로 하자.

수간(樹幹)의 구조는 횡단면도와 같이 기본구조를 나타내고 있다. 목재조직의 세포벽은 셀룰로오즈와 리그닌이라 불리는 헤미셀룰로오즈 복합체가 침전한 것으로 되어 있다.

충분하게 생장한 목재는 두 가지 부분으로 구별된다. 하나는 변재로서 형성층의 분열로 생긴 세포에서 가장 새롭게 분화한 목재의 가장 바깥쪽 부분이다. 다른 것은 심재로 눌려 찌그러진 낡은 부분으로 목재의 중심부를 점한다.

변재는 물이나 물에 녹은 물질을 통도하는 기능이 있고, 보통은 보다 건조하여 굽거나 갈라지기 어려운 심재보다는 목재로서의 가치가 낮다. 심재에는 타닌과 대사 노폐물이 함유되어 있어 저장 작용을 하므로 색이 짙다.

이처럼 일반적인 구조를 파악하고 있으면 경재(硬材)와 연재(軟材)를 용이하게 구별할 수 있다. 전자는 쌍자엽식물의 수목에 유래하고 후자는 송백류에 유래한다.

일반적으로 말해 이 이름은 실제 재(材)의 견고성 차를 나타내고 있으나, 각 군의 종간에는 큰 변이가 있어 양 군은 매우 중합되어 있다.

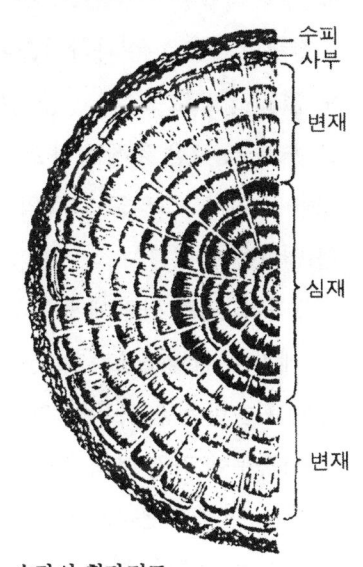

수간의 횡단면도

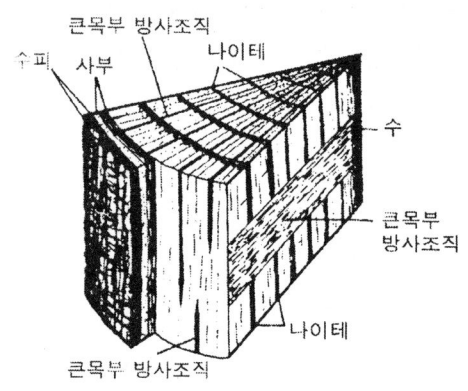

광엽성 경재의 수간 단편에 대한 조직의 배열

연재는 가도간(헛물간), 섬유, 유조직세포를 포함하나 거의 모든 경재에는 도관(물관)도 포함되어 있다.

도관은 가도관에 비하면 그 지름이 크고 종에 따라 봄, 여름, 가을에 특징 있는 양식으로 상이한 비율로 형성되므로 재에 따라서는 매우 다른 나뭇결 모양이 생긴다. 여기에 색의 변이, 내구력, 경고성, 굴곡력, 가공의 용이성, 냄새가 더해지므로 인간이 재목을 이용하기 시작한 때부터 다양한 목적에 가장 적합한 종류를 고르는 필요성을 충족시켜 온 것은 분명하다.

선택의 필요성은 과학기술이나 미술의 발달에 미친 영향은 상상할 수 없을 정도로 크다. 곤봉, 굴봉(掘捧), 다리, 소박한 도구나 마음에 드는 가구, 혹은 추상적인 조각에 적합한 재를 고르는 선택이 이루어졌을 것이다. 그리고 그것의 성패여부는 분명히 인간사회의 발전에 큰 영향을 미쳤다.

수목은 모든 사람에게 평등하게 이용되고 있지는 않다. 지도책에는 세계의 삼림분포가 보편적인 표현법으로 제시되어 있다. 연재의 송백류는 한랭한 기후인 지역에 집중되어 있다. 북미의 온난한 태평양 서북부에 가장 호화로운 송백류의 삼림이 발달하여 있다.

한편, 경재는 온대의 한정된 지역에서 전형적으로 볼 수 있어 충분하게 수분 혜택을 받고 연중 온난한 적도의 강우림에서는 그 발달이 최고에 이르러 있다.

　삼림을 형성하는 수목의 성질과 그 공급도가 직접 또는 간접으로 세계 여러 지역의 인간생활을 결정하는 역할을 하였다. 수목이 없는 에스키모나 부슈맨은 다른 인류가 도달한 문명까지, 그들 자신이 갖는 문명을 추진할 수 없었다.

　현재, 연재는 온대지방에 있어서는 압착(壓搾)한 톱밥으로 만든 보드판, 베니어판이 합판 같은 건축재료로서 많이 이용되고 있다. 온대의 경재는 도구나 가구를 만드는데 사용되고 있으며 열대의 경재, 예를 들어 마호가니 등은 가구나 장신구에 특수한 용도로 사용되고 있다. 그리고 그것이 생육하는 지역에서는 건축용재로서 쓰이고 있다.

목탄

인류가 불을 사용하게 된 이래, 목재를 연료로 사용하여 왔으나 연기가 나지 않고 불길이 없는 불이 필요할 때는 목탄을 사용하였으며 그 이용 개시는 오랜 역사를 소급해야 한다.

　목탄은 자른 경재를 차곡차곡 쌓고 그 위에 점토나 나뭇잎을 덮어 공기가 아주 적게 통과할 수 있게 하여 만들어진다. 쌓인 더미를 밑에서 불을 붙여 오랜 시간에 걸쳐 천천히 태워 만들어진 목탄은 탄소와 무기회분의 혼합물이다.

　목탄은 연료로 사용하는 외에 금속제련, 당류의 정제, 가스류의 흡수나 폭발물을 만들 때의 점화물로서도 이용되고 있다. 중세에 있어 영국 남부의 삼림은 5장에서 말한 바와 같이 영국 해군의 군함건조용 목재로서만 아니라 대포를 주조하기 위해 지방의 철광석 제련용 목탄을 만들려고 참나무가 벌채되어 거의 없어졌다.

경재에서 목탄을 제조할 때 생기는 증류 중에는 유용성이 있는 화학성분이 함유되어 있어 가마 속에서 목재를 증류하면 증기를 '목초'로서 농축할 수 있다는 것은 18세기에 이미 알고 있었다. 더 나아가 메탄이나 수소 가스나 타아르, 메틸알코올(목정), 아세톤, 초산을 이 방법에 의해 만들 수 있다. 물론 지금은 이러한 것은 다른 방법에 의해 제조되고 있다.

연재의 증류는 다른 목적에 쓰이고 있다. 송백류의 변재나 수피의 내부에는 수지도가 있어 그 속에 수지(테레핀류)와 정유의 혼합물인 송진을 함유하고 있다. 송진은 수피나 재의 외부에 상처를 내어 획득한다. 송진은 기원전부터 목재 보트나 배의 이음새를 충전하는데 사용되었다.

송진을 증류하면 테레핀유가 생긴다. 이것은 제재 후에 남은 찌꺼기 목재를 증류하여도 생긴다. 테레핀유는 도료의 희석제(시너)로서 매우 수요가 높다. 그러나 이러한 것에 대한 역사에서 흔히 볼 수 있듯이 천연산의 것은 염가의 대용품에 의해 대치되어 있다. 송백을 증류시켰을 때의 잔류물인 로진(rosin)은 다시 도료공업에 사용되며 또는 매우 특수한 용도로서 음악가들이 현악기에 쓰이는 연주용 활 이른바 악궁을 칠하는데 사용한다.

목재는 기본적으로는 포도당을 단위로 한 셀룰로오스로 구성되어 있다. 목재는 저장기관이며, 톱밥이나 목재의 찌꺼기를 희황산을 함유한 증기로 가수분해함으로 당류나 당류의 파생물질을 다량으로 만들 수 있다. 그 결과 생긴 포도당액은 직접 사용하기 위해 농축되거나 또는 발효하여 에틸알코올을 만든다. 1톤의 목재에서 최고 250리터의 알코올을 제조할 수 있다.

펄프와 종이

톱밥은 목재펄프라 불리는 목재 전환물의 제조에 쓰인다. 펄프는 목재의 잔 조각을 모아 화학처리에 의해 만들어져 여타의 종합적인 목적에도 이용되고 있다. 목재펄프 중에 있는 거친 섬유는 종이를 만들기 위해 펠트화되거나 또는 화학약품으로 처리되어 레이온이나 플라스틱 제조에 사용된다.

최초, 종이는 목재에서 만들어지지 않았다. 글을 쓸 수 있는 식물성으로 가장 최초의 것은 기원전 2000년의 고대 이집트에서 만들어졌다. 그것은 방동사니과에 속하는 파피루스(papyrus, *Cyperus papyrus*)의 수(髓)조각을 포개어 말린 것이다. 이 수생식물에서 'paper(종이)' 란 말이 유래하였으나 현재도 관상식물로 세계의 온대에서 널리 재배하고 있다.

인도와 이집트에서 종이가 없었던 시대에 책은 말린 야자 잎의 길고 가느다란 조각들로 만들어졌다. 한편, 중국에서는 '통초지(通草紙, rice paper)' 가 두릅나무과의 통탈목(通脫木, *Tetrapanax papyriferum*)이란 관목의 수를 짓찧어 펴서 만들었다.

진정한 종이의 제조는 중국인에 의해 약 2세기에 만들어졌다. 초기에 종이는 넝마부스러기, 수피, 마, 기타의 섬유물질을 물 속에서 떠서 펄프와 같이 흐물흐물하게 만들고, 물 속에 뜬 펄프 밑에 대 조각으로 만든 틀을 놓았다. 물을 흘려버린 후 틀을 흔들면 섬유가 뒤얽힌다. 틀 속의 내용물을 그대로 햇빛에 쪼여 말리면 약간 다공성인 종이가 만들어지는데 이것은 붓으로 글씨를 쓰는데 적합하였다.

종이의 역사

중국인은 이 나라를 찾은 외국 상인에게 종이를 팔고 있었으나, 약 750년에 아랍 군대가 사마르칸에서 중국인 제지업자를 잡을 때까지 동방에서의 종이 제조 비밀은 유지되었다. 아랍인의 판도가 북아프리카까지 확장되었을 때, 제지기술은 그것에 수반하여 전파되고 12~13세기에는 스페인이나 이탈리아까지 퍼졌다. 그 기술에 대한 유럽인의 기여는 깃펜의 사용이었는데 잉크가 퍼지지 않도록 종이 표면을 가공한 것으로 물과 혼합한 흰 납이나 석고 등으로 종이의 구멍을 막는 것이었다.

고대의 제지에는 아마포나 솜조각이 주섬유 원료로서 사용되었으나 읽기, 쓰기가 보급되고 인쇄기술이 발명되며, 포장지와 같은 다른 목적에 종이를 이용하게 된 결과, 종이의 수요는 증대하여 이에 대치되는 종이 원료가 필요하게 되었다.

목재에서 주로 리그닌 같은 불필요한 수반화학성분을 제거하면 셀룰로오스를 획득할 수 있다는 것으로, 한없이 존재하는 삼림이 그 답을 암시하고 있다. 1840년, 독일의 프리드리히 케런은 목재 펄프와 넝마 원료의 혼합물에서 처음으로 사용가능한 종이를 만드는데 성공하였으며 그 후 60년간 종이수요는 2배, 4배로 증가하였다.

제지공업의 거대한 발전은 20세기에 일어나 여전히 계속되고 있다. 그것은 북아메리카 삼림의 미래에 중대한 위협을 미치고 있다. 까닭인즉 미국에서만 연간 2500만 톤의 종이와 판지가 제조되었기 때문이다.

펄프 원료인 송백류가 자라고 있는 가장 넓은 지역인 캐나다, 미국 중북부, 북서부 및 남부에서 저돌적으로 삼림재생계획이 진행되었으나 원료공급이 고갈될 위험성이 있다. 왜냐하면 펄프를 만들 수 있는 적당한 크기만큼 나무가 자라는데는 15~30년이 필요하기 때문이다. 그러나 삼림절멸의 우려는 삼림자원을 보호하기 위한 국유림 조성과 같은 적극적인 계획을 진행하는데 자극을 주었다.

종이를 재생펄프로 재활용하거나 아프리카 나래새(esparto, *Stipa tenacissima*)--북아프리카 원산의 대형 나래새류로 현재 특히 동아프리카에 많다--와 같은 나무를 대신하는 원료나 사탕수수의 찌꺼기(설탕을 추출한 후의 사탕수수 줄기)를 이용하는 방법도 연구되고 있다.

물대(giant reed, *Arundo donax*)는 오랜 기간 인간에게 중요한 식물이었다. 거대한 다년생의 벼과식물로 사탕수수와 비슷하고 지중해 주변에 자생하며, 속이 빈 줄기는 수천년 동안 그리스의 팬파이프(길이가 다른 여러 개의 관을 묶어 놓은 원시적인 취악기로 목축의 신 Pan이 불었다고 한다)와 같은 취주악기를 만드는데 쓰였다.

또 기원전 3000년 이래, 목관악기의 리드(reed, 관악기 등의 진동하는 혀와 같은 소편)에 사용되었다. 이 리드는 고정된 줄기의 소편으로, 악기에 공기를 불어 넣으면 입에 무는 부분에 대해 진동한다. 오랫동안 인간이 여러 가지로 노력하였음에도 이보다 더 좋은 재료를 찾지 못하고 있다.

물대는 현재 관상식물로, 깔개를 만드는 재료로서 세계 도처에서 재배되고 있다. 또한 셀룰로오스 원료로서 생산성이 있고 용이하게 재배할 가능성이 있는지의 여부는 계속 연구되고 있다. 장차 삼림을 구제하는 제지원료로서 쓰일지도 모르며, 또한 뿌리가 견고하여 토양을 유지하므로 침식을 막는데도 쓰일 것이다.

압축판지는 설탕액을 짜낸 사탕수수의 찌꺼기로부터도 만들고 있다. 근대의 제지법은 매우 과학적이며 그 공정은 필요로 하는 산물에 따라 다르다. 종이 그 자체는 연속적인 시트로서 만들어지나 펄프의 처리는 고대에 이루어진 과정과 다르지 않다.

물대 *Arundo donax*

전처리로 목재조각을 요리액이라 부르는 화학용액의 증기로 찌는데, 품질 좋은 종이를 만들려면 아황산수소칼슘이나 이산화황을 보통 사용하나, 포장지 제조에는 수산화나트륨과 아황산나트륨의 혼합물이 사용되고 있다. 이러한 방법으로 리그닌을 용출하지 않으면 가장 저제품인 신문용지 밖에 만들 수 없다.

코르크

코르크는 인간의 역사에서 별로 큰 역할을 하지는 않았으나, 무대 뒤쪽의 일꾼인 양 수 많은 다양한 역할을 연출하였다.

코르크는 모든 수목의 수피 겉쪽에 형성된다. 1665년, 로버츠 후크에 의해 현미경으로 최초에 관찰되었던 식물세포가 코르크 세포였다. 최초의 발견으로 유도된 이유는 그러한 세포의 외관이 뚜렷했다는 것과, 코르크 형성층에서 유래한 규칙적 배열, 성숙하면 산 내용물을 포함하고 있지 않았기 때문이다.

코르크 세포는 공기가 들어있으며 세포벽은 방수성의 코르크질로 가득 차 있으므로 물체를 침투시키지 않는 성질이 있다. 부양성, 내열성, 방음성, 탄성, 액체나 가스에 대한 불삼투성을 갖고 있으므로 낚싯줄이나 어망의 부자, 단절판, 완충용품, 간장이나 주류의 나무통 마개, 병마개에 쓰인다.

코르크 마개의 가치는 코르크가 불반응성이기 때문이다. 병의 내용물 --그것이 와인, 디킬라, 위스키 등 할 것 없이-- 은 마개에 의해 질이 저하되거나 맛이 변하지 않는다. 또한 기름이나 그리스와 접촉하여도 안전하므로 비슷한 성질을 이용하여 비교적 최근에 발달한 것이 가스켓(gasket)제조에 사용하는 것이다.

절단한 코르크 표면에는 많고 작은 흡인공이 노출되어 있어 절단된 각개의 세포가 흡인작용을 하므로 미끄럽지 않은 표면을 이루어 리놀륨 깔개를 만드는데 이용된다. 리놀륨은 19세기 중엽경에 영국의 제품업자 페데릭 월튼에 의해 발명되었다. 잘게 부순 코르크를 수지나 아마유로 끓여 황마포에 펼쳐 놓은 다음에 특이한 모양은 마지막으로 열과 압력을 가하기 전에 표면에 나염된다.

이처럼 다양한 용도가 있는 코르크는 지중해 서부의 여러 나라에 원산하는 코르크 참나무(cork oak, *Quercus suber*)에서 획득된다. 이 나무는 덥고 매우 건조한 조건에 생육하는 것이 그 원인의 하나지만 나무의 줄기수피가 특히 두꺼워져서 3~5cm두께의 커다란 판으로 벗겨져 떨어진다. 수피 속에 세로로 틈새가 생겨 벗겨지기 시작하는데, 이것은 거의 10년마다 반복되므로 그 밑의 코르크 형성층을 손상시키지 않고 재생하게 된다.

수목의 코르크 수피는 일정한 간격으로 피목(皮目)이 생겨 피목부분에서 코르크 세포층이 분열하여 통기할 수 있도록 되어 있다. 피목의 존재는 그 안쪽의 조직이 살아있다면 나무의 생명유지에 불가결한 것이다. 코르크를 병마개로 사용할 때는 피목이 마개의 세로가 아니라 가로로 흐르도록 코르크판을 자르는 것이 중요하다. 그렇게 함으로써 마개로 완전하게 밀봉할 수 있다.

북프랑스 오뷔레르의 베네딕트회 수도원에서 최초로 포도주병에 코르크 마개가 사용되었는데 이것은 17세기에 샴페인주가 도입된 다음부터이다. 그때까지는 기름으로 절인 과실 덩이를 포도주 병마개로 사용하고 있었다. 현재 포르투갈이 코르크를 가장 많이 생산하고 있으며 다른 지중해 지역 나라들로 이어지고 있다. 캘리포니아에서는 구세계에서 도입한 코르크 참나무의 종자를 심어 키운 나무에서 코르크가 어느 정도 생산되고 있다.

삼림의 유형

이 장을 끝내기에 앞서 지구상에 존재하는 세 가지 전형적인 삼림유형--침엽수림, 활엽수림, 열대우림--에 대해 언급을 하겠다.

우선 문명의 고향이라고도 말할 수 있는 침엽수림부터 시작하자. 우리나라의 북부 산악지대 이북으로, 그 북방으로 거의 유럽의 주극지방까지 포함하여, 신대륙에서는 미국 북서부에서 캐나다에 이르는 광대한 지역에 멋진 침엽수림대가 펼쳐져 있다. 한국의 침엽수림대는 가문비나무류가 주를 이루나 고위도지대의 침엽수림대는 다양한 송백류의 거목으로, 그야말로 나무의 바다라고도 말할 수 있을 정도로 특유한 경관을 이루고 있다.

침엽수림대는 동아시아, 유럽, 북미에서 가장 문명이 발달한 지역의 바로 북쪽에 발발하였으며 그 재목의 용재로서의 가치나 용도에 대해서는 앞에서 이미 설명하였다. 침엽수림은 낙엽송을 제외하고는 사계절 짙은 녹색 잎으로 변화가 없고 밀생한 곳의 숲속은 대낮에도 어둡고, 지표는 낙엽이나 떨어진 가지가 퇴적하여 부식질이 두껍게 쌓이고 그 사이에 여러 가지 산초의 꽃이 여름철에 핀다. 새들의 종류도 비교적 많아 그들의 지저귐도 들을 수 있다. 이런 침엽수림은 낙엽수림과 더불어 문명의 고향이라고 말할 수도 있을 것 같다.

침엽수 그 자체는 이처럼 북반구의 아고산대를 고리모양으로 돌려 분포하여 삼림대를 이르나 온대나 남반구에도 많은 종류가 있다. 침엽수림에서 흥미로운 것은 동남아시아 등의 열대지방이나 남반구의 침엽수이다. 젖꼭지나무, 죽대 등의 속은 동남아시아에서는 산지의 숲속에 나타나 단순림을 이루지는 않는다. 남반구의 침엽수에 대해서는 일반적으로 잘 알려져 있지 않으나 최근에 이르러 남양삼나무속(*Araucaria*)의 몇 종류가 관상식물로 기르고 있을 정도이다. 침엽수림은 경관이 단순하고 사계의 변화도 뚜렷하지 않지만 그 단조로움에도 불구하고 특유한 분위기를 자아내는 장소이다.

활엽수림하면 여기서는 상록활엽수림을 말하며 그 유형중의 하나로 용어상 잎의 특징으로 조엽수림(照葉樹林)이라고 불리는 것도 있다. 상록이란 것은 낙엽에 대응하는 개념이며, 활엽은 침엽에 대응하는 개념이다. 침엽수는 나자식물이지만 활엽은 피자식물의 수목성인 것으로, 그야말로 식물 진화사에도 대응하는 두 군의 구분이다. 피자식물의 수목성의 것은 그 원형이 상록성이었으므로 상록활엽수는 가장 원시형을 남기고 있는 유형인 셈이다.

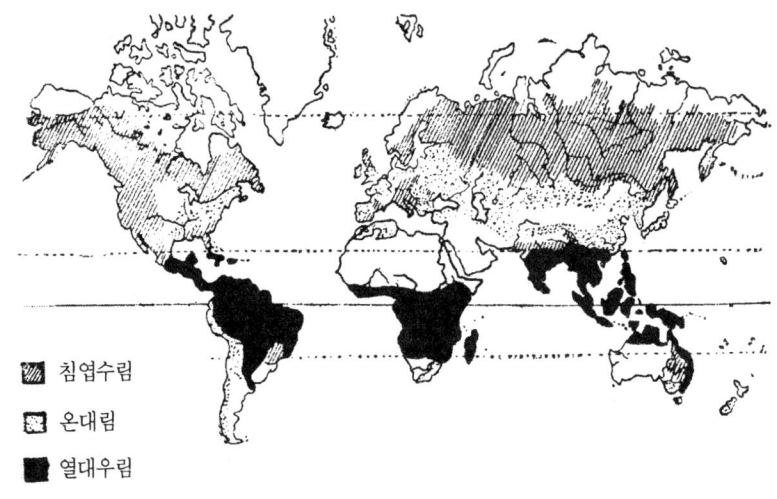

침엽수림, 온대림(활엽수림), 열대우림의 구분

열대림을 형성하는 수목은 동남아시아, 뉴기니, 신대륙, 아프리카 등에서도 우량이 많은 곳에서는 거의 전부가 상록활엽수이다. 그 상록활엽수가 북방, 남방의 추운 곳으로 분·포역을 확대하며 추위에 적응하여 여러 가지로 변화한다. 겨울의 추위를 넘기려면 잎은 작고, 가지는 가늘어지고, 비늘조각에 싸인 겨울눈(월동아)을 갖게 된다. 그런 뜻에서 온대의 상록수림은 열대의 정글 나무와 비슷한 것 같지만 열대림하고는 다른 것이다.

상록활엽수림은 동남아시아의 조엽수림 이외에 호주의 유카리숲, 뉴기니, 뉴질랜드, 안데스 남부의 남극삼나무(Nothofagus) 등과 같은 여러 가지 이질적인 삼림형이 있다.

북아메리카의 동남부에는 동아시아의 조엽수림대와 비슷한 기후인 곳도 있으나 거기에는 상록활엽수림이 성립되어 있지 않다. 이것은 지질시대로부터의 역사적 인연이 주되는 원인이라고 볼 수 있다.

동아시아의 온대성 조엽수림은 애초의 고향이 아마도 열대림지대의 신지로 올라간 온대부였다고 추정할 수 있다. 이 지역의 식물사회는 지질시대의 제3기 주북극 식물군이 형성되었을 때쯤 제3기 구열대 식물군이 점하는 지대였다고 한다. 그 후 지구상은 제4기에 이르러 여러 번의 빙하시대가 있어 기후변화가 각지에서 일어나 건조화한 곳도 있어 지금처럼 지구상의 여러 곳에 특유한 식물상이 생겼다.

그런데 제4기는 지구 역사상 일찍이 없었을 정도로 추운 시대였다. 거대한 빙하가 북반구의 광대한 지역을 덮어버려, 온난한 지역을 생활의 장으로 하는 생물군은 모두 남쪽으로 몰아내어졌다.

이어서 다시 지구상 전체가 온난해지고 빙하가 후퇴하면서 사라지니, 식물군은 다시 북상하기 시작하여 현재와 같은 위치를 점하기에 이르렀을 것이다. 그러므로 현재 동아시아와 북아메리카 동부에 분포하고 있는 식물군이나 근연 식물군도 동일 기원에서 유래하였다는 그레이(Asa Gray)의 설은 타당하다고 보지 않을 수 없다.

그러나 동남아시아는 기후에 큰 변동이 없고 고온, 다습이 이어져 그 이전의 옛 식물이 잔존하고 있었다. 예를 들어 보르네오 산지에는 조엽수림의 주 요소가 되는 상록의 참나무류는 수많은 종류가 있다. 이런 조건하에서 동남아시아의 삼림으로서 형성된 조엽수림은 제 4기의 빙기, 간빙기 동안 북쪽으로 분포를 확대, 추운 겨울이 있는 온대 기후에 적절히 적응하여 지금과 같은 조엽수림의 삼림이 이루었다.

동아시아의 조엽수림은 세계의 온대성 활엽수림 중에서 가장 완성된 삼림으로 다른 곳에서는 유례를 볼 수 없는 특색을 갖춘 것이다. 조엽수림은 상록 참나무류, 구실잣밤나무나 메밀잣밤나무 같은 종류, 돌참나무류 등과 그 근연의 종류, 녹나무과의 상록수, 차나무과(=동백나무과)의 교목 등외에 무수한 조엽수(照葉樹)가 참가하여 종류구성은 열대우림에 이어 다채로워졌다.

우리나라에는 제주도와 목포, 부산을 잇는 선 이남으로 명색뿐인 정도로 이런 삼림은 극히 빈약하게 흔적만 남아 있을 뿐이다. 그러면서 조엽수림대의 북한(北限)을 이루고 있다. 근대적 시각으로 특히 한국의 남부지방 식물과 식물상에 대해 다년간 연구한 고 오수영박사를 기념하여 이 목포 - 부산을 잇는 선을 오수영선(吳修榮線, Oho sooyung line)이라 부를 것을 필자는 제안한다.

마지막으로 열대우림에 대해 이야기하고 이 장을 맺기로 하자.
동남아시아의 정글, 아마존의 대밀림, 아프리카 자일강 주변의 대

삼림, 뉴기니의 저지림 등은 대면적을 점하는 굉장한 삼림으로서 알려져 있다. 이것을 열대우림이라 하며 언제나 온도가 높고 1년 내내 거의 비가 오며, 지구상에서 가장 식물이 풍요롭게 생장한 삼림이다.

같은 기후라도 예를 들어 오세아니아 섬에는 수목의 종류가 적고 비교적 간단한 삼림으로 굉장하다는 인상은 없다. 열대우림이라 해도 가지각색이다. 경이적으로 엄청난 것은 동남아시아의 말레이시아 반도나 보르네오의 열대우림으로, 아마존은 좀 덜 하다고 한다.

동남아시아의 열대우림은 지구상에 생긴 식물사회로는 최고의 존재이다. 수목의 높이가 50m나 되는 거대한 교목이 산재하고 그 밑에 대교목의 수관이 연속적으로 이어지고 그 밑에는 다시 수목층이 있다. 굉장한 수목성 덩굴식물이 수목에 얽히어 높은 수관에서 꽃을 피워 지상에서는 낙화만을 볼 수 있다. 난초류나 양치류, 천남성과의 착색식물이 빽빽하게 달려있으며 선태류도 수간에 밀생한다.

이처럼 동남아시아 열대우림의 식물사회는 수목의 거대성, 식물생활형의 다양성, 수목, 관목, 덩굴식물이 많은 점 등, 이미도 지구상에 지질시대 이래 출현한 어느 식물시대에도 뒤지지 않는 것이 아닐까. 지질시대의 석탄기에는 거대한 수목모양의 양치류가 번성하였으나 그것보다 지금의 동남아시아 열대우림이 더 굉장한 삼림이 아닐까. 이런 것이 지구에 아직 남아 있다니 놀랍다.

동남아시아 열대우림을 구성하는 '주요 수목은 이것이다'라고 지적할 수 없는 것이 이 열대우림의 특색이라 할 정도이다. 그러나 눈에 띄는 특색 있는 수종은 많다.

그 첫째가 용뇌향과(*Dipterocarpaceae*)에 속하는 수목이다. 한국에서 나왕재라 불리는 남양에서 수입되는 재목이 이것이다.

말레이시아나 보르네오의 카리만탄, 사라와크 등의 나왕재를 벌채하는 삼림에는 50m나 되는 곧은 수간에 밑가지도 없는 거대한 기둥과 같은 나왕재의 원목이 하늘을 찌르듯 서 있다. 주변에 같은 나무는 전혀 없고 여기저기 외따로 서 있는 것은 나왕나무를 벨 때 삼림 중의 여기저기를 발채하는데 그 때 다른 나무들이 손상을 입은 것이다. 저목장에는 라왕 나무라 해도 종의 단위로는 15종 중 10종쯤이 있을 정도이다.

나왕재가 되는 용뇌향과의 수목은 동남아시아 중심으로 분포하며, 인도 방면에 분포한 것이 같은 과의 사라수(沙羅樹)인데 인도평야나 저히말라야에서 순림(純林)을 형성하고 있다. 주변 필리핀에도 순림에 가까운 것이 있었으나 벌채하기 편리했으므로 바닥나고 말았다.

지구상에 일찍이 존재한 일이 없었던 용뇌향과의 거대한 수목으로 상징되는 식물사회는 한번 벌채되고 나면 아마도 두 번 다시 재생하지 못하고 영원히 소멸할 운명에 있다. 그 나왕나무의 최대 소비자는 한국과 일본으로 이 나무를 소멸시킬 수 있는 잠재력을 여전히 지니고 있다. 동남아시아의 큰 식물원을 제외하고 현재로는 이 지상 최고의 식물사회를 견학할 수 있는 코스가 말레이시아에도, 보르네오에도 존재하지 않는다. 그것은 어쩐지 우리들에게 무엇인가 암시하고 있는 것 같다.

11

발 효

> 사회는 크게 두 계급으로 이루어져 있다.
> 식욕 이상으로 만찬이 많은 패들과
> 식사 횟수보다는 식욕 쪽이 왕성한 패들이다.
> - 샹 포오르 「격언과 반성」 -

효모균(이스트)

제빵과 양조의 역사는 많은 공통점이 있다. 그 이유는 모두 효모를 사용하고 있기 때문이다. 이 단세포 균의 주요한 역할은 생빵을 발효시켜 이산화탄소를 생기게 하고, 양조에서는 이산화탄소와 에틸알코올이 생산물이다. 후자의 경우는 설탕액 중의 효모균 생장을 혐기성의 상태에서 이루어질 수 있게 해야 한다.

알코올발효는 선사시대의 인류도 이용하였으나 효모균은 현미경적인 생물로 그 생물학적 성질은 비교적 최근에 이르기까지 몰랐다. 그러므로 많은 경우 야생의 효모균이 있다는 것을 모르고 사용되고 있었다. 그러나 갈아서 으깬 종자에 함유되어 있는 전분을 분해하기 위해 옛적부터 효모균을 사용한 폴리네시아인은 균을 의도적으로 이용하고 번식시켰다는 점에서 예외적이었다고 여겨진다.

효모균의 세포는 너무도 작아 육안으로는 보이지 않으므로 레벤후크가 간단한 현미경을 발명하고 나서 비로소 발견되었다. 그는 1680년에 효모균의 세포를 묘사하였으나 이 균과 발효의 관계에 대해서는 알지 못했다. 1803년에 테날과 그 후 몇 사람의 연구자가 그 관계를 주장하였으나 1840년에 폰 리이빗츠가 부정하면서 이 논쟁은 1859년까지 심하게 계속되었다.

그 해에 루이 파스퇴르는 효모균은 생물이며 생장과 생식을 하며, 이것이 설탕으로 알코올을 만드는 발효를 일으킨다는 것을 명확하게 제시하였다. 그러나 효모균의 상세한 전생활환은 1943년까지 연구되지 않았다.

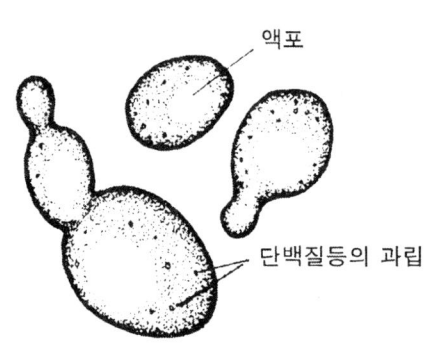

효모균.
출아에 의해 분열하는 단세포식물(3,000배)

어린 풀잎처럼 어리고 활발히 생활하는 세포는 단백질을 많이 함유하고 있다는 사실은 오래전부터 알려져 있다. 현미경으로 보면 한 개의 작은 효모균의 세포들은 항상 젊은 상태이다. 왜냐하면 새로운 세포로 분열함으로써 영구히 세포들은 청년기를 되풀이 하고 있기 때문이다.

효모는 아주 옛날부터 우리 음식물에 들어 있었다. 즉, 맥주나 포도주를 정화하는데 특별한 방법이 없었을 때, 우리는 흐릿한 술맛의 효모에 함유하고 있는 매우 가치 있는 비타민 B를 얻었던 것이다.

효모에 의해 부푼 빵은 효모세포에 있는 단백질과 비타민으로서 더욱 좋은 영양 가치를 갖게 된다. 단백질원으로 효모를 쓰게 된 생각은 1차대전 때 독일 사람이 효모를 더 길러서 이용할 수 있는 가능성을 탐구하기 시작한 때부터였으며 그 이전에는 생각조차 못했다. 효모는 대개 어떤 사탕용액 내에서도 살 수 있는데 이 사탕은 나무에 화학적 처리를 하거나 사탕을 추출한 후에 남은 당밀처럼 저품질의 설탕에서 얻을 수 있다. 그리고 소량의 무기염이 용액에 들어 있어야 하며, 질화물이나 암모니아염으로 존재하여야 한다.

동물은 무기질소 화합물을 사용할 수 없을지라도 식물은 무기질소 화합물로부터 동물이 요구하는 모든 단백질을 만든다. 자연계에서의 질소의 순환은 무기질소가 식물체내로 들어가고 식물체로부터 동물체로 순환하고, 동물이 죽은 뒤 동물체가 부패될 때 다시 땅에 돌아가고 또 식물체에 흡수된다.

모든 생물이 영양원으로 하는 공급처는 대기이다. 번개는 거대한 연금술적 실험실 내에서 번쩍이면서 대기 중의 산소와 질소를 결합한다. 비에 섞여 내린 질소는 토양중의 박테리아에 의해 질화물로 변화되며 나아가서 식물에 섭취된다. 화학자들이 번개의 연금술을 모방한다면 무한정한 양의 질산염이나 암모니아 화합물을 얻을 수 있으며, 효모의 힘으로 이것들을 단백질로 변화시켜 이용할 수 있을 것이다.

양조나 빵제조에 사용되는 효모인 사카로미세스 세레비시아

(Saccharomyces cerevisiae)는 단백질 생산에 가장 좋은데 다량의 효모가 양조의 부산물로 얻어진다. 이 가치 있는 물질은 한낮 쓰레기였으나 오늘날은 이것을 말려서 비타민원으로 사용한다. 식료품으로 남는 것은 너무 쓰기 때문에 그냥 사용하지 못하지만 동물의 사료로는 사용된다.

단백질 제조라는 특별한 목적을 위해서는 효모가 사탕 중에서 당의 대부분을 알코올로 변화시키는 작용을 하지 않았으면 했는데, 근래에 토롤롭시스 우틸리스(*Torulopsis utilis*)라는 효모균이 알코올 발효를 덜하는 것이 알려졌다.

효모를 공업적으로 생산할 수 있기까지는 많은 난관이 있었다. 효모균이 자라고 있는 배양액에서 아주 작은 효모균을 분리하는 것은 쉬운 일이 아니다. 효모균이 여과하는 체 구멍을 막기 때문에 용액에 강한 압력을 가해야 한다. 그래서 효모세포를 더 크게 만든다면 문제가 해결될 수 있다는 발상 하에 실험은 시작되었다. 핵분열의 과정을 느리게 하는 알칼로이드인 콜히친으로 실험한 결과, 핵과 전세포가 이분되는 결과를 얻을 수 있었다. 이 새로운 거대 효모세포를 주의 깊게 배양하였더니 작은 체 구멍을 막지 않고 충분히 체 안에 남아 있을 수 있는 크기가 되었다.

건조한 효모세포의 단백질 중량은 건조물의 1/2이며 또 비타민 B원으로 잘 알려진 것 중의 하나이다. 그것은 향기가 좋아 그대로 먹거나 빵에 섞어서 혹은 불에 거슬린 고기를 섞은 음식물에 넣든가 다른 음식에 넣어 먹는다.

포도주 제조

포도주 만들기는 어떤 면에서는 별로 복잡한 제조법이 아니라 아주 오래전부터 해온 양조법이다. 원시인은 기르는 동물과 더불어 물을 얻기 위해 산골짜기로부터 물을 따라 내려왔다. 방랑 종족이었던 선조들이 정착하여 농사를 짓기 시작한 오랜 뒤에야 발효현상이 발견되었으며 진정한 음료는 목마름을 적시기 위한 동시에 맛을 돋우고 심신을 자극하기 위해 처음 제조되었다는 것은 의심할 여지가 없다.

열대지방에 살고 있던 다소 운이 좋은 종족들은 야자나무의 신선한 즙을 마시는 혜택을 누렸겠으나, 기후가 냉량한 지방에서는 숲속이나 삼림지대 주변에 떨어진 야생포도로 처음으로 발효된 음료를 만들었다. 물론 술의 발견은 기록되어 있지 않다.

그러나 야생포도의 종자가 신석기시대의 유물에서 대량으로 발견되었다는 것은 초기 원시인들이 야생포도의 열매를 압축하여 그 즙을 마셨다는 것을 암시한다. 채집하는 며칠동안 수확물의 일부가 용기 속에 보관되어 있었으므로 여기에서 즙이 생겨 알 수 없는 어떤 액체로 발효되었을 것이다. 이것을 먹기 전에는 무엇인지 몰랐으나 술 맛을 느끼면서 순간적 위안, 희락, 요기와 쾌감을 얻게 되었을 것이다. 피로는 사라지고 기분도 흥분되고 노래와 춤을 추었고 이웃도 초대하였을 것이다.

옛날 포도의 모양이 현대의 것과 같다는 것은 쉽게 알 수 있다. 만약 현재 재배되는 우수한 품종의 종자를 심는다면 그 포도나무는 옛날 포도나무와는 거의 다른 과실을 맺을 것이다. 그러나 포도나무에 지속적인 정성 없이 방치한다면 작고 신 과실을 맺는 옛 야생형으로 곧 변할 것이다. 세월이 흐르고 인간 생활이 더 정착됨에 따라서 포도나무도 농가 가까이에 심게 되었다. 그럼으로써 자연의 풍토에 적합하고 질 좋은 종이 선택되었을 것이다.

성서시대에 벌써 질이 좋은 포도가 개량되었다는 것은 모세가 가나안땅을 정탐하기 위해 열두 사람을 보내는 내용의 성서에 기록되어 있다. 이 사람들이 에스골 골짜기에 이르러 포도송이가 달린 가지를 꺾어서 두 사람 사이의 막대기로 사용했다는 기록으로 알 수 있다 (민수기 제13장, 제23, 24절). 이것은 성경연대에 의하면 예수가 태어나기 전, 1490년의 일이다.

솔로몬의 아가 제7장 제7, 8절에는 귀여운 술람미(제6장 13절)의 유방은 포도송이와 비교되었다.

'네 키는 종려나무 같고, 네 유방은 그 열매 송이 같구나.'

'내가 말하기를 종려나무에 올라가서 그 가지를 잡으라 하였나니 네 유방은 포도송이 같고 …'.

그 당시, 포도송이는 예쁘고 화려한 것으로 비교적 가치가 있었음에 틀림없다.

성서에 있어서 과도한 음주는 죄를 받는 일이라고 하였다. 음주로서의 술은 구약에 155번이나 기록되었고, 신약에서는 10번이나 기록되어 있다.

노아는 포도주의 힘을 모르고 포도나무를 심었으나 --노아가 농업을 시작하여 포도나무를 심었더니(창세기 제9장 제20절) --노아에게는 정말 다행한 일이었다.

포도는 아마 서남아시아에서 기원했다고 여겨지며 크리스트 시대 이전부터 재배되고 있었다. 포도는 포도과, 포도속(*Vitis*)의 목본성 덩굴식물에 열리는 과실이며 유럽의 재배종은 포도(*Vitis vinifera*)이다. 이 식물은 아시아에서 유럽에 도입되어 거기에 자생하는 종과 교잡되고 다시 선택되어 현재 포도주를 제조하는 품종이 육성되었다.

수백년 후 식민지 개척자가 신세계에 포도를 가져 와서 아메리카에 자생하는 종과도 교잡되었다. 미국 최대의 재배면적을 자랑하는 캘리포니아주의 포도주와 건포도의 원료가 된 포도는 유럽으로부터의 계통도입에 의한 것이다. 그 반면, 미국의 계통은 매우 기이한 방법으로 유럽의 포도주 공업을 구제하였다.

1063년, 프랑스, 마델라 군도, 카니리 제도의 포도원이 포도뿌리진드기(*Dactylasphaera vitifoliae*)란 패각충에 의해 비참한 침해를 받았다. 이 곤충은 우연한 기회에 미국으로부터 유럽에 들어와 100만 헥타르의 프랑스 포도밭을 공격하여 괴멸시켰다. 이때 미국 동부에 자생하는, 포도뿌리진니의 저항성 계통인 *Vitis rupestris* 가 유럽에 수입되어 그것을 대목으로 유럽의 포도를 접목하여 이 참해는 끝을 맺었다.

포도주 제조는 포도를 착출하여 일정한 시간동안 침전시킨 과즙(포도액)에 함유되어있는 당류를 발효시킨다. 포도주용 효모균(*Saccharomyces ellipsoideus*)이 사용되며 이 균은 포도의 과피(포도껍질)부분에 자연적으로 존재한다.

같은 품종인 포도의 화학적 성분은 상이한 기후나 토양조건에 생육시키면 다양한 차이가 생겨 포도주의 특성에 영향을 미친다. 이것은 서로 다른 포도원에서 제조된 것, 또는 풍작인 해와 흉작인 해에 자란 것과는 질적인 차이를 구별하는 하나의 기초가 된다.

적포도주와 백포도주의 차이는 껍질에 함유하는 안소티안색소의 유무에 의한 것이다. 이 껍질이 발효의 초기단계에 포도액에 포함되어 있는가의 여부로 생긴다. 포도주를 나무통에 넣어 숙성시키는(보통 잠재운다고 한다) 동안에 포도주의 맛이나 방향을 좋게 하는 화학변화가 서서히 일어난다.

단맛의 포도주는 약 10%의 당분을 함유하고 쓴맛의 것은 0.2%이하 밖에 함유하지 않는다. 단맛의 포도주는 초기단계에 알코올을 가하여 발효를 멈추게 한 것이지만 쓴 맛의 포도주는 거의 당분이 사라질 때까지 발효시킨 것이다. 샴페인주 같은 발포성 포도주는 식탁용 포도주에 당분을 첨가하여 밀봉한 용기 속에서 발효를 재개시켜 이산화탄소가 빠져나가지 않도록 탄산포화시킨 것이다. 후식용 포도주는 포도주의 증류에 의해 얻어진 여분의 알코올을 가하여 강하게 한 것이다.

서늘하고 습윤한 나라에서는 포도가 잘 익지 않으므로 포도의 대용품인 다른 과실로 만들어진다. 영국에서는 맥주나 증류주, 특히 쉐리나 위스키를 주로 음용하고 사과로 만든 사과주가 애용되고 있다.

맥주는 물이 오염되어 있거나 음식물이 영양적으로 균형을 잃은 옛날에는 가치 있는 음료였다. 맥주제조과정에서 끓이는 것은 맥주를 무균 음료로 만들었고 효모균이 특히 비타민 B_2인 리보플라민과 같은 보통식품에는 결여되어 있는 비타민류를 공급하기 때문이다.

알코올 발효
　　--필수품으로서의 술

가벼운 알코올음료는 세계 곳곳에서 각종 당류, 또는 전분을 함유하는 식물재료에 의해 만들어지고 있다. 전분이나 다당류는 알코올발효를 시키기 전에 발효 가능한 당류로 분해하여야 한다. 그리고 필요한 효소는 어떤 외부의 것에서 공급된다.

예를 들어 안데스지역의 치차(chicha, 옥수수주)의 제조에는 인간의 타액 혹은 효모균 그 자체를 필요로 한다. 중세에 인기가 있었던 벌꿀술은 벌꿀과 물의 혼합물을 발효시켜 만들었다. 한국이나 일본에서는 쌀을 발효시켜서, 멕시코의 용설란주(*pulque*)는 각종 용설란속 식물의 액즙을 발효시켜 만든다.

현재의 맥주나 에일(ale ; 맥주보다 독하고, porter보다 약하나 lager보다는 독하다)은 물속에서 곡류의 종자를 발효시켜 만든다. 전분은 발아중인 종자에서 생성되는 디아스타아제에 의해 발효 가능한 맥아당과 포도당으로 가수분해되며, 이것의 알코올 함유량은 3~10%이다. 와인은 포도나 다른 과실의 과즙을 발효시켜 만들며, 보통 약 14%의 알코올분을 함유한다. 더욱 높은 알코올분은 보통 다른 원료에서 만든 알코올을 첨가하지 않는 한 얻을 수 없다. 왜냐하면 일정 농도 이상의 알코올은 효모균 자신이 죽어버리기 때문이다.

더 높은 알코올 농도는 증류에 의해 얻어진다. 증류로 만들어진 liqueur(liquor)중에서 소주, 위스키는 발효한 곡류 종자에서(하급소

주는 고구마 등 근채류로도 만든다), 브랜디는 포도에서, 럼주는 사탕수수에서 만들어진 것이다.

초기 이스라엘의 비니거 와인(vinegar of wine)이란 술은 알코올 함유량이 적은 가벼운 술이었다. 이 술은 사막과 같은 건조지역의 노동자들에게 몸에 습기를 유지하고 갈증을 제거해주었다. 또한 스페인이나 이탈리아는 추수기 농장에서 현재도 사용하는 보편적인 음료였다.

어떤 국가는 포도주를 필수음료로 마셨다. 붉은 포도주(claret)는 프랑스에서 지난 몇 세기 동안 음료의 일종으로만 아니라 영양섭취면에서 하나의 중요한 요소이며, 술의 도움 없이는 소화기관에 부당한 부담을 초래하는 일도 자주 있었다. 절제 있는 음주는 술로 인해 장수에 해가 되는 것이 아니라 오히려 정력을 조장하는 것이었다.

프랑스의 옛 이야기에 버간디는 왕이 마시고, 귀족들은 샴페인, 신사는 붉은 포도주, 시민은 달고 붉은 포도주를 마신다는 이야기가 있다. 근세에 이르러 쉐리주(shery)도 다른 술과 차별되지 않고 높이 평가되고 있다.

왕이 마신다는 술 -- 버간디(burgundy) : 가장 우수한 버간디는 프랑스의 황금해안이라는 콜도(Coted'Or)지방, 북으로는 대쥰(Dijon)부터 남으로는 챠니(Chagny)에 뻗어 있는 산맥지방에서 생산된다. 이 지방에는 약 1만 에이커나 되는 포도원이 있고, 대부분의 토질이나 기후가 모두 버간디 생산용 포도재배에 가장 알맞다. 따라서 여기서 산출되는 포도는 모두 같은 질이며 조건이 좋으므로 포도주의 도수, 질, 향이 우수하다. 참버어틴(Chambertin), 로마니(Romanee), 크로스 디 보오겟(Clos de Vougeot) 등이 있다.

샴페인(champagne) : 샴페인은 창백한 빛인 듯 하여 좀 이상하지만 대체로 검은 포도, 특히 블랙 포인트(Black Pinot) 또는 포인트 마니에르(Pont Maunier)라는 종류의 포도로 만들어진다. 파리에서 동쪽으로 100마일 떨어져 있는 프랑스의 샴펜 지방에서 나는 포도로, 3세기경 로마인에 의하여 이 지방에 수입되었다.

이 포도주는 발육과 활기와 건강의 원천이 된다고 인정하는 종교 계급에 속하는 승려들에 의하여 제조되고 개량되었다. 14세기경에 포도원이 이 지방을 독점하고 샴펜은 왕과 귀족들의 저택에서 보물같이 귀중하게 다루어졌다.

신사가 마신다는 술 -- 붉은 포도주(claret) : 보르도(Bordeaux)지방처럼 토질과 조건의 변화가 다양한 술을 생산하게 하는 포도주 제조지방은 이 세상에 둘도 없을 것이다. 이 곳에서 가장 우수한 술이라는 이른바 '신사용' 술이 만들어진다.

보르도주는 영국이 프랑스에서 망대한 지세를 갖고 있었던 플란타지넷(plantagenet)시대*에 가장 많이 산출되어 값도 싸고 또 광범위하게 이 술을 마셨다. 1152년에 헨리 2세가 결혼할 때 여기를 통과하였으며, 1452년까지도 이곳은 프랑스에 귀속되지 않았다. 그때부터 클라렛주(claret, 붉은 포도주)는 프랑스와 우호관계에 있던 스코틀랜드에서 주로 마셨다. 가장 유명한 claret는 보르도시의 서쪽에 위치한 메드옥(Medoc)지방에서 생산된다. 그레이브(Graves)지방은 붉은 포도주와 흰 포도주로 유명하고 더 남쪽에서 소우틴(sauternes, 흰 포도주의 일종)이 생산된다.

---

* 영국 중세의 왕가(1154-1485); Henry 2세부터 Richard 3세까지

서민들이 즐기는 술--**포도주**(port) : 포르투갈에서 재배되는 포도는 프랑스의 버간디 지방에서 수입된 것이다. 그러므로 포도주와 버간디는 매우 밀접한 관계가 있다. 오포토(Oporto)의 영국인들은 도우로(Douro)의 포도원을 발전시켜서 항해중인 영국함대에 술을 공급하였으며 또한 영국인들의 기호와 기후에 알맞은 술을 생산했다.

도우르의 포도 수확은 보통 10월의 첫 주일에 시작된다. 이른 아침, 수위가 총을 들고 무르익은 포도에서 파르트리제란 새를 쫓는 소리를 들을 수 있다. 포도를 따먹은 새가 취해서 멍해지면 쉽게 잡을 수 있다.

프랑스 포도원의 옛 노래에

　　노래로서 입이 바쁜 것이지
　　포도송이 때문에 입이 바쁜 것은 아니다

15세기의 포도즙 짜는 모습

라는 것이 있다. 포도원주들이 포도를 수확할 때 소년 소녀들이 포도 먹는 것을 막기 위해 불러진 노래이다. 20~30명의 젊은이들이 등에 광주리를 메고 포도를 따고, 지휘자는 여러 악기로 연주하여 그들의 포도따기를 즐겁게 하였다.

포도 수확은 깨끗하게 이루어진다. 30개의 큰 통이나 2만 병 정도를 가득 채울 수 있는 3피트 깊이나 되는 용기에 포도를 넣고, 특별한 위생복을 입은 남녀가 우선 발을 깨끗이 씻고 들어가서 맨발로 밟는다. 포도를 밟는 동안 악사들이 계속 전통적인 음율을 연주한다.

역사적 기록이 없는 아득한 옛적부터 노래를 부르면서 맨발로 밟아서 포도에서 즙을 짰다. 술의 생산기술에서 모든 것은 발전하고 있으나 아직 즙을 짜는 좋은 방법은 발명되지 않고 있다.

제분기와 롤러는 씨를 분리하여 술의 맛을 흐리게 하는 타닌을 유리시킨다. 포도송이는 찌그러지면서 자색의 포도즙이 축적된다. 이 일은 밤늦게까지 계속된다. 즙을 짜는데 맨발의 역할을 하면서 맛을 저하시키지 않고, 씨도 부수지 않으면서 포도를 압축하는 기계가 아직 발명되지 않는 것은 참으로 이상한 일이다.

한국의 고유주, 막걸리

막걸리는 한국의 고유주의 일종이다. 탁주, 재주(滓酒), 회주(灰酒)라고도 불린다. 청주를 뜨지 않고 그대로 짜낸 술이다.

부족국가시대에 이미 곡주가 만들어졌던 것으로 보이며, 고려시대와 조선시대의 기록에 청주와 탁주의 구별이 보이기도 한다. 막걸리는 원래 지에밥에 누룩을 섞어 빚은 술을 오지그릇 위에 정(井)자 모양으로 걸치개를 놓고 체로 걸러 뿌옇고 텁텁하게 만든 술이다.

술이 다 익어서 맑은 술을 떠낼 때 용수를 받아서 떠낸 것은 맑은 청주이고, 물을 더 넣어 걸쭉하게 걸러낸 것이 탁주이므로 청주와 탁주의 구별은 뚜렷하지 않다.

고려시대 이래 이화주로 알려진 술이 대표적인 막걸리였는데 막걸리용 누룩을 배꽃이 필 무렵 만들었기 때문에 그런 이름이 붙여졌으나, 후세에 와서는 수시로 누룩을 만들 수 있어 이화주라는 이름은 사라졌다. 이화주는 맵쌀을 가루 내어 물송편을 만든 뒤 다시 으깨어 쌀누룩과 함께 빚어 넣는데, 익으면 죽과 같은 흰빛의 술이 된다.

누룩은 주로 밀로 만드는데 중국 춘추전국시대에 처음 만들어진 것으로 알려져 있다.

「조선 양조사」에 따르면 막걸리는 중국에서 전래되었으며 대동강 일대에서 처음으로 빚어지기 시작하여 나라의 성쇠를 막론하고 국토의 구석구석까지 전파되어 민족의 고유주가 되었다 한다.

좋은 막걸리는 단맛, 신맛, 쓴맛, 떫은맛이 잘 어우르고 적당히 감칠맛과 청량미가 있는데, 이 청량미는 땀 흘리며 일한 후에 갈증을 멎게 하는 힘도 있어 농주로서 애용되어 왔다. 산의 냄새와 맛이 세고 알코올 농도는 6~7도 정도이다.

양조

온대지방에서 맥주의 가장 보편적인 원료는 발아중인 보리의 종자, 즉 맥아이다. 그러나 보통, 벼나 옥수수 등의 다른 곡류의 종자가 보리 발아 종자에 첨가된다. 맥주 특유의 쓴맛은 맥아나 곡류종자의 추출액(맥아즙)에 홉의 꽃봉오리를 가해 끓이는 것에서 생긴다.

발효 그 자체는 맥아즙에 양조용 효모균(*Saccharomyces cerevisiae*)

을 가한 후, 서늘한 조건에서 이루어진다. 알코올, 방향물질, 이산화탄소가 효모균의 작용으로 생성되나, 균은 최종적으로는 침전과 여과에 의해 제거된다. 대부분의 양조회사에서는 맥주를 병이나 깡통에 채우기 전에 다시 이산화탄소를 포화하게 한다.

맥주는 호프와 함께 끓인 당화된 보리의 침출액을 발효시킨 것으로 옛적부터 있었다. 약 5000년전 이집트 문명의 초기에 보리나 다른 곡물로 만들어진, 취하지 않는 음료에 관한 이야기가 기록되어 있다.

플리니는 그가 잘 알고 있는 유럽지방의 콩과 물의 발효음료의 일상적인 사용에 대해 기술하였다. 영국에서는 로마인들이 꿀술이나 사이다 음료를 만들기 이전까지는 맥주에 관해서 전혀 알지 못했다. 남부지방에서는 강한 맥주의 일종이 보리와 밀로 양조되었다. 로마인들은 영국에서 실제로 양조방법을 향상시켰으며, 색슨인들은 로마인들의 가르침에 의해 많은 득을 보았다.

호프는 뽕나무과에 속하는 암수의 그루가 다른 덩굴성 1년초로 맥주양조에 없어서는 안되는 것이다. 호프는 16세기 이전에는 많이 사용되지 않았으며 헨리 8세때는 술맛을 해치는 나쁜 풀이라 생각하여 맥주에 호프를 넣는 것을 금지하였다. 호프의 원산지는 지중해 연안으로 맥주의 맛과 향을 돋우고 약효가 있다는 기록이 있다. 호프는 약초의 하나로 인정되어 바빌로니아에 포로로 끌려온 유태인들이 맥주를 제조할 때 처음으로 호프를 사용하였는데 그것이 기원전 6세기경이라 한다.

호프는 남독일 바이에른에서 최초로 재배되었다는 기록이 있는데, 736년 바이에른주 할라타우 지방의 카이젠 펠트에서 전쟁포로로 일하던 벤트족이 호프 농장의 장비에 관하여 기술하고 있다. 호프를 사용한 것은 중세 후기의 일이며 14~15세기에 이르러 여러 곳에 전파되었다. 1477년 도르트문트에서 호프만을 사용하였고 1629년에는 북아메리카에 전해져 지금은 세계 제일의 생산국이 되었다.

우리나라의 호프 재배의 시작은 1938년 함남 혜산진에서 시험 재배하여 현재에 이르며 역사도 대단히 짧아, 국내 수요도 충족시키지 못하는 실정이지만 문제의 해결의 전망은 있다.

증류주 제조

만일 알코올농도가 14% 이상 필요할 때는 물의 비점보다 알코올 비점이 훨씬 낮으므로 발효에 의해 생긴 것을 증류하면 얻을 수 있다. 발효한 맥아즙은 알코올에 필적하는 비점을 갖는 불순물을 함유하므로 증류에 의해 바람직한 색과 맛을 얻을 수 있다. 증류주는 이어 숙성되고 추출정분(抽出精分)이나 과실의 향이 첨가된다. 대부분의 증류주는 알코올을 40~50% 함유한다.

맥주와 포도주의 제조는 자연적으로 일어나는 작용을 관리하고 제어한 것에 불과하나 증류주의 제조발달은 인간의 창의에 의한 것이다. 중국과 아라비아, 이집트에서는 지금부터 2000~3000년 전의 고대인들이 적당한 수법을 발달시킨 것처럼 여겨지나 현대의 화주나 증류주, 여러 종류의 liquor를 만드는데는 1826년 로버츠 스타인에 의한 발명까지 기다려야만 했다.

알코올 음료의 유효성, 금주, 필연적으로 과해지는 세금이 인간의 역사에 미친 큰 영향을 상세하게 논하지는 않겠으나, 분명한 것은 현대에 있어서 다른 어떠한 식물성 산물보다 큰 영향을 인류에 제공하고 있다. 알코올류는 음료로 이용하는 외에도 많은 이용법이 있다. 에틸알코올은 연료, 용제, 각종 공업제품의 원료로서 또는 의약품이나 외과용으로서의 많은 응용면이 있다.

효모균 외의 미생물에 의한 제어에 의해 여러 가지 중요한 화학물질이 제조되고 있다. 아세톤과 부틸알코올은 옥수수의 싹즙을 박테리아의 일종인 *Clostridium acetobutylicum* 로 발효시켜 만들고 있다. 초의 제조에는 두 가지 각각 다른 발효가 포함되어 있다. 에틸알코올은 포도주 또는 사과주--한국에서 흔히 cider라는 것이 영어권에서는 사과주이다--의 형태로 만들어지거나 보리의 맥아로서 만들어진다. 이어서 이것이 호기적 조건하에서 생육하는 *Acetobacter*에 의해 초산으로 변화한다.

알코올분을 함유하지 않는 음료를 만드는데 잘 쓰이는 시트르산(구연산)은 당에 흑곰팡이의 *Asperrgillus nigra*를 작용시켜 만든다. 그리고 이 제법은 종래 감귤류를 원료로 하여 만드는 방법에 거의 완전히 대치되고 말았다. 간장은 콩과 밀분, 소금의 혼합물을 *Asperrgillus oryzae*란 누룩곰팡이로 발효시켜 만드는데 이 고대로부터의 방법은 현재도 계속되고 있다.

그 밖에 효소적인 발효는 앞으로 종류별로 더 이야기하겠지만 예를 들어 차, 커피 등은 물론 알코올은 함유되어 있지 않다. 또한 사일레이지(사일로에 저장한 목초), 사우와크라우드(독일요리의 소금에 절인 캐베즈), 치즈 등의 여러 가지 물질의 제조에도 *Lactobacillus* 속 박테리아의 작용이 포함되어 있다.

가장 중요한 발효생성물은 유산이다. 페니실린으로 시작되는 근대의 항생물질은 곰팡이나 박테리아의 대사생성물이다. 이처럼 많은 수법으로 여러 가지 종류의 발효를 통해 하등식물이 인류미래의 생활에 더욱더 중요한 역할을 다하고 있다고 여겨진다.

브랜디, 진, 위스키, 그리고 쉐리주에 대한 에피소드를 이야기하고 이 장을 마치겠다.

브랜디 : 브랜디는 포도에서 산출되는 또 다른 주요한 술이며 발효한 즙을 증류하여 만들어진다. 브랜디는 인사불성일 때나 기진맥진한 경우에 자극제로서 특히 유효하다. 프랑스인들은 브랜디를 유 디비(eau de vie)라 부른다. 위스키 같이 맑고 무색하며 약한 쉐리주 빛은 브랜디를 저장한 나무통이 유색 물질로 염색되기 때문이다. 이 빛깔은 때로는 태운 사탕이나 다른 물질로서 더욱 진해진다. 체리브랜디(cherry-brandy)는 딸기가 저장되어 있는 통속에서 숙성된다. 가장 유명한 브랜디는 서부 프랑스의 카렌테(Charente)의 코냐크(Cognac)지방에서 양조되어 숙성된 것이다.

진 : 진은 보통 노간주나무, 코리안더의 장과 또는 여러 가지 차풀, 육두구, 레몬, 회향, 오란다, 미나리, 기타 향이 있는 식물의 씨를 알코올이 증류될 때에 넣어 만들어진다. 사용되는 알코올은 위스키와 같은 방법으로 찌거나 찌지 않은 보리 또는 다른 곡물을 발효 증류하여 만든다. 예전에 질이 나쁜 진을 테레핀유 또는 소금이나 설탕으로 맛을 돋운 감자 알코올로 만들어, 주로 하류층에서 마셨으며 무례한 행위 및 폭취 등에 직접 관계가 많았다.

노간주나무의 장과 성분은 신장을 자극하는 것으로, 올드 톰(Old

Tom)이라 불리는 유명한 영국의 브랜디가 이 성분으로 잘 알려져 있다. 노간주나무의 장과는 네덜란드의 시에담(Shiedam) 또는 홀란드(Holland)라는 호밀로 만들어진 알코올의 맛을 돋우는데 사용되었다.

위스키 : 위스키란 말은 스코틀랜드, 아일랜드 고원에 사는 켈트족의 말로서 위스기(uisge), 즉 '물'이란 말에서 유래되어 위스게 비타(uisgebeaha), 즉 '생명의 물'이란 말로 수식되었다. 영국에서는 당분 있는 곡물이나 감자, 또는 다른 전분종자, 특히 보리 또는 보리와 귀리의 혼합물의 발효에서 얻은 액즙을 증류하여 제조하였다. 미국에서는 주로 옥수수, 호밀 또는 보리로 만들어진다.

순수한 당분 위스키는 거의 스코틀랜드에서 만들어진다. 영국에서는 11세기 초부터 양조되어 점점 진이나 브랜디로 대치되고 있다. 최초, 위스키는 의약용으로 생산되어 승려들이 주로 취급하였다. 위스키가 처음 생산되었을 때는 전혀 무색이며 좋은 술이었으나 위스키의 유사품은 쉐리주의 지강소와 다른 물통, 또는 카라멜 시럽이나 '익은 술'을 혼합하면서 생산하였다.

위스키는 인류에게 큰 영향을 미쳤으며 밀수, 불법제조에 의한 많은 소송까지 일어났다. 1794년 펜실베니아주에서는 세법에 대한 불만이 최고도에 달하여 폭동이 발생하여, 재산의 파괴 등으로 워싱턴은 폭동을 진압시키기 위하여 15000명의 군대를 파견하기도 하였다.

냉랭하고 습기가 많은 영국의 기후는 포도 재배에 적합지 않아 중세기에 소량의 술이 남부 지방에서 만들어졌지만 이것은 국내의 음료 수요를 충족시키지 못했다. 그 대신 국민들은 맥주나 에일(ale), 또는 사이다로 보충하였다.

쉐리주 : 특히 영국에 있어서 지난 몇 세기동안 유명했고 높이 평가된 술이다. 쉐리주(Sack of Sherries : 일명 Xeres)는 헨리 8세 때 애용되었다.

셰익스피어는,

    양질의 쉐리주는 사고력을 높이며,

    나에게 어리석은 망상을 없애주는 두 가지 작용과

    총명, 만족, 집중, 날쌔고 아름답고, 유쾌한 모양을 이루게 하며,

    목소리를 좋게 하고 발음을 똑똑하게 하며,

    등대불이 비치는 것처럼 얼굴빛이 빛나게 한다.

라고 쉐리주를 극찬하였다.

쉐리주에는 많은 영양가가 함유되어 있어 식전, 식중, 식후의 공복, 항시 어느 때든 마실 수 있으며, 생선, 육류, 과실과 함께 마시기도 하며, 심지어 담배를 피울 때, 또는 샴페인을 마신 뒤에도 마신다.

쉐리주는 스페인 남부 안달루시아(Andalusia)에서 거의 생산된다. 포도는 완전히 익어야 되며 포도주 제조처럼 바로 나무통에 넣지 않고 우선 짚 위에 놓아 말리기 위해 방치한다. 몇 시간 동안 햇볕에 쪼인 후, 압축실로 가져가 목제 절구통에 넣고 남녀들이 예전 방법대로 발로 밟는다.

따라서 가치 있고 고가인 혼합주를 서로 다른 값싼 것으로부터 만들 수 있는 것이다. 이것은 곧 서로 다른 술을 혼합하여 소비자들이 원하는 대로 만들 수 있으므로 기술자들에게 광범한 분야를 마련하게 하였다. 또 하나 신기한 것은 술의 양이 항상 변화하지 않아서 뚜껑 없는 술통에 넣어서 수개월 두어도 양이 줄지 않는다.

12

음료, 향신료 및 기호식물

새로운 요리의 발견은
새로운 별의 발견보다도
인류의 행복에 더 한층 공헌한다.
- 사봐란 「미각의 생리」 -

차, 커피, 코코아
―알칼로이드 성분을 함유하는 식물

문명인이 소비하고 있는 음료는 알코올성인 것과 아닌 것의 두 종류가 있다. 양쪽 모두가 사회적 기능이 있으며, 비알코올 음료는 자극성이 있는 한편, 알코올 음료는 일반적으로 믿고 있는 것과는 대조적으로 진정작용이 있다.

비알코올 음료의 자극성은 함유되어 있는 알칼로이드에 기인하는 것으로, 뜨거운 물에 의해 향과 함께 식물체에서 추출된다. 이것이 카페인 혹은 그것과 매우 가까운 물질이다.

가장 향기가 높은 알칼로이드성분을 함유하는 음료는 차, 커피, 코코아(또는 쵸콜릿)이며 현재 세계 소비량의 높은 순이다. 그 어느 것도 열대지방이나 열대지방에 가까운 곳의 생산물이다.

이처럼 분류학적으로는 관련이 없는 식물이 열대지방이란 환경에 생육하고, 모두가 카페인 혹은 그것과 유사한 것을 함유하고 있다는 것은 아마도 무엇인가 생화학적으로 중요한 의미가 있다고 보지만 이런 관계에 관한 본질에 대해서는 아무것도 모르고 있다. 어떠한 경우든 관련이 없는 서로 다른 식물이 다른 사람들에 의해 같은 목적에 사용된다는 것은 주목할 만한 일이다. 같은 목적이란 관련있는 자극성 알칼로이드류의 추출이다.

차 이야기

유유히 흐르는 황하 -- 그 강가의 풀숲에서 유비청년이 낙양선의 도착을 기다리고 있다. 어머니에게 드릴 선물로 차를 구하기 위해서다. 우리에게 친숙한 삼국지는 이렇게 기나긴 이야기의 막을 연다. 당시만 해도 차는 빈사의 병자에게 먹이거나 여간한 귀인이 아니면 마실 수 없을 정도로 고가이고 귀중하게 여겼다.

보통 사람은 차의 본질이 무엇이며 어디서 재배되며 어떤 과정을 거쳐 마시게 되는지 아마도 모를 것이다. 여기서는 차에 관한 여러 가지 이야기를 하기로 하자.

　향기 나는 차를 끓인 물에 넣기 전까지 그것이 잎으로 되어 있다는 것을 잘 모른다. 즉, 차는 열탕으로 추출되는 잎이 그 재료이며 세계 인구의 절반가량의 음료이다. 또한 고대 중국에서 최초로 약용으로서 쓰였다는 것이 알려져 있어 매우 긴 역사를 가지고 있다. 그러나 원산지가 인도인지 중국인지, 아니면 두곳 모두인지는 분명치 않으나 중국에서는 기원전 2700년 전에 벌써 있었다 한다.

　1664년 영국 동인도회사가 찰스 2세의 왕후인 카터린 여왕에게 차를 선물로 보내면서부터 상류사회에서는 차가 유행하기 시작하였다. 곧 다른 나라에서도 차의 맛과 유용 성분을 음미하는 것을 배웠으나 음료로 만드는 방법은 달랐다.

　예를 들어, 파리의 차는 흔히 사용하는 것이었으나 러시아 사람들은 밀크를 넣지 않은 대신에 레몬으로 차의 맛을 돋우었다. 한편, 티베트의 라마족은 표면에 녹은 버터를 뜨게 하여 차를 마셨다.

　19세기 초, 동인도 지방인 아샘 삼림에서 야생으로 여겨지는 차가 생장하고 있는 것이 발견되어 이 지방을 원산지라 본다. 그러나 중국인이 아샘지방을 여행하여 중국에서 종자를 가지고 온 것이 자란 것으로 보고 있는 견해도 있다.

　의심할 여지없이 중국 사람들이 차를 음료로 세계에 소개하여 차를 마시는 것이 사회적 습관이 된 것은 대체로 5세기 경이다. 중국에서 전파되어 16세기 말이나 17세기 초에 비로소 서유럽에 도입되었다. 그것은 커피가 들어온 이후지만, 차를 마시는 습관은 즐겨 받아들여져 확립되었다. 현재 중국에서는 다른 어느 지방보다 많은 차가 생산되고, 수출량이 가장 많은 것은 인도와 세일론이다.

차는 상록성이며 차나무과에 속한다. 동백나무속(*Camellia*)의 1종으로서 분류되기도 하였지만 현재는 *Thea sinensis* 로 자리매김 되어 있다. 차는 통상 관목상태로 재배하며 원래는 작은 교목으로 생장하므로 주의 깊게 전정하여 관목을 유지한다. 차는 더운 습윤한 평지나 서리가 내리는 지역에서는 잘 자라지 않는다. 최량의 조건은 열대의 구릉지대나 아열대의 저지로 우량은 1500mm이상으로 연간을 균등하게 분포해 있어야 한다.

생산량은 앞에서도 말했듯이 인도, 세일론, 중국순이고 한국과 대만, 일본에서도 많은 량이 생산된다. 또한 자바, 케냐, 니아살란드, 그리고 나탈에서도 소규모의 생산이 있다.

차는 거의가 자가불임성이므로 타가수분한 종자에 의해 번식한다. 그 결과, 개개의 식물은 유전적 조합에 의해 상당한 변이를 볼 수 있다. 그러나 크게 나누어 넓은 잎의 인도형과 좁은 잎의 중국형으로 구별되며, 중국형은 한냉기후에 대해 저항성이 있다. 인도형은 아마도 이라와지 강의 원류원에 가까운 아샘이나 북미얀마의 야생종에 기원하고, 중국형은 중국자체에 그 기원이 있다고 여겨진다.

심어서 3, 4년째의 차나무에 싹이 터, 새로운 잎이나 줄기를 따내어 차

차나무 *Thea sinensis*

가 만들어진다. 차나무가 개화할 때, 흰색이나 살색의 향기롭고 작은 꽃이 많이 열린다. 꽃이 지면 삭과인 열매는 3개로 갈라지며 각각에 1개의 종자가 들어있다. 종자를 따기 위해 재배하는 차나무는 잎을 따기 위해 재배하는 것과는 다르다. 종자는 묘상에서 가꾸어 어린 식물을 4피트 간격으로 줄로 심는다.

 수확에서 가장 상질의 차는 어린 가지의 선단의 싹과 최초의 두 잎을 따서 만드는데, 보통급의 차는 네 번째 잎 정도까지 포함되어 있다. 차의 산뜻한 맛은 약 4% 가량 함유되어 있는 카페인분 때문이다.

 최초의 싹을 따면 곁눈의 생장을 촉진하므로 최초로 딴 날부터 10일쯤 지나면 다시 잎을 딸 수 있다. 이렇게 여러 번 싹이 튼 어린잎을 따면 줄기는 다시 따기 쉬운 높이로 전정한다. 약 10년간 차따기를 하면 그루는 밑둥에서 잘라 새롭게 밑둥에서 자란 가지를 키운다.

 토양과 기타 형편에 따라 차이는 있지만 1에이커당 매년 4000~5000파운드의 잎을 수확할 수 있고 싱싱한 잎 4~5파운드로 1파운드의 정제한 차를 얻을 수 있다.

 차공장에서 차잎을 처리하는 방법은 녹차를 만드는가, 홍차를 만드는가에 따라 다르다. 녹차는 발효되지 않은 잎에서 만들어지는데 증기로 찌고, 손으로 비비고 건조시켜 푸대나 깡통에 넣는다. 한편, 홍차는 발효과정이 필요하며 이 처리에서 카페인은 화학결합하고 있는 타닌에서 분리되며 차의 향과 색이 만들어진다. 홍차는 유럽과 미국에서 보다 많이 마신다. 수백만의 사람들이 차의 재배, 가공 및 판매와 부대사업으로 생계를 유지하고 있다.

 이렇게 완성된 잎은 최고 5%의 카페인을 포함하며 20%의 타닌을 함유하고 있다. 타닌은 펙틴과 덱스트린과 함께 떫은맛과 색을 갖게 하며 정유의 티올이 맛을 내게 한다. 차에는 추출되지 않는 셀룰로오즈나 기타 구성물질이 존재하고 있다.

상이한 제법이나 상이한 생산지에서 채취된 차는 함유성분의 비율에 차이가 있다. 그러므로 가공한 차는 소비자를 위해 완전포장하기 전에 반드시 혼합된다. 이 혼합은 그 지방특유의 맛 특질에 영합되도록 만들어진다. 예를 들어, 미국에서 보급하여 인기가 있는 혼합차는 영국이나 호주에서 즐겨 마시는 것보다 타닌 함유량이 훨씬 적다.

커피

차와 같이 세계적 규모로 퍼져 있고 자극성 물질인 카페인을 함유하는 또 다른 음료가 커피이다. 커피는 꼭두서니과의 커피속식물에 속하는 종의 종자에서 만들어진다. 커피속(*Coffea*)에는 약 50~60종이 있으며 모두가 열대와 아열대의 아프리카 우림에 자생하는 상록의 관목이나 소교목이다.

커피의 재배는 연간 2500mm에 이르는 우량이 있는 덥고 습윤한 기후조건이 필요하다. 원래 삼림의 큰 나무그늘에서 생육하고 있었던 것이므로 보통은 그늘에, 적어도 유식물 동안은 그늘에서 자라는 것이 필요하며 또한 토양조건의 요구도도 매우 특수하다.

양의 무리가 커피나무를 먹으면 흥분되어 잠을 이루지 못한다. 옛날에는 커피가 취하게 하는 음료로 생각되어 코란경에서 커피를 마시는 것을 금지하였다. 그럼에도 불구하고 급속도로 아라비아인들에게 퍼졌다.

차는 동아시아가 기원으로 널리 그 지역에서 재배하고 있는데 반해 커피는 아프리카 기원이지만 현재 대부분이 신세계에서 재배되고 있다. 다음에 등장하는 코코아는 신세계 기원으로 현재 세계 공급량의 대부분은 아프리카에서 생산된다.

이것은 유용식물, 특히 열대의 유용식물에서 자주 볼 수 있는 일로 진기하진 않지만, 부연 설명이 필요하다. 유용식물이 원래 자라고 있던 장소에서 떨어져 재배되는 가장 타당한 이유는 그 식물과 함께 진화한 병원균이나 해충을 뿌리치고 이식해야 하기 때문이다. 이것은 농장에서 특정한 식물을 대량으로 키울 때, 유행성 질병이 만연하기 쉬운 조건에 있으므로 특히 중요한 일이다.

가장 상질의 커피는 *Coffea arabica* 종으로 세계 커피수요의 대부분을 차지하고 있다. 아라비아라는 학명과는 무관하게, 작고, 가는 줄기의 나무는 아마도 에티오피아에 기원한 것일 것이다. 그 곳 열대의 산악지대에서 잘 자라며 현재는 케냐, 콜롬비아, 코스타리카, 기타의 열대 아메리카 여러 나라에서 많이 재배되고 있다.

이 속의 다른 종은 더욱 저지대에서 생육되고 제품의 질이나 맛의 미묘한 점에서 *C. arabica*를 따르지 못한다. 그러나 중앙아프리카 원산인 *C. canephora*는 인스턴트커피 제조용의 커피 원두를 공급하는 것으로 최근 중요성이 증가하고 있다. 이 종은 강한 향기가 있는데 양조과정에서 향이 *C. arabica*의 커피보다 많이 증발하지 않고 유지된다.

커피의 꽃은 잎겨드랑이에 조밀하게 덩이모양으로 달리며 1년에 두세번 꽃을 형성하여 핀다. 순백한 꽃은 아름답고 향기가 좋다. 꽃은 아침에 펴서 정오까지는 시드는데 그동안 곤충에 의해 수분된다.

열매는 처음엔 녹색이며, 9개월이 지나면 이내 붉어진다. 짙은 붉은 색의 겉껍질이 황색의 열매를 싸고 있으며 그 속에 얇고 딱딱한 속껍질이 있다. 그 열매 속에 회색빛이 도는 녹색의 길이 약 3.8cm인 2개의 종자가 들어있다. 이 종자는 조금 납작하고 표면에 홈이 있으며 얇은 종피(씨껍질)로 덮여 있다.

커피나무는 심은 지 3년째부터 열매를 맺으며 40년 정도는 계속해서 수확할 수 있다. 열매가 익으면 손으로 따서 씻고 종자는 과육에서 분리한다. 이 때 종자는 속껍질에 싸여, 2개의 쌍을 이룬 채로 있다. 과육의 나머지는 물이 가득한 통속에서 발효시켜 제거하고 종자는 펼쳐 햇빛에 말린다. 이어서 속껍질을 벗겨 제거하고 종자가 서로 떨어지면 닦아 윤을 낸 다음 수출용으로 포장된다.

커피나무
Coffea arabica

이러한 커피 원두는 볶아진 다음 가루로 빻아 음료로 달여 마신다. 보통 이 과정은 마시기 직전에 이루어진다. 생산지가 다양한 커피는 통상 소비하는 나라에서 그 곳 사람들이 선호하는 일정한 맛과 향이 유지되도록 혼합한다. 볶아진 원두는 그 건조량의 약 1~2%의 카페인을 함유하고 있다. 또한 그 외로 포도당, 덱스트린, 단백질과 함께 정유 카폴을 함유하고 있다.

커피재배와 음료로서의 광범한 사용은 중국 사람들이 차를 마시는 것과 같이 아랍인들에게는 뗄 수 없는 밀접한 관계를 가지고 있다. 그 재배는 대략 6세기 경, 아라비아에서 원산지인 에티오피아 고원부터 도입되어 시작하였다. 처음에는 음료가 아니라 식량으로서 사용되어 분말로 만든 종자를 버터로 반죽하여 둥글게 만들어 사막을 여행할 때 흥분제와 식량의 양면에서 유효한 것으로서 갖고 다녔다.

커피원두가 음료를 만드는데 역할을 한 것은 15세기에 아라비아에서 발견되었지만, 커피나무의 재배는 17세기말 네덜란드인이 이 식물을 세일론이나 자바에 도입할 때까지 아시아의 열대지방에는 퍼지지 않았다.

신세계에서 이 식물의 재배는 더욱 늦었다. 현재의 커피농장을 이루는 나무의 염원은 자바에서 암스테르담에 보내져 식물원에서 키운 오직 하나뿐인 나무였다. 이 나무에서 채집된 종자는 1718년에 수리남에 보내져 이것이 불령기아나에서의 재배를 유도하고 결국 1727년에 거대한 브라질 커피산업의 확립을 초래하였다. 나아가서 암스테르담의 원목 자손은 파리 식물원에 보내져, 1720년에 카리브해의 마르티니크섬에서 프랑스인이 커피를 도입할 때, 종자를 제공하는 결과가 되었다. 이러한 경과로 커피는 신세계 전체로 퍼졌다.

하와이나 필리핀의 커피나무도 원래는 암스테르담의 커피나무 하나에서 유래하는 것이다. 지금은 독립국이지만 열대지방에서의 식민지 역사발전에 식물원이 기여한 현저한 보기라고 말할 수 있다. 커피는 지금, 남북 양회기선 사이의 전세계 열대지방에 널리 재배되고 있다.

한때, 세일론은 인도양의 주도적인 커피 산출군이었다. 그러나 단일작물경제는 어떤 나라에서도 매우 위험한 것으로, 이 사실은 19세기말에 '엽문병'이란 병이 불과 수년 동안 섬 전체에 만연하여 커피농장을 전멸시킨 사태가 생긴 것으로 보아 분명한 것이다. 그것은 커피농장 재배자측의 크나큰 부주의와 무지의 소산이었다.

커피가 세계적 규모의 음료로 마시게 된 것은 불과 300년전의 일이며, 17세기초 처음으로 아라비아에서 서유럽에 근소한 양이 출하된 것에 비롯된다. 원산지의 소비가 매우 미미했음에도 불구하고 유럽대륙이나 영어권 나라의 찻집은 곧 사회적, 정치적 회합의 중요한 중심이 되고 커피가 소비되었다.

세계 최초의 찻집은 16세기초 카이로에 만들어졌다. 그러나 사회적 효용이 가장 분명하게 기록되어 있는 것은 영국으로 1650년 옥스포드의 대학가에 최초로 개점하였다. 그 후, 런던의 여기저기에서 보게 되었다.

찻집이 급속하게 늘어나 런던사람들의 일상생활에 없어서는 안되는 것이 되었다. 여기서 저렴한 비용으로 다른 사람과 한가롭게 지내거나, 지적인 논의를 하거나, 휴양하거나 하였다. 찻집의 수는 계속 증가하여 신분이나 직업, 종교, 정치소견에 따라 각각의 본거지를 갖는 상태로까지 독자적인 특징을 지닌 곳으로 발전하였다.

1675년, 찰스 2세는 찻집이 정치적 충동의 주동자들의 안식처로, 대영제국을 불명예롭게 하는 자, 또는 평화와 질서를 어지럽히는 자들이 모이는 곳이라 하여 찻집을 탄압하는 공포를 발하였으나 국민의 심한 반대에 부딪혀 불과 11일로 공포는 취하, 철회되는 때도 있었다.

카카오(코코아)

코코아는 콜럼버스가 아메리카대륙에 상륙하기 오래전부터 재배되었고 멕시코와 페루에서 음료로 애용되었다.

차, 커피에 이어 세 번째의 음료식물은 벽오동나무과의 카카오(cacao 또는 cocoa, *Theobroma cacao*)이다. 카카오 종자에서 코코아, 다른 상태로는 초콜릿으로 알려져 있는 것을 만든다. 조제된 초콜릿은 식용이든, 음료용이든 아카로이드의 테오브로민을 함유하고 있다. 카카오는 현재로는 신세계보다 구세계에서 많이 재배되고 있으며 초콜릿 혹은 코코아는 신세계가 인간의 식료 리스트에 추가한 것의 하나이다.

카카오속은 열대의 중앙아메리카와 남아메리카의 삼림지대에 자생하고 있다. 마야족과 아즈테크족이 재배하고 있었으나, 1519년 코르테스에 의한 지금의 멕시코 정복시에 처음으로 유럽인에 의해 발견된 식물이다. 아즈테크족은 이것을 초코라틀(chocola)이라 불렀으나 스페인인이 유럽인에게 발음하기 쉽게 바꾸어 초콜릿(chocolate)이 되었다.

카카오속 식물의 종자는 남아메리카에서 고대로부터 채집되고 있다. 오늘날 가장 잘 재배되고 있는 종인 *Theobroma cacao*는 안데스 산맥의 동사면에 있는 아마존 상류의 분지가 기원이며 그 지역 우림의 저목층에서 온난, 음지, 습윤의 조건하에 상록수로서 생육하고 있다. 동일한 조건은 현재 재배되고 있는 어떤 지역에도 있으나 보통 적도의 남북 10도 이내지역에서 볼 수 있다. 우량은 적어도 약 1000mm가 필요하다.

카카오나무는 종자로 번식하며 또한 접목으로도 키울 수 있다. 높이 약 25피트를 넘으며 1년반 정도 지나면, 3~4개의 가지가 분기한다. 계속 분기하여 지름 약 20~25피트에 이르는 수관을 형성한다. 대부분의 꽃은 그냥 떨어지고 극히 소수의 꽃만이 열매를 맺는다. 수분은 주로 꽃잎이나 수술을 기어 다니는 개미나 진딧물이 꽃에서 꽃으로 꽃가루를 매개한다.

카카오의 열매를 쪼갠 모양.
안쪽(좌), 겉쪽(우)을 나타냄. 종자는 열매 안쪽에서 발아한다.

카카오의 열매인 꼬투리(협과)는 나무줄기나 주되는 가지에 직접 달리므로 잘라서 쉽게 수확할 수 있다. 꼬투리는 칼로 깍지를 열거나 두개의 꼬투리를 서로 부딪쳐 깨뜨려, 카카오 원두(종자)를 꺼낸다. 이어서 종자를 발효시켜 종자의 배를 죽이고 초콜릿 향의 전구체를 이루는 효소를 분리시킨다. 발효하는 동안에 종자속의 떡잎(자엽)은 짙은 자갈색으로 변하여 이른바 초콜릿색이 된다. 다음 원두는 건조된다.

보통은 이렇게 하여 발효한 원두가 유럽, 아시아, 미국으로 수출되어 수입선에서 초콜릿제조의 최후공정이 마무리된다.

마야족과 아즈테크족은 카카오 종자를 옥수수 종자와 함께 빻아 그 가루를 쪄서 고추를 첨가하여 초콜릿을 만들었다. 스페인인은 고추 대신에 설탕과 바닐라를 넣어 오늘날 보편적으로 볼 수 있는 혼합물을 반죽하여 초콜릿을 만들었다. 그러나 스페인인은 카카오 원두의 지방함유량이 높은데 따른 입맛의 느낌을 높이기 위해 다시 옥수수 가루를 첨가할 필요성이 있다는 것을 알게 되었다.

17세기에 스페인인이 필리핀에 카카오나무를 도입하고, 이어서 네덜란드인은 세일론과 인도네시아에 그것을 운반하여 현재 그 지역은 모두 카카오의 생산지이다. 남아메리카에서의 카카오 재배는 스페인의 포고로 베네수엘라만으로 제한되어 있었으나, 18세기말 스페인의 장악이 늦추어지기 시작하였다. 이 때, 에콰도르를 비롯하여 재배에 적합한 기후인 여러 나라에서 재배되기 시작하였다.

브라질은 스페인 지배가 아니라 포르투갈 지배 하에 있었으므로 카카오 농장의 설립, 재배는 남아메리카의 여러 나라 중에서는 가장 뒤떨어져 있었다. 그러나 결국 브라질은 신세계에서 카카오의 최대 수출국으로 발전하여 19세기 말에는 세계의 어느 나라보다 많은 카카오를 수출하게 되었다.

1900년에 서반구에서는 카카오 생산액의 81%를 주로 브라질, 에콰도르, 베네수엘라, 트리니다드에서 산출하고 있었다. 1951년까지 서아프리카는 세계 코코아의 60%이상을 생산하고, 그 중 황금해안 (현재의 가나)이 35%, 나이지리아가 14%, 카루멘이 6%를 점하고 있었다. 브라질은 이전과 같이 카카오를 수출하고 있었으나 세계전체의 불과 17%로 전락하고 말았다. 그 이유는 초콜릿의 수요가 세계적으로 크게 증가하고, 서아프리카가 주로 이 수요를 충족하고 있었기 때문이다.

2차대전 후, 세계의 코코아 가격은 급격하게 상승하여 카카오 생산국은 그것으로 얻어진 부가 그 나라의 사회적 및 정치적 지위에 큰 영향을 미쳤다.

예를 들어, 가나에서 카카오의 시장거래는 정부에 의해 이루어지고 있었으나 농가에 지급하는 공정가격과 해외 구매자로부터 받아들이는 차액을 사용하여 도로, 학교, 병원 등이 건설되었다. 이전에는 황금해안 식민지였던 이 나라에 있어 카카오로 인해 초래된 부가 부근의 식민지보다 앞서 1957년에 영국에서 독립을 쟁취하는 것을 가능하게 한 하나의 요인이 된 것은 의심할 여지가 없다.

향신료

열대지역의 음식물은 언제나 전분질이 풍부한 곡물이나 근채류의 식물을 사용하는 단조로운 것이다. 그 결과 향신료의 이용이 열대의 여러 나라에서 일찍부터 중요시된 것은 당연하다.

향신료는 영양가로 이용되는 것이 아니라 향과 맛으로 소비되는 식품이다. 통상의 열대산 향신료 'spice'와 널리 요리에 사용되고 있는 온대산의 향신료 'herb'와는 명확한 차이는 없다. 맛과 향은 비교적 저분자이고 매우 휘발성 있는 다양한 성분으로 된 유기물인 식물성 정유에 유래한다. 이 정유는 테르펜이라 불리는 탄화수소이며 용매에 의해 추출되고 그 다음 용매는 증류에 의거 제거된다.

식품으로 사용되는 향신료의 효능에는 다음의 세 가지 특징이 있다. 우선 첫째로 음식의 맛이 단조로운 것을 막아 준다. 둘째로 별로 신선하지 않은 육류의 불쾌한 맛을 없애는 역할로, 냉장고가 없는 옛날 열대지방에서는 중요한 것이었다. 셋째로 향신료는 발한을 촉진하여 몸을 냉하게 하는 작용이 있어, 이것 또한 열대지역에서는 필요한 것이었다.

이러한 세 가지의 본질적인 효과 외에도 몇 가지 효능이 있다고 한다. 예를 들어, 향신료는 소화를 돕는 것으로 생각된다. 또한 방부제로서의 역할도 고려되며 강한 방향에 의해 불쾌한 냄새를 없애고 방부제로서도 사용되어 왔다.

향신료가 경우에 따라서 돈 대신에 쓰였다는 것은 매우 중요한 일이다. 중세의 영국에서 가끔 후추열매가 토지세와 세금대신에 납부되었다.

15세기에서 16세기에 걸친 대항해시대의 세계탐험은 향신료를 찾아내기 위한 것이기도 하였다. 콜럼버스에 의한 아메리카대륙 재발견 직후의 동기는 인도의 향신료, 그 중에서도 후추를 얻기 위한 최단거리를 찾는 것이었다. 또한 1519년에서 1522년에 이르는 마젤란의 불행한 세계일주 항해의 희생은 살아남은 오직 한 척의 배가 유럽에 갖고 간 후추나 기타 몇 종의 향신료에 의해 완전히 보상되었다.

향신료식물의 이용과 재배는 유사시대의 초기까지 소급할 수 있다. 중국, 이집트, 그리스, 로마의 고대문명에서는 향신료가 매우 중요하였다. 유명한 향신료의 하나인 녹나무(껍질에서 계피를 얻는)는 구약성서의 아가나 잠언에 기록되어 있다.

고대 이집트에서는 죽은 자에 향유를 바르고 미이라를 만드는데 사용하였다.

  나도와 번홍화와
  창포와 계수와
  각종 유향목과 몰약과 침향과
  모든 귀한 향품이요.
     아가 4장 14절

아라비아인은 이집트, 그리스, 로마인에게 향신료를 공급하였지만 그들은 고의로 계피나 다른 향신료의 원료가 무엇이며 그 획득방법을 엄중하게 비밀로 하였다. 서력 65년경, 계피는 매우 귀중하여 로마에 도입된 1년분의 계피 전부가 네로황제의 황후 포파에봐의 장의에 바닥이 날 정도였다.

실제로 계피는 세일론에서 왔으나 거기에서 인도의 서해안에 운반되어 아랍 상인이 사들였다. 아라비아인은 그 향신료를 아라비아에 육로로 운반하고 이집트나 유럽에 공급하였다. 마르코 폴로가 1271년에 베니스를 출발하여 극동에 이른 24년간의 대여행도 아라비아인의 향신료 공급원을 탐색하는 것이었으나 기이하게도 그는 세일론의 계피에 관한 견분에 대해서는 한 마디도 언급하지 않았다.

구세계의 향신료

아시아에서 향신료는 대륙보다 오히려 여러 섬에서 산출되었으며, 그 중 가장 유명한 것이 모로코 제도로 '향신료의 섬'이라 불리고 있다. 야생의 육두구나 정자(丁字)나무는 여기에 분포가 한정되었다.

다음으로 중요한 장소는 세일론으로, 녹나무과에 속하는 상록의 세일론육계(Cinnamonum zelanicum)라는 관목의 껍질에서 만들어지는 진정한 계피의 유일한 공급지이다.

육계는 아시아 향신료의 일종으로 15세기에는 이것을 구하기 위해 포르투갈의 선원들이 까라베르라는 경쾌한 범선을 다루면서 대해의 여기저기를 방랑하였다. 포르투갈인에 의한 항해는 계속되어 육계의 발견은 바스코 다 가마의 공적으로 돌아가는 결과가 되었다. 그는 1497년에 포르투갈을 출항하여 희망봉을 돌아 아프리카에 이르고 다시 인도양을 건너 마라바해안에까지 이르러 이 영예를 얻었다.

그보다 먼저 1470년에 포르투갈은 아프리카의 기니아해안에 도달하여 그곳을 개간하기 시작하였다. 그들은 그 지방의 산물에 근거하여 네 개의 지방으로 구분하여 이름을 붙였다. 그 이름이 곡물해안(대략 현재의 리베리아에 해당), 상아해안, 황금해안(현재의 가나와 토고), 노예해안(현재의 다오메와 나이지리아)이다.

1497년, 포르투갈인은 아프리카를 주항한데 이어 인도양의 대부분을 지배하여 마카오항을 소유하였다. 포르투갈인은 세일론을 점유하고, 특히 육계의 생산을 지배하는데 전력을 기울였다. 그 결과, 1세기 이상에 걸쳐 인도양에서의 향신료 무역의 사실상의 독점권을 장악하고 있었으나 후에 네덜란드인이 이 역할을 대신하게 된다.

네덜란드가 동인도제도의 향신료를 지배한 것은 폰 호트만이 1597년에 후추와 너트메그를 3척의 배에 만재하고 귀국한 탐험의 성과를 발단으로 한다. 포르투갈인과 싸우고 영국인과 경쟁하면서 네덜란드는 자바의 바타비아에 네덜란드 동인도회사의 본부를 설립하였다.

1621년 그들은 안보이나와 테르니티섬을 제외한 모로코 제도와 반다 제도의 모든 정자나무와 육두구나무를 발체하는 지령을 내렸다. 이렇게 하여 이 향신료의 생산을 이전의 4분의 1로 떨어뜨림으로써 유럽에서의 향신료 가격을 최고로까지 인상할 것을 강제로 하였다.

세일론에서의 네덜란드의 지배는 1656년에 확립하여 그 육계생산의 독점은 1833년까지 계속되었다. 실제로는 육계의 계획적인 재배는 1770년까지는 이루어지지 않았고, 그때까지는 야생이 향신료의 원료로서 사용되고 있었다. 이로써 막대한 부가 동인도회사의 주주들에 의해 구축되어 네덜란드 본국의 예술가들의 후원에 쓰여 예술의 발달을 보게 된 것은 기억할 만한 일이다.

육두구나무(*Myristica fragrans*)는 작은 과인 육두구과에 속한다. 암수다른그루(자웅이주)이므로 모든 나무가 너트메그(nutmeg)를 생산하는 것은 아니다. 수꽃이 달리는 나무와 암꽃이 달려 과실이 되고 종자를 맺는 나무가 있다.

그 과실은 큰 살구열매 모양으로 내부에 오렌지색의 과육이 차 있고 중앙에 너트메그의 본체인 갈색의 종자가 묻혀있다. 종자는 육계처럼 빻아서 가루로 사용한다. 너트메그는 얇고 부서지기 쉬운 붉은

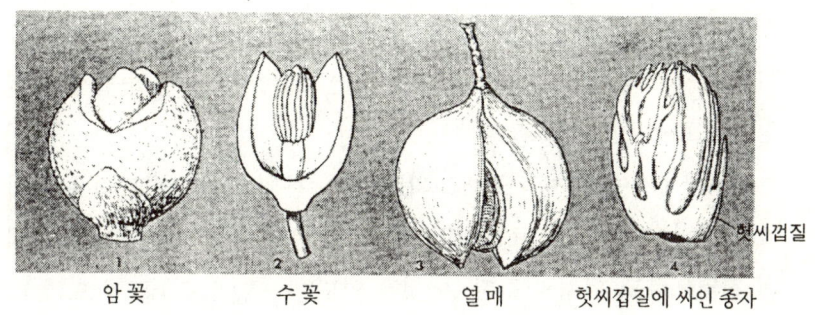

육두구나무 *Myristica fragrans*

기가 도는 그물모양의 다육질층인 깍지에 싸여 있다.

식물학적으로는 헛씨껍질(가종피)이라 불리며 과실속의 종자를 싸고 있는 특수한 것이다. 가종피는 그 자체가 뛰어난 향신료로서 쓰이며, 육두구의 종자와는 전혀 다른 성분의 정유를 함유하고 있어 소스, 케찹, 혹은 세이바리요리(식전 식후에 내는 매운 요리)의 양념으로 쓰인다. 육두구는 모로코 제도가 원산이나 현재는 그 대부분이 서인도 제도에서 재배되고 있다.

정자나무는 영어로 clove라고 한다. 정자(丁子)는 도금양과(桃金孃科)의 작은 상록수인 *Eugenia aromatica*의 미개한 꽃봉오리를 말린 것이다. 그 빨간 꽃이 만개하면 감탄할 광경을 이루는데, 봉우리가 수집, 건조되므로 불과 몇 나무에서만 만개한 꽃을 볼 수 있다.

정자는 기원전 3세기부터 중국에서 사용되었다는 것이 알려져 있다. 그 당시는 다른 용도와는 달리 황제에 답신하는 신하들이 목소리를 좋게 하기 위해 사용하였다는 기록이 있다.

현재는 파이, 캔디, 치약의 향으로 사용되고 있다. 정자유는 정자에서 추출된 정유로 치통의 진통제로 효력이 있으며 생물학 분야에서는 조직투명제로서 쓰인다. 최근에는 다른 향료물질의 합성 바닐린 원료로서 이용되고 있다.

17, 18세기에 걸쳐 너트메그와 정자의 무역은 네덜란드의 독점이었으나 밀수선이 향신료를 네덜란드의 소유지에서 빼내어 세계의 여러 지역으로도 퍼져 나갔다. 이것은 인도양 연안으로 네덜란드의 지배가 영국의 통치로 바뀌어짐으로써 이루어졌다. 즉, 네덜란드 동인도회사와 영국 동인도회사의 무역세력의 교대를 뜻하는 것이다.

1672년, 에리프 예일은 영국 동인도회사의 서기로서 인도에서의 향신료 거래에 참가하였다. 미국에서 예일대학의 창립은 그가 이룩한 부에 의한 것이다.

신세계의 향신료

신세계의 발견이 향신료시장에 고추를 도입하였다. 고추는 푸른색으로 전혀 맵지 않는 것부터 작고 빨간 매운 것 등 여러 가지가 있다. 이것은 신세계 기원의 향신료식물로 현재 가장 매운 것은 아프리카에서도 도입되었다.

실제로는 가지과의 고추속(*Capsicum*)의 4종의 고추만이 경제적으로 유용하여 재배되고 있다. 우리나라에서 주로 재배되는 것은 가장 기본적인 *Capsicum annuum* 이며 그것을 개량한 여러 품종들을 작물로 함께 기른다.

고추에는 비타민 C가 풍부하며 완화제의 작용도 있다. 고추의 매운 맛의 본체는 캡사이신($C_{18}H_{23}NO_3$)이란 휘발성의 페놀화합물이며 인간의 미뢰(味蕾)에 강렬하게 작용하여 100만분의 1희석으로도 검출된다.

고추는 페루의 선사시대 분묘에서 출토되며 콜럼버스가 아메리카에 도착하기 이전에 널리 신세계에서 재배되고 있었다.

그러나 신세계에서는 아시아와 같이 그렇게 많은 종류의 향신료는 발견되지 않았다.

여러 가지 면에서 좀 색다르지만 열대 아메리카에 유래하는 중요한 향신료가 바로 바닐라(vanilla)이며 수목에 붙어 자라는 난의 일종인 바닐라난(*Vanilla planifolia*)의 삭과에서 얻어진다.

이 삭과가 모여져 천천히 건조되는 동시에 발효가 일어난다. 그 특징적인 맛과 향은 발효하지 않은 삭과에는 없으나 발효가 진행하는데 따라 점차로 나타난다.

고추나무

함유되는 재료인 바닐린은 아주 순한 맛으로 밀크푸딩이나 아이스크림에 널리 쓰이고 있다. 그런데 실제 맛과는 달리 바닐라는 고추의 매운 맛 성분인 캡사이신과 매우 비슷하다. 현재 바닐린은 정자유로부터도 합성되고 있다.

현재 주변에서 사용되고 있는 향신료식물 중에서 각각

어느 부분이 쓰여지고 있는가를 비교 요약하는 것도 흥미있다고 본다.

뿌리가 사용되는 식물은 정유를 공급하는 배추과의 서양고추냉이(horse-radish, *Armoracia lapathifolia*)가 있다. 우리나라의 고추냉이는 속을 달리하고 있어 학명이 *Wasabia koreana*이다. 그 원산지는 온대로 옛부터 재배되어 널리 전파되어 있다. 원래 종자번식을 주로 하였으나 현재는 그 번식방법이 중지되고 오로지 뿌리를 절단한 영양번식으로 재배하고 있다. 그러므로 가령 고추냉이에 꽃이 피어도 극히 일부만이 정상적인 종자가 생긴다.

뿌리줄기(근경)라고 불리는 지하부의 저장, 번식을 담당하는 줄기의 부분을 이용하는 향신료식물류의 예로 생강(ginger)이 있는데 이것은 생강(*Zingiber officinale*)에서 얻어진다.

지상경의 예로 세일론육계(*Cinnamomum zeylanicum*)의 수피에서 채취하는 육계가 있다.

많은 식물의 잎에서 맛있는 물질이 얻어지는데 가장 잘 알려진 것으로 녹나무과의 월계수(*Lairus nobilis*)잎에서 얻어지는 월계유(bay)가 있다. 꽃봉우리로는 정자가 있고, 또한 과실은 고추와 후추를 예로 들 수 있다.

가장 특이한 것은 아마 붓꽃과의 사프란(saffron, *Crocus sativua*) 꽃의 암술머리(주두)를 이용하는 것이라 본다. 이 향료 500g을 얻으려면 7만개의 꽃이 필요하다. 손끝으로 약간 집은 사프란을 뜨거운 물에 떨어뜨리면 은은한 맛과 더불어 황금색으로 반짝이므로 쌀이나 구운 빵, 제과에 쓰인다.

13

식물과 인간의 장래와 그 전망

어느 한 생명이라도
떠받치고 있는 자연계의 보전에 대해
우리들이 신중하지 않았다는 것을
미래의 세대는 결코 용서치 않을 것이다.

- 레첼 카슨 「침묵의 봄」 -

    지구의 생산성과 세계인구의 급속한 증가 이전의 어느 한때, 인간은 깨끗한 공기나 물의 고마움을 의식하지 못하며 생활한 때가 있었다. 그러나 인류와 그 사회발달의 역사를 되돌아 볼 때 그것은 자연과의 대결의 역사였다. 환경조건 뿐만 아니라 모든 자연물과 인류는 살아남기 위한 대결이 부득이 하였다.
    대략 전세기 초 이전 까지도 발전과 개발이란 이름 아래 거의 제어되지 않은 인간에 의한 자연간섭이 이루어졌다.

인간은 자연계의 일원이며 생물집단의 기능적, 사회적인 동적 균형관계의 테두리 속에서밖에 살 수 없다는 냉엄한 현실을 다시 한번 인식해야 한다.

마지막 장에서 장래에 인간과 식물의 관계에서 예상되는 몇 가지를 언급해 보기로 하자.

'원자력시대' 혹은 '우주시대'에 살고 있는 우리의 아이들은 인간이 식물에 의존하고 있다는 극히 당연하고 명백한 사실에 대해 아무 것도 인식할 수 없는 도시 속에서 자라고 있다. 그러나 실제로 우리들과 식물을 연결하는 유대는 조금도 취약해져 있지 않았다. 가령, 슈퍼마켓에서 산 포장, 가공된 식료품에도 그 속에 저장되어 있는 에너지는 식물의 광합성이란 과정에 의해 얻어진 것이다.

원자력 에너지를 사용한다는 것은 위대한 일이지만 생명현상의 메카니즘 속에 에너지를 공급하고 저장시킨다는 징조는 없다. 인간의 상상력으로 생각할 수 있는 미래에 관한 한, 인간은 직접 또는 간접적으로 식물에 계속 의존하리라 여겨진다. 가령, 인공적으로 -- 시험관내에서 -- 광합성을 일으키는 것이 개발된다고 해도 이것으로 지구상에서 증대하고 있는 인구의 생존을 감당하기에는 매우 긴 세월이 걸릴 것처럼 보인다.

식량생산

인간과 식물 간의 모든 관계는 미래에 있어서도 계속되겠지만 특히 식량공급에 관한 문제는 가장 큰 관심거리임에 틀림없다. 그 이유는 '인구폭탄'이라는 인구문제는 현재 그리고 예측되는 장래에 있어서 인류가 직면한 가장 큰 중요과제이기 때문이다.

현재 64억의 세계인구가 2020년까지는 80억에 이른다고 예상되고 있다. 식량공급에 대한 이러한 요구를 생각지 않더라도 기근은 현재의 세계에서 결코 타산지석이 아니란 것을 기억해야 할 것이다. 매년 350만명이 아사하고 있는 실정이다. 확실한 통계에서는 세계 인구의 절반이상이 영양불량이거나 불충분한 영양상태에 있다는 것을 보여주고 있다.

폴 에르리히는 '인구폭탄'이란 책에서 '미개발국에서의 매년 식량생산은 급속한 인구증가에 비해 훨씬 적고, 그 때문에 사람들은 아무리 배가 고파도 그대로 굶고 있는 상태이다. 이 경향은 일시적 혹은 지역적으로 변하여 역전하는 일이 있을지 모르나, 그것이 '집단기아'의 논리적 결론에 이어진다는 것은 현재 피할 수 없다고 본다.'라고 경고한다. 실제로 '미개발국'이라기보다 너욱 넓게 우리들 전체에 해당하는 사실이다.

만일 출생률이 저하해도 피할 수 없는 세계 인구의 증가를 급양하는데 충분한 식량생산을 증가시킬 수 있는 희망은 과연 있는 것일까. 지구의 전 표면을 식량생산에 쓰지 않고 이러한 인구증가에 따른 식량 생산이 가능한가.

원래 존재하는 모든 자원을 오직 한 목적에 적용하는 것으로 실제의 위기를 피할 수 있다는 감각론이 있다. 그러나 토양이나, 물, 대기 중의 자원을 완전히 써버리지 않고 이러한 식량생산의 속도를 유지하는 것이 가능할까. 이러한 물음에 대한 만족할만한 해답을 아직 얻을 수 없다 해도, 또한 비관론 쪽이 낙관론보다 아마 옳다고 판단되어도 인구과잉의 충격을 줄여 환경악화를 감소하는데 필요한 국제적 협력이나 과학자 계획을 확립하는 것이 우리들의 의무이다.

이 문제의 해결에는 두 가지 측면에서의 추구를 고려할 수 있다. 첫째는 종래의 농업양식에 더욱 생산을 증대되도록 기획하는 것과 둘째로 식량생산 양식에서 예전과는 다른 새로운 방법을 채용하는 것이다. 각각의 방식에 따라 출발은 이미 시작되어 있다.

단백질에 대한 보다 높은 수요

세계 대부분의 지역에서의 전분성 식량에 관한 상황은 그 자체가 그렇게 비참한 것이 아니라 지금까지 이야기한 방법으로 곡물류를 증산한다면 10년 또는 20년의 인구증가에 필요한 탄수화물은 확보가 가능할 것 같다.

절망적인 정도로 부족하고 더 이상 악화할 수 없는 것은 단백질원이다. 최근에 우리가 경험한 광우병, 조류 인플루엔자와 같은 가축의 질병 등이 구세계의 열대 초원지역 대부분을 이용할 수 없게 하는 큰 원인이 되고 있다. 그러나 이러한 질병이 제거된다 해도 인간에게 더욱 증대되고 있는 단백질의 수요를 대응하지 못할 것이다. 다른 새로운 단백질 생산방법이 지금이야말로 요구되는 시점이다.

결국, 동물을 사육하기 위해 식물을 기르고, 인간의 생존에 필요한 단백질을 얻기 위해 동물의 일부만을 식용하는 것은 유효한 농업수단이라고 할 수 없다.

 일반적으로 돼지는 가축 중에서 식물성 단백질을 육류로 가장 유효하게 변화시키는 것의 하나로 여기고 있으나 돼지가 먹어 육류로 전환할 수 있는 것은 식물 원료의 20% 이하에 불과하다. 가령 우리가 전체 동물을 먹을 수 있다 하여도 그 속에 저장되어 있는 전에너지를 이용할 수는 없다. 열역학의 제 2법칙에 의하면 항상 에너지는 어떤 화학물질에서 다른 것으로 전환되나 그 중의 어느 정도는 회수되지 않고 상실된다고 한다. 몇몇 과정을 없애지 않는 이외에 이 손실을 피하는 수단은 없다.

 만일, 식물성 단백질을 직접 이용하기 위해 동물의 형태로 단백질을 생산하려고 우리들의 시각을 바꾼다면 어떤 부분을 사용하면 좋을까. 단백질을 가장 풍부하게 함유하는 것의 첫째로 종자를 들 수 있다. 종자에는 저장단백질이 비축되어 있으며, 단백질 혹은 적어도 아미노산의 제조가 진행되고 있는 부분이다. 둘째로 생장의 중심부도 특히 풍부하며, 잎은 보통 단백실이 많은 부분이다. 이러한 종자와 잎의 양쪽을 단백질이 풍부한 자원으로서 면밀하게 연구할 가치가 있다.

잎의 단백질

잎의 단백질은 초식성 동물에 의해 계속 이용되어왔다. 초식성 동물은 잎에 존재하는 셀룰로오스를 소화하는 소화기관에 특별한 적응

메커니즘을 갖고 있다.

  인간은 이와 같은 메커니즘을 갖고 있지 않으므로 풀의 어린잎을 짠 '녹즙'을 사용하는 가능성에 대해 관심을 기울이기 시작하였다. 녹즙에는 단백질이 다량으로 함유되어 있고 소화할 수 없는 고형물이 없기 때문이다. 그러나 사람들은 이 풀내 나는 냄새를 좋아하지 않는다.

  그러므로 잎의 단백질을 함유하는 다른 소재의 개발이 시도되고 있다. 그 좋은 예로 단위면적당의 수확량이 가장 높고 인간이 소비할 수 있는 단백질원으로서 가능성이 있는 콩과의 자주개자리 같은 식물이다.

  가장 흥미로운 것은 옥수수의 잎과 종자에서 얻는 단백질의 상대적인 양에 관한 문제이다. 실제로, 잎에는 식물체당 종자보다도 많은 단백질을 함유하며, 균형 잡힌 양질의 아미노산이 함유되어 있다. 그러므로 만일 우리가 옥수수 종자와 함께 잎의 단백질을 이용하면 단백질의 수량을 2배 이상 얻을 수 있고, 옥수수를 가축에 먹여서 얻을 수 있는 양보다 수배나 되는 단백질 수량을 확보할 수 있다.

단세포성 단백질

토양에서 현화식물을 재배하는 토지이용의 과정을 거치지 않고 광합성 산물을 얻는 무엇인가 다른 좋은 방법은 없을까.

지구표면의 70%는 바다로 덮여 있다. 아마도 바다의 수면에 투사된 태양광을 보다 많이 이용하는 것이며, 이 빛은 크고 작은 다양한 해조에 의해 광합성에 이용되고 있다. 어쨌든 장래는 조류나 다른 온화식물이 인간의 경제생활에 보다 중요한 역할을 하게 될 것이다.

그중 가장 유망하게 여겨지는 것이 미생물인데 이러한 생물이 생산하는 단백질은 '단세포성 단백질' 로서 유별되고 있다. 엄밀히 말해 그것을 형성하고 있는 생물에는 반드시 단세포가 아닌 것도 포함되어 있다.

이미 실시된 실험에서 사용된 극미한 조류 중에서 가장 두드러진 것이 클로렐라속(Chlorella)의 것이다. 이 단세포의 조류는 배양 조건을 변화시킴에 따라 단백질, 탄수화물, 지방의 비율을 변화시키는 것이 가능하다. 또한 연속적인 생산으로 공급할 수 있어 배양액의 면적당 단백질 수량은 다른 어떠한 지상의 작물에서 획득하는 것보다 훨씬 높다.

클로렐라는 밝은 태양광선에 노출되어 있는 배양액속에서 생장시켜야 하므로 하나의 역설이 제시되어 있다. 물이 많은 곳에서는 보통 태양광이 부족하고 또한 그 반대의 경우도 성립된다. 아마 적은 비용으로 염수를 순수로 변화시킬 수 있게 된다면, 전 세계의 사막이 받아들이는 엄청난 양의 일사를 이용할 수 있게 된다. 만일 이렇게 된다 하여도 식량으로 이용되는 유망한 최종산물을 만들기 위해서는 몇 가지의 문제가 남는다.

지금까지는 광합성 생물만을 고려하였으나 자기 자신으로는 광합성 할 수 없는 미생물이라도 만일 에너지를 함유하는 화학물질이 가까이에 있으면 그것도 이용할 수 있다. 또한 어떤 종류의 유기물질을 다른 종류로 전환시킬 수 있는 약간의 작용력이 있는 미생물도 있어 더욱 많은 단백질을 만들기 위한 탐색에 이용할 수도 있다. 탄수화물을 단백질이나 비타민류에 전환할 수 있는 효모균이 바로 그것이며 고대로부터 인간에 의해 이용되어 왔다.

최종적으로는 태양에너지의 획득을 위해 우리들이 생물에만 의존하고 있는 것이 극복되고, 인공적인 광합성이 경제적으로 실행가능하리라 예상된다. 또한 그 사이에 우리 인간도 박테리아나 식물, 가축이 생산하고 있는 정도 혹은 그 이상으로 효율적인 광합성 산물을 단백질로 전환할 수 있게 될 것이다.

그러나 인류에 있어 가공할 위험은 기아나 질병, 전쟁이 우리가 이러한 화학적 능력을 얻기 전에 발생하지 않을까 하는 우려이다.

앞날의 전망

이제 지구의 과거사와 그 당시 생존하던 생물에 대하여 돌이켜 생각해 보기로 하자. 지구의 과거를 그리는 어려운 문제에 있어서 우리들은 옛날을 추측할 수 있는 기정사실을 알고 있다.

각 연대의 암석층에서 발견된 화석들이 생물의 명확한 진화사실을 알려주고 있다. 동물 중에서 인간은 진화의 정점에 있다. 식물에서 국화과나 꿀풀과, 그리고 벼과나 난초과는 진화과정에 있어서 가장 발달된 마지막 형태이다. 큰 변화가 일어나려면 보통 수백만년을 필요하지만, 진화는 끊임없이 계속되는 과정인 것이다. 그러면 우리는 장래에 대하여 무슨 전망과 지표를 가져야 할 것인가.

지구상에서 인간 자신은 겨우 백만년의 역사를 가진 젊은 종의 하나이다. 식충포유류의 일군으로부터 사람이 진화, 출현되기에는 약 5억년이 걸렸으나, 이것은 다른 군들의 진화에 비하면 비교적 단순한 이야기 거리이다. 앞날을 위해 우리들의 옛날을 회고해 보자.

인간이란 종의 나이는 백악기가 끝난 다음인 신생대의 제 3기로부터 제 4기인 현재에 이르는 기간이다. 비교해 보면 노아의 방주패(Noah's ark shell)라 불리는 대합 등, 어패류는 약 5억만년전인 선캄브리아기에 시작하여 현재까지 살고 있다. 맛조개는 약 3억 9천만년 전인 오르도비시아기에 살았으며 그때로부터의 뱀장어류(Lingula)와 함께 지금까지 종은 이어지고 있다. 통상 '살아 있는 화석' 이라 불리는 생물은 모두가 그런 것이다.

그러나 동물이나 식물에서 가장 많은 군과 종은 아주 짧은 기간, 즉 어떤 것은 2~3백만년, 어떤 것은 4~5천만년을 살아왔다.

여러 가지 원인들이 한 종의 절멸을 가져온나. 기후의 변화는 긱종의 습성변화에 있어서 그들 자신이 요구하는 것에 충족하지 못할지 모른다. 다른 좀더 활발한 종은 성공적으로 식량 섭취를 위하여 싸우게 되며, 만일 어떤 이유 때문에 개체수가 자연증가보다 죽는 수가 더 많다면 곧 그 종은 멸망하게 된다.

이러한 운명이 인류에게 올 것이라고 상상할 이유는 거의 없다. 인류는 앞으로 유구한 시간동안 지구라는 이 별에서 살게 되는데, 우리는 장래에 무엇을 기대해야 할까.

우리가 암석의 역사를 정확히 읽어 보았기에 근래에 이르러 지구상에 한 주기상의 변동이 있었음을 안다. 과거 4천만년 혹은 그 이상

지내온 지구의 역사에서 알프스와 히말라야 산맥이 우뚝 솟아오르고 대륙이 해면보다 높게 솟아오른 것이다. 네 번의 빙하시대가 과거 백만년 동안 계속되었으며 이 때, 부분적으로 지구표면이 높아졌다. 빙하기는 식물군에 대해 진화를 촉진시켰다.

우리가 앞으로 올 백만년 이상의 긴 -인류에게 있어- 세월을 생각해 볼 때, 지구표면은 침식되어 바다로 흘러 점차 낮아질 것이며, 이 과정이 계속되는 한, 수반하는 예측 또는 예측불허의 일련의 사건은 이어질 것이다.

장래에 인간의 진화나 발전이 과거와 같은 정도로 계속한다면 앞으로 5천만년 이내에 거의 신과 같은 위대한 힘을 가진 초인이 탄생할지도 모를 것이다. 그렇지만 아마 인간은 제 4기말에서 예상하는 바와 같은 평온한 상태에서 적당한 정도의 진화에 정착하게 될 것이다. 그러나 우리는 우리 자신의 물질적 환경을 너무 급격하게 조절하고 있다는 사실을 무시해서는 아니 된다. 우리 사회의 정치적, 사회적 조건은 물질적 환경과 인간의 장래 발달에 영향을 줄 것이다.

자연보호

생명존속 기반으로서의 생활환경이 위협받고 있는 현대의 인간 생활에도 다른 생물과 본질적으로 다르지 않는 생물사회의 기본원칙이 엄연하게 존재하고 있다. 공해라 불리는 여러 현상도 생물사회의 균형의 테두리를 벗어나는 생활환경의 주변에서 생겨나고 있다. 자연

보호도 본질적으로는 우리 인간이 살아 나가기 위해 지구상의 생물공동체의 균형을 지키기 위한 인간보호운동의 구체적인 표현이어야 한다.

식물과 인간과의 밀접한 관계는 오랫동안 유지될 것이다. 인간이 자신을 갖고 장래를 바라보기에 앞서 현실을 인식하고 배워야 할 또 하나의 면이 있다. 그것은 천연에 있어 식물자원의 보존이다. 식물자원의 미적 가치에 대한 관심은 제고되고 있으나, 지구상의 자연과 자연에 가까운 조건의 광대한 식생면적은 경이적인 속도로 파괴되고 있다. 여기에 박차를 가하는 것이 도시화이고, 복원을 고려하지 않는 이용이고, 화재발생이나 침식을 재촉하는 무책임이고, 또한 다른 지역으로부터의 동식물 병해의 침입이다.

인간은 지적 및 사회적 진화를 통해 다른 천체도 포함하여 이 지구라는 천체의 모든 장소의 이용을 지배할 수 있는 위치에 도달하였으나, 만일 인간이 이처럼 위대한 능력으로 단기간의 이익만을 추구한다면 자기 자신이나 주변의 모든 것을 틀림없이 계속 파괴할 것이다.

인간 자신과 지구상의 다른 살아 있는 것을 보호하기 위해서는 생태적인 원리에 더욱 강한 관심을 기울여야 한다. 생물과 그것을 둘러싼 환경과의 관계를 지배하는 여러 법칙을 배워야 한다. 이러한 법칙의 지식은 충분하지 않지만 자연과 인간의 관계에 대해 여러 가지 '사실' -- 과거는 어떻고, 현재는 어떠하며, 미래는 어떻게 될 것인가 -- 을 더욱더 진지하게 자각해야 할 것이다.

마지막에 …

식물과 인간과의 관계는 깊고, 역사의 한 토막, 한 토막마다 그 문명의 발달과정에서 식물이 다한 유명, 무명의 역할은 매우 많다. 우리가 현재와 장래를 건전하게 보다 잘 살기 위해서는 인간과 식물의 눈에 보이지 않는 질적인, 그리고 간접적인 관계도 바르게 이해해야 할 것이다.

인류가 출현하여 농경을 시작한 먼 과거로부터 금세기의 현재까지 야생식물 속에서 특정한 식물을 선택하고 기르며 어떻게 개량하여 왔는가, 혹은 현재 우리가 식용으로, 약용으로, 공예용품으로서 쓰고 있는 식물의 진정한 효용은 어디에 있는가.

또한 인구문제, 석유문제를 안고 지금부터의 장래사회에서 인간과 식물과의 관계를 어떻게 보고, 어떻게 대응해 나가야 좋을까.

이 책은 이러한 물음에 대해 생각해 보았다. 필자의 과문인지 모르나 이런 내용을 다룬 책은 아직 우리나라에는 없는 것 같다. 혹시 필자의 집필 전 최초 의도와는 너무나 다른 항구에 표류하다시피 도달한 작은 배가 아닌지 모르겠다.

이 책은 단순한 식물학 책이 아니다. 또한 과학사도 아니다. 오직 식물학사에 관심이 많았던 한 식물분류학자가 인간 발자취의 일부를 식물이란 소재에 의탁하여 문명을 바라 본 것이다.

문명이 발달하고, 자연의 숲이 초원화하고, 초원은 황야나 사막화

하였을 때, 인간이 예지를 다해 이룩한 장대한 신전, 성벽, 궁전도 사상의 누각으로 변해 허무하게 폐허를 만들고 그 민족은 쇠퇴하고 문명이 멸망한 예들을 우리는 본다. 사하라는 초기에는 사막이 아니었다. 지금 끝없이 황원으로 변해 있는 메소포타미아 사막에서는 지금도 공중사진으로 수천년전 경작지였던 당시의 밭과 밭의 경계인 두렁을 해독할 수 있다고 한다.

 없는 글재주를 마다하지 않고 여러 책에서 읽은 내용에 필자의 지견도 곁들여 자그마하게나마 하나의 책자로 묶은 것은 우리들의 일시적인 안일한 생활, 편리한 생활 때문에 바로 내일의 생존기반을 잃는 우를 반복하는 일이 없었으면 하는 염원 때문이다.

찾아보기

(ㄱ)
가도간	244
가지	92
가지속	92
갈레노스	44
감미종	203
감자	68, 85, 87
개자리	217
경립종	203, 206
경재(硬材)	243
고구마	101
고무민들레	239
고추냉이	300
구아율 고무나무	239
귀리	66
기름야자	220

(ㄴ)
낙화생	107, 91
너트메그	296
네안데르탈인	20
농경사회	13

(ㄷ)
단교배	206
담배	82, 84
대마초	184
대형유인원	15
도관	244
도홍경(陶弘景)	50
돌콩	213
디기탈리스잎	184
디오스코리데스	44, 49

(ㄹ)
레무류	14
렌즈콩	91
리드	249

(ㅁ)
마치종	203, 206
마카로니밀	159, 166
마황	185
마황속	185
막걸리	271
매킨토쉬	234
맥주	273
맨드레이크	51
메귀리	126
면모	111
무화과나무	39
물관	244
물대	249
미치광이풀	54

민들레	175
밀속	145, 147, 157

(ㅂ)

바구니	23
바나나	76
바닐라난	299
바빌로브	56
바오밥나무	60
바운티호	74
발사	106
발생중심	57
버간디	268
버즘나무	40
벨라돈나	184
벼	120
보르도주	269
복교잡법	206
본초	41, 44
본초강목	45, 46
붉은 포도주	268, 269
브랜디	276
비니거 와인	268
빵나무	72
빵밀	145, 150, 165
뽕나무	60

(ㅅ)

사라수(沙羅樹)	258
사카로미세스 세레비시아	261
사탕무	227

사탕수수	225
사포딜라	240
사프란	300
삼	184
상록활엽수림	255
생강	300
생명의 물	277
서양고추냉이	300
서양민들레	176
세일론육계	295
소우틴	269
손도끼	19
솜속	111
송곳	24
쇠비름	180
수렵채집시대	12
수수	126, 66
수피절상법	236
쉐리주	268, 277
식물원인론	46
신노본초	44
신농본초경	50
신농본초집주	50

(ㅇ)

아프리카 나래새	249
알타미라	21, 22
알퐁스 드 칸돌	55, 89
애길롭스속	145
야생 벼	30
야생 엠마밀1	64

야자 게	97
야자나무	94
'약물지'	44, 49
양귀비	183
에일	267, 277
엠마	144
엠마밀	158, 164
연립종	201
연재(軟材)	243
열대림	255
열대우림	256
오리자 파투어	122
──── 글라베리마	120
──── 사티바	122
──── 페레니스	124
오수영선(吳修榮線)	256
오카	63
옥수수	109, 199
올리브나무	37
완두콩	91
용뇌향과	257
용설란주	267
위스키	277
유영종	203
유인원	29
육두구나무	296
육지면	113
이시진(李時珍)	45
이족직립보행	16
잇꽃	221

(ㅈ)

자가불화합	103
'자연사'	50
자주개자리	217
잠두콩	91
재(材)	243
재배종밀	158
적수피	186
정자(丁子)	297
조엽수림	254, 256
좀개자리	217
지모	111
진	276
진원류	15
질경이	174

(ㅊ)

차	280, 282
차종	203
찰스 레드거	187
천년목	104
첼레스 손도끼	19
치차	267
침엽수림대	253

(ㅋ)

카카오	289
카사바	91
커피	284
코르크	251

코르크 참나무	252
코카	183
콘티키호	106
키나나무속	186
키니네	186

(ㅌ)

타바코스	82
테오신트	193, 195, 197
테오플라토스	42, 46, 48
토란	62, 104
토롤롭시스 우틸리스	262
통탈목	247

(ㅍ)

파나마고무나무	233
파라고무나무	231, 233
파피루스	247
포도뿌리 진드기	265
포도주용 효모균	265
폭립종	201
표주박	99
푸른곰팡이	189
플라타너스	40
플랜트 헌터	69, 71
플리니우스	50

(ㅎ)

한알계	163
해도면	113
헛물간	244

호모 사피엔스 사피엔스	12, 21
호밀	159, 66
호밀속	147
호프	273
홍두	212
활엽수림	254
효모균	260, 272
후추	92

(A)

Abrus precatorius	212
Achras zapota	240
Adansonia digitata	60
Aegilops	145
Aegilops speltoides	165
——— *squarrosa*	150, 165
aestivum	145
Anderson, E	109
Arachis hypogaea	107, 91
Armoracia lapathifolia	300
Artocarpus altilis	72
——— *heterophyllus*	75
Arundo donax	249
Asa Gray	205
Asperrgillus nigra	275
——— *oryzae*	275
Atropa bellakonna	184
Avena fatusa	125
——— *sativa*	66

(B)

Beta vulgaris	227
Brigus latro	97
Buxus sempervirens	40

(C)

Canarium album	37
Cannabis sativa	184
Capsicum	298
Capsicum annuum	298
Carl Sauer	61
Carter, G.F.	99
Carthamus tinctorius	221
Carton Coon	93
Cinchona	186
Cinchona succirubra	186
Cinnamonum zelanicum	295
Clostridium cetobutylicum	275
Coffea arabica	285
Colocasia esculenta	104, 62
Cook, O.F.	95
Cordyline terminalis	104
Crocus sativua	300
Cyperus papyrus	247

(D)

Dactylasphaera vitifoliae	265
dent corn	203
Digitalis purpurea	184
Dipterocarpaceae	257

Dothidella ulei 236

(E)

ear	198
Einkern	163
Elaeis guineensis	219
Ephedra	185
Erythroxylon coca	183
E. sinica	185
Euchlaena mexicana	192
Eugenia aromatica	297

(F)

Ficus sycomorus	39
flint corn	203
flour corn	201

(G)

Gastilla elastica	233
Glycine ussuriensis	213
Gossypium arboreum	112
——— *barbadense*	113, 116
——— *caicoense*	116
——— *herbaceum*	112
——— *hirsutum*	113, 115
——— *raimondii*	113
——— *tomentosum*	116

(H)

hashiash	184
Hevea brasiliensis	231, 233

(I)

Ipomoa trifida   101
Ipomoea batatas   101, 102

(J)

Jonse, Donald   206
Joseph Hutchinson   112

(K)

Kihara, H.   150
Kon-Tiki   106

(L)

Legenaria siclraria   99
Lemur   14, 15
Lens esculenta   91

(M)

mackintoshes   234
MacNeish, R.S.   197
Mandragora officinaeum   51
Mangelsdrof   195
Manihot utilissima   91
Mcfadden, E.S.   150
Medicago hispida   217
—— *minima*   217
—— *sativa*   217
Merrill, E.D.   109
Morus alba   60
Musa acuminata   77, 78
—— *balbisiana*   79
—— *paradisiaca*   77, 78
—— *sapientum*   78
Myristica fragrans   296

(N)

Nicotiana rustica   83
—— *tabacum*   83
nutmeg   296

(O)

Ochroma lagopus   106
Oho sooyung line   256
Olea europaea   37
Oryza fatua   122
—— *glaberrima*   120, 64
—— *perennis*   124
—— *sativa*   64, 120, 122
Oxalis tuberosa   63

(P)

Papaver somniferum   183
Parthenium argentatum   239
Penicillium notatum   189
Phoenix dactylefera   38
Phytophthora infestans   88
Piper nigrum   92
Pisum sativum   91
Plantago asiatica   174
Platanus orientalis   40
pod corn   203
pop corn   201

Portulaca olerace   181

(Q)
Quercus suber   252

(S)
S. *melongena*   92
Saccharomyces cerevisiae   261, 272
Saccharomyces ellipsoideus   265
Saccharum officinarum   225
Sauer C.O.   33
sears, E.R.   150
Secale   147, 159
Secale cereale   66
Shall, G.H.   205
silk   200
Solanum   92
Solanum tuberosum   68
Sorghum bicolor   126
Sorghum vulgare   66
Stanton, W.D.   110
Stipa tenacissima   249
sweet corn   203

(T)
Taraxacum kok-saghyz   239
―――― *officinale*   176
―――― *platycarpum*   175
tassel   198
Teosinte   193
Tetrapanax papyriferum   247

Thea sinensis   282
Theobroma cacao   289
Torulopsis utilis   262
Tripsacum   194, 196
Tritecale   147
Triticale   159
Triticum   145, 147, 157
Triticum aegilopoides   165
―――― *aestivum*   145, 150, 166
―――― *boeoticum*   144, 163
―――― *dicoccoides*   144, 164, 165
―――― *dicoccum*   144, 158, 164
―――― *durum*   159, 166
―――― *monococcum*   158, 163
―――― *squarrosa*   147, 150
―――― *vulgare*   165

(V)
Vanilla planifolia   299
Vicia faba   91

(W)
Wasabia koreana   300
waxy corn   203
Whitaker, T.W.   99

(Z)
Zea mays   199
Zea mexicana   192
Zingiber officinale   300

참고문헌

Anderson, E,. *Plants, Man and Life.* boston : Little, Brown & Co., 1952.

Arber, A. *Herbals,* 2nd ed. Cambridge, England : Cambridge University Press, 1953.

Bailey, L. H. *Manual of Cultivated Plants,* revised ed. New York : The Macmillan Co., 1949.

Coon, C. S. *The Story of Man,* New York : Alfred A. Knopf, Inc., 1954.

de Candolle, A.L.P.P. *Origins of Cultivated Plants* (reprinted from the 1884 edition in the International Science Series). New York : Hafner, 1963.

Deerr, N. *The History of Sugar,* 2 vols. London : Chapman and Hall, 1950.

Hayward, H. E. *The Structure of Economic Plants.* New York : The Macmillan Co., 1938.

Hill, A. F. *Economic Botany,* 2nd ed. New York : McGraw-Hill Book Co., Inc., 1952.

Hutchinson, John, and R. Melville. *The Story of Plants and Their Uses to Man.* London : P. R. Gawthorn, 1948.

Hutchinson, Joseph B., R. A. Silow, and S. G. Stephens. *The Evolution of Gossypium and the Differentiation of Cultivated Cottons.* London : Oxford University Press, 1947.

고경식, 관속식물분류학 : 세문사, 서울 1991.

고경식, 한국의 야생식물 : 일진사, 서울 2003.

Lager, M. M. *The Useful Soybean.* New York : McGraw-Hill Book Co., Inc., 1945.

Mangelsdorf, P. C. *Reconstructing the Ancestor of Corn.* Washington, D. C. : Annual Report of the Smithsonian Institution, 1959.

Mangelsdorf, R. S. MacNeish, and W. C. Galinat. "Domestication of Corn." *Science,* Vol. 143 (1964), pp. 538-545.

Sauer, C. O. *Agricultural Origins and Dispersals.* New York : American Geographical Society, 1952.

Ukers, W. H. *All about Tea*. New York : Tea and Coffee Trade Journal Co., 1935.

Vavilov, N. I. *The Origin, Variation, Immunity and Breeding of Cultivated Plants*. Selected writings translated from the Russian by K. S. Chester. Waltham, Mass. : Chronica Botanica Co., 1951.

Whitaker, T. W., and G. N. Davis. *Cucurbits : Botany, Cultivation and Utilization*. London : L. Hill, 1962.

Wilson, C. M. *Grass and People*. Gainesville, Fla. : University of Florida Press, 1961.

식물과 문명

2004년 5월 17일 초판발행

지은이 / 고 경 식
펴낸이 / 황보 윤옥

펴낸곳 / **과학사랑**
주소 / 서울특별시 영등포구 당산동 2가 58
전화 / (02) 2676-2062~3 팩스 / 2676-2015
등록 / 2001년 8월 20일 · 제 10-2200 호

값 : 15,000원

ISBN 89-955282-0-6

※공급처 : 한국이공학사